U0167195

住房城乡建设部土建类学科专业"十三五"规划教材

高等学校建筑电气与智能化学科专业指导委员会

规划推荐教材

建筑节能技术
（第二版）

王　娜　主编

李界家　主审

中国建筑工业出版社

图书在版编目(CIP)数据

建筑节能技术 / 王娜主编. —— 2 版. —— 北京：中国建筑工业出版社，2020. 10（2024.11重印）

住房城乡建设部土建类学科专业"十三五"规划教材. 高等学校建筑电气与智能化学科专业指导委员会规划推荐教材

ISBN 978-7-112-25367-8

Ⅰ. ①建… Ⅱ. ①王… Ⅲ. ①建筑—节能—高等学校—教材 Ⅳ. ①TU111.4

中国版本图书馆 CIP 数据核字(2020)第 150277 号

住房城乡建设部土建类学科专业"十三五"规划教材
高等学校建筑电气与智能化学科专业指导委员会规划推荐教材

建筑节能技术（第二版）

王 娜 主编
李界家 主审

*

中国建筑工业出版社出版、发行（北京海淀三里河路 9 号）

各地新华书店、建筑书店经销

北京科地亚盟排版公司制版

建工社（河北）印刷有限公司印刷

*

开本：787 毫米×1092 毫米 1/16 印张：17½ 字数：412 千字

2020 年 12 月第二版 2024 年 11 月第九次印刷

定价：**46.00** 元（赠教师课件）

ISBN 978-7-112-25367-8

(36332)

本书依据我国建筑节能标准和技术导则，从建筑规划与设计、建筑围护结构、建筑设备及建筑智能化等方面系统地介绍了建筑节能技术。全书共7章，主要内容包括场地规划与建筑设计中的节能设计方法、建筑外围护结构节能技术、供暖通风与空气调节节能技术、建筑供配电与照明节能、可再生能源利用技术和建筑智能化节能技术。

本书作为住房城乡建设部土建类学科专业"十三五"规划教材，主要用于建筑电气与智能化专业的本科生教材，也可用于建筑学专业、土木工程专业、建筑环境与设备工程专业、给水排水工程专业和工程管理专业的教材，以及建筑电气与智能化技术人员和建筑相关专业技术人员的参考用书。

授课教师可实名添加教师 qq 群：778335617。

为了更好地支持相应课程的教学，我们向采用本书作为教材的教师提供课件，有需要者可与出版社联系。

建工书院：http://edu.cabplink.com

邮箱：jckj@cabp.com.cn 电话：(010) 58337285

＊　　＊　　＊

责任编辑：张　健　王　跃　齐庆梅
文字编辑：胡欣蕊
责任校对：姜小莲

教材编审委员会

主　任：方潜生

副主任：寿大云　任庆昌

委　员：（按姓氏笔画排序）

于军琪　王　娜　王晓丽　付保川　杜明芳

李界家　杨亚龙　肖　辉　张九根　张振亚

陈志新　范同顺　周　原　周玉国　郑晓芳

项新建　胡国文　段春丽　段培永　郭福雁

黄民德　韩　宁　魏　东

序

自 20 世纪 80 年代智能建筑出现以来，智能建筑技术迅猛发展，其内涵不断创新丰富，外延不断扩展渗透，已引起世界范围内教育界和工业界的高度关注，并成为研究热点。进入 21 世纪，随着我国国民经济的快速发展，现代化、信息化、城镇化的迅速普及，智能建筑产业不但完成了"量"的积累，更是实现了"质"的飞跃，已成为现代建筑业的"龙头"，为绿色、节能、可持续发展做出了重大的贡献。智能建筑技术已延伸到建筑结构、建筑材料、建筑能源以及建筑全生命周期的运营服务等方面，促进了"绿色建筑"、"智慧城市"日新月异的发展。

坚持"节能降耗、生态环保"的可持续发展之路，是国家推进生态文明建设的重要举措。建筑电气与智能化专业承载着智能建筑人才培养的重任，肩负着现代建筑业的未来，且直接关系到国家"节能环保"目标的实现，其重要性愈加凸显。

全国高等学校建筑电气与智能化学科专业指导委员会十分重视教材在人才培养中的基础性作用，多年来下大力气加强教材建设，已取得了可喜的成绩。为进一步促进建筑电气与智能化专业建设和发展，根据住房和城乡建设部《关于申报高等教育、职业教育土建类学科专业"十三五"规划教材的通知》（建人专函〔2016〕3 号）精神，建筑电气与智能化学科专业指导委员会依据专业标准和规范，组织编写建筑电气与智能化专业"十三五"规划教材，以适应和满足建筑电气与智能化专业教学和人才培养需求。

该系列教材的出版目的是为培养专业基础扎实、实践能力强、具有创新精神的高素质人才。真诚希望使用本规划教材的广大读者多提宝贵意见，以便不断完善与优化教材内容。

全国高等学校建筑电气与智能化学科专业指导委员会
主任委员
方潜生

第二版　前言

　　《建筑节能技术》第一版是普通高等教育土建学科专业"十二五"规划教材，从 2013 年 8 月出版以来，被多所高校选用，已重印多次。本次修订是在原教材的基础上，根据有关绿色建筑和智能建筑等最新的国家规范和建筑节能技术的新发展，在原有的内容基础上，强调以节约资源和保护环境为主题的绿色建筑导向，从建筑规划设计、建筑结构、供暖、通风与空气调节、建筑电气与智能化、可再生能源利用等各个方面补充完善建筑节能新技术、新内容。

　　建筑节能是一项综合的系统工程，涉及建筑设计、建筑结构、建筑环境与设备、建筑电气与智能化等专业技术和建筑的规划、设计、施工、运行管理诸多环节，为了在内容和体系上充分体现建筑节能系统工程的特点，本书的修订依然由长安大学建筑学专业、土木工程专业、建筑环境与能源应用工程专业和建筑电气与智能化专业的教师分担相应的章节。为了体现建筑节能的新技术新发展，本次参与修订的均为工作在教学科研第一线的青年骨干教师，不仅年纪轻、学历高，而且专业覆盖全面。其中第 1 章由电子与控制工程学院电气系主任胡欣修订，第 2 章由建筑学院副院长刘启波修订，第 3 章由经济与管理学院副院长、博士生导师杜强教授修订，第 4 章和第 7 章分别由建筑工程学院隋学敏和孟庆龙修订，第 5 章和第 6 章分别由电子与控制工程学院巫春玲和余雷修订。

　　本书作为住房城乡建设部土建类学科专业"十三五"规划教材，面向的是高等学校建筑电气与智能化、建筑环境与能源应用工程、建筑学、土木工程等专业的本科学生，所以在修订过程中充分考虑了与建筑相关各专业的特点，在满足建筑电气与智能化专业使用的同时，也适用于土建类其他各专业。

第一版　前言

建筑在建材生产、建筑施工、建筑运行全生命周期内消耗的能源约占社会总能耗的40％，随着我国城镇化进程的加快，建筑能耗的比例还将继续提高。能耗的增长不仅加大能源压力，制约国民经济持续发展，而且加剧环境污染，建筑节能已经成为贯彻可持续发展战略的重要内容。

建筑节能是一项综合的系统工程，涉及建筑设计、建筑结构、建筑环境与设备、建筑电气与智能化等专业技术。建筑电气与智能化技术节能是建筑节能工程中的重要一环。建筑电气节能是建筑低能耗运行的基础，建筑智能化技术实现对建筑机电设备和绿色生态设施优化控制，提高设备运行效率和能源利用效率，支持可再生能源的利用和节能管理，实现建筑能耗计量及能耗监测分析与能源管理。在建筑电气与智能化专业规范中，建筑节能技术是该专业的专业课之一，本书作为普通高等教育土建学科"十二五"规划教材，根据住房和城乡建设部《关于普通高等教育土建学科"十二五"规划教材选题通知》的要求和建筑电气与智能化专业规范对建筑节能技术知识领域的要求编写。

建筑节能涉及建筑的规划、设计、施工、运行管理诸多环节，为了在内容和体系上充分体现建筑节能系统工程的特点，本书由长安大学建筑学专业、土木工程专业、建筑环境与设备工程专业和建筑电气与智能化专业的教师共同编写。内容包括建筑规划与设计节能技术、建筑围护结构节能技术、建筑设备节能技术、新兴的绿色/生态建筑节能与环保技术和建筑电气与智能化节能技术。

本书作为高等学校建筑电气与智能化学科专业指导委员会规划推荐教材，编写工作广泛听取了指导委员会各位专家的意见，在此对指导委员会各位专家的大力支持表示衷心的感谢，特别感谢本书主审沈阳建筑大学的李界家教授对本书提出的宝贵意见，在此也对本书编写过程中参阅的参考文献的作者表示感谢。

本书共7章，第1章由长安大学智能建筑研究所王娜编写，第2章由长安大学建筑学院刘启波编写，第3章由长安大学建筑工程学院杜强编写，第4章由长安大学环境工程学院隋学敏编写，第5章由长安大学电子与控制工程学院赵丽编写，第6章和第7章由长安大学王娜与安徽建筑工业学院周原编写，长安大学相关学科专业的研究生张红、王尧、潘嘉欣、李宏侠、任虔英、张楠、韩银凤、朱姝伟参与了部分章节的绘图及资料收集工作，全书由王娜统稿并担任主编。

本书作为高等学校专业教材，敬请使用教材的老师及广大读者提出宝贵意见。

目　录

第1章　绪　　论

能源（Energy Source）是可以直接或经转换提供人类所需的光、热、动力等任一形式能量的载能体资源，也是人类生存和发展的重要物质基础。

能源的开发利用是世界发展和经济增长最基本的驱动力。钻木取火将机械能转换为热能，是人类的第一次能源革命，开创了以柴薪作为主要能源的第一个时期；蒸汽机的发明实现了把热能转换成机械能，是人类的第二次能源革命，从而进入以煤炭为主要能源的第二个时期；随着工业社会的到来，特别是内燃机的问世，石油消费不断增长，到20世纪60年代石油成为世界的主要能源，与此同时，天然气作为化石燃料中最为清洁且储量丰富的能源，消费增长加快，人类由此进入了以石油和天然气为主要能源的第三个时期。

能源的开发和有效利用推动着世界经济快速增长，支撑着现代社会和现代文明，但同时也引发了由于过度使用能源造成的能源短缺和环境污染等威胁着人类生存与发展的问题。

1.1　能源与环境危机

1.1.1　能源危机

能源根据产生的方式可分为一次能源和二次能源。一次能源是指自然界中以天然形式存在且没有经过加工或转换的能量资源，主要包括原煤、原油、天然气、太阳能、水能、风能、地热能及生物质能等，也称为天然能源；二次能源是指由一次能源直接或间接转换成其他种类和形式的能量资源，例如电力、蒸汽、煤气、汽油、柴油等，也称为人工能源。一次能源根据其是否可再利用分为可再生能源和非可再生能源。可再生能源是指在自然界中可不断再生并可以持续利用的资源，主要包括太阳能、风能、水能、地热能、生物质能等；而非可再生能源是指在自然界中经过亿万年形成，在现阶段不可能再生的能量资源，如煤和石油都是古生物的遗体被掩压在地下深层中经过漫长的演化而形成的（故也称为"化石燃料"），一旦被燃烧耗用后，不可能在数百年乃至数万年内再生。

随着经济的发展和人类生活水平的不断提高，人类对能源的需求量日益增大。煤炭、石油、天然气作为目前人类社会的主导能源因其"不可再生"，正面临着枯竭的危险。

1.1.2　环境危机

传统化石能源的大量消耗导致能源枯竭的同时也给环境带来了巨大的灾害，产生了各种环境问题，如温室气体效应、酸雨、臭氧层空洞等。

温室效应是指透射阳光的密闭空间由于与外界缺乏热交换而形成的保温效应。温室气体效应是指大气保温效应，在地球大气中存在一些微量气体，如二氧化碳、氯氟代烷、甲烷、一氧化氮等，这些气体具有吸热和隔热的功能，其作用如同温室的玻璃一样，太阳短波辐射可以透过大气射入地面，而地面增暖后放出的长波辐射却被它们所吸收，形成一种无形的玻璃罩，使太阳辐射到地球上的热量无法向外层空间发散，其结果是地球表面变热，这种现象称为温室效应。正是由于存在温室效应，地球才能保持较高的温度，创造出适宜生命存活的环境。但如果引起温室效应的气体增加，地球温度会因温室效应而不断上升，造成以全球变暖为主要特征的气候变化，引起地球平均温度上升和地球的极端气候事件，如飓风、暴雨、大旱等灾害性天气发生频率增加，破坏力加剧。自工业革命以来，由于现代化工业社会燃烧过多煤炭、石油和天然气，这些燃料燃烧后放出的二氧化碳等吸热性强的温室气体逐年增加，大气的温室效应也随之增强，引起全球气候变暖。气候问题成为全人类面临的一大挑战，2009 年世界气候大会在丹麦首都哥本哈根召开，各国领导人就温室气体排放和气候变暖问题展开商讨并制定对策。中国政府在会上承诺，2020 年国内单位 GDP 二氧化碳排放量比 2005 年下降 40%～45%，同时发布了《中国应对气候变化国家方案》，并提出了一系列具体措施，如提高能效、发展核电、发展可再生能源、发展低碳经济、植树造林以及在建筑、交通等方面采取节能措施等。

在化学上定义水的酸碱值等于 7 为中性，小于 7 则为酸性。自然大气中含有大量二氧化碳，二氧化碳在常温时溶解于雨水中并达到气液相平衡后，雨水的酸碱值约为 5.6。弱酸性降水可溶解地面中矿物质，供植物吸收。酸雨（acid rain）是指 pH 值小于 5.6 的雨雪或其他形式的降水，它是工业高度发展而出现的副产物，由于人类大量使用煤、石油、天然气等化石燃料，燃烧后产生的硫氧化物或氮氧化物在大气中经过复杂的化学反应，形成硫酸或硝酸气溶胶，为云、雨、雪、雾捕捉吸收，降到地面成为酸雨。在酸雨的作用下，土壤中的营养元素钾、钠、钙、镁会释放出来，并随着雨水被淋溶掉，所以长期的酸雨会使土壤中大量的营养元素被淋失，造成土壤中营养元素的严重不足，从而使土壤变得贫瘠。此外，酸雨能使土壤中的铝从稳定态中释放出来，而土壤中活性铝的增加会严重地抑制林木的生长，因而酸雨可以直接使森林退化、农作物枯萎，还会使湖泊、河流酸化，毒害鱼类；另外，酸雨会加速建筑物和文物古迹的腐蚀和风化，并危及人体健康。酸雨不仅对人体眼角膜和呼吸道黏膜有明显刺激作用，而且由于其使农田土壤酸化，使本来固定在土壤矿化物中的有害重金属，如汞、镉、铅等溶出，被粮食、蔬菜吸收，从而危害人体健康。

臭氧是具有三个氧原子的氧，它由氧气在大气上层被紫外线照射分裂而成。存在于大气平流层的臭氧层对地球上的所有生物有很好的保护作用，它可以有效阻止大部分有害紫外线通过，同时让可见光通过并到达地球表面，为生物生存提供太阳能。然而人类过多地使用氯氟烃类化学物质正在严重破坏地球的这一天然保护层，化石燃料燃烧过程中放出的氮氧化物也是破坏臭氧层的一个重要因素。臭氧层的破坏引起光谱和强度的变化，对人类健康和生态环境构成危害。例如人长期暴露于阳光下会造成人体免疫机能下降，抵御疾病能力变弱，大大增加白内障和皮肤癌的发病率。另外，紫外线辐射增加会导致农产品减产，农产品品质下降，渔业减产，森林资源遭到破坏等。

1.1.3 我国能源与环境现状

能源与环境是当今时代人类面临的共同问题，我国人口众多，目前正处于工业化、城镇化加快发展的重要阶段，能源资源的消耗强度高。BP（英国石油公司）世界能源统计2017 年数据显示，中国的能源需求逐年增长，已经连续第十六年成为全球范围内增速最快的能源市场，是世界上最大的能源消费国，占全球能源消费量的 23%。由此也使能源供需矛盾和环境污染问题日渐突出。

我国的环境污染为典型的能源消费型污染，而以煤炭为主的能源结构是造成能源环境问题的主要原因。虽然中国的能源结构持续改进，近年来风电、光伏等可再生能源快速发展，对天然气的利用也有所增加，但煤炭仍是中国能源消费的主导燃料，占比为 64%。统计数据表明，中国空气环境中 85% 的二氧化碳、90% 的二氧化硫和 73% 的烟尘都源自燃煤，酸雨形成的根本原因也源于燃煤。

由以上分析可见，化石燃料的日益枯竭和环境污染的日益严重，严重威胁着人类社会的可持续发展。可持续发展是指建立在社会、经济、人口、资源、环境相互协调和共同发展基础上的一种发展，其宗旨是既能相对满足当代人的需求，又不能对后代人的发展构成危害。因而节约能源和改变现有的能源结构，减少化石燃料的使用，开发和利用新能源，是实现能源利用可持续发展的必由之路。

1.2　建筑能耗

当今人类社会对能源的消耗主要发生在物质生产、交通运输和建筑使用三大过程中，分别称为生产能耗、交通能耗和建筑能耗。建筑能耗在总能耗中的比例，反映了一个国家或地区的经济发展水平和生活质量，目前主要发达国家的建筑能耗已占社会总能耗的 1/3 左右。欧盟学者的研究表明发达国家建筑使用能耗占其全社会总能耗的 30%～40%，欧盟 25 国建筑能耗已经占其全社会总能耗的 40.4%。

1.2.1　广义建筑能耗与狭义建筑能耗

建筑能耗有广义建筑能耗和狭义建筑能耗两种定义方法。

广义的建筑能耗包括建筑全生命周期内发生的所有能耗，从建筑材料（建筑设备）的开采、生产、运输，到建筑使用的全过程直到建筑寿命期终止销毁建筑、建筑材料（建筑设备）所发生的所有能耗。

狭义的建筑能耗是在建筑正常使用期限内，为了维持建筑正常功能所消耗的能耗。我们一般所说的建筑能耗是指狭义的建筑能耗，也就是指建筑使用过程中的能耗，包括供暖、空调、照明、热水供应、家用电器和其他动力能耗。

随着经济的快速发展和人民生活质量的提高，人们更加注重建筑功能和环境品质，因此，保障室内生活品质所需的空调、照明、通风、供暖、热水供应的能耗逐渐上升，运行能耗也成了建筑能耗中的主导部分。

1.2.2　我国建筑能耗现状及发展趋势

我国由于建筑市场的飞速发展和人们对建筑的居住舒适度的要求越来越高，建筑能耗占总能耗比例逐年上升。据住房城乡建设部统计，我国的建筑使用能耗占全社会总能耗约 27.5%，按照国际经验和我国目前建筑用能水平发展预测，到 2020 年，我国建筑能耗占全社会总能耗的比例将达到 35% 左右，将超越工业用能，成为用能的第一大领域。

我国拥有当今世界上最大的建筑市场，每年的建筑量约占世界建筑总量的 40%。面对日益严峻的能源和环境形势，必须改变依赖高能量的输入来换取建筑内部环境舒适的现状，积极探索建筑节能的有效途径。

1.3　建　筑　节　能

　　建筑节能源于 20 世纪 70 年代，1973 年的中东战争以及随之发生的石油危机使依赖石油而发展的国家采取多种措施应对危机，提出了工业节能、汽车节能、农业节能、建筑节能等，并付诸实践。当时节能是由外部压力造成的，当今不可再生能源的日趋枯竭以及环境污染的日益严重，促使节能和环保逐渐成为可持续发展的内在要求。

1.3.1　建筑节能的意义

　　能源是发展国民经济、改善人民生活的重要物质基础，经济的发展依赖于能源的发展，需要能源提供动力。我国人口占世界总人口的 20％，已探明的煤炭储量占世界储量的 11％，原油占 2.4％，天然气仅占 1.2％；人均煤炭资源为世界平均值的 42.5％，人均石油资源为世界平均值的 17.1％，人均天然气资源为世界平均值的 13.2％；人均能源资源占有量还不到世界平均水平的一半。随着我国经济的快速发展，能源与发展之间的矛盾日益突出，节约能源已列入基本国策。建筑节能是贯彻可持续发展战略的一个重要方面，也是执行节约能源、保护环境基本国策的重要内容。

　　建筑在形成、使用过程中会消耗大量的能源，加大了我国能源压力，制约着国民经济的持续发展，并对环境产生很多负面影响。据统计，建筑在建材生产、建筑施工、建筑运行的全生命周期内消耗了地球上大约 50％的能源、42％的水资源、50％的材料，产生了全球 50％的空气污染、42％的温室效应、45％的水源污染、48％的固体垃圾和 50％的氯氟烃等。因而建筑节能是缓解我国能源紧缺矛盾、改善人民生活工作条件、减轻环境污染、促进经济可持续发展的有力措施。

1.3.2　建筑节能的内涵

　　自从 20 世纪 70 年代世界性的石油危机爆发以来，建筑节能作为应对危机的措施首次提出，其内涵也在不断地丰富与发展。起始阶段，建筑节能的含义是减少建筑中能源使用量（energy saving in buildings），而后延伸为在建筑中保持能源（energy conservation in buildings），即减少门、窗、墙体等建筑围护结构的热量散失，而目前建筑节能的含义是在建筑中积极提高能源利用率（energy efficiency in buildings），减少能源消耗（主要包括供暖、通风、空调、照明、炊事、家用电器和热水供应等的能源消耗），开发和利用绿色环保可再生的新能源。

1.3.3　建筑节能的技术途径

　　影响建筑能耗的因素众多，比如建筑物所处的地理位置、区域气候特征、建筑物自身构造、建筑设备的使用、建筑物的运行管理和维护等，因而建筑节能是一个系统工程，它涉及建筑的规划、设计、施工、运行管理诸多环节，涉及建筑、结构、建筑设备、建筑电气与智能化等专业技术。但从技术途径上来说，主要有两方面，一是减少能源总需求量，二是开发利用新能源。

　　减少能源总需求量，主要是减少建筑的冷、热及照明能耗，一般需从建筑的规划设计、围护结构、建筑设备和运行管理等方面实现。在建筑规划和设计时，重视利用自然环境（如外界气流、雨水、湖泊和绿化、地形及太阳辐射等）创造良好的建筑室内微气候和环境，以尽量减少对建筑设备的依赖；在围护结构方面，改善建筑物围护结构的热工性能，在夏季减少室外热量传入室内，在冬季减少室内热量的流失，使建筑热环境得以改善，从而减少建筑冷、热消耗；在建筑设备方面，根据建筑的特点和功能，设计高能效的暖通空调设备系统和高效节能的供配电及照明系统，提高能源使用效率；在运行管理方面，采用能源管理和建筑设备监控系统监督和调控室内的舒适度、室内空气品质和能耗情况，从全局的角度对建筑物中能耗进行评价，指导能量的调度分配。

新能源和可再生能源的概念是 1981 年联合国在肯尼亚首都内罗毕召开的能源会议上确定的，是指在新技术基础上加以开发利用的可再生能源，包括太阳能、生物质能、水能、风能、地热能、波浪能、洋流能和潮汐能等。新能源不同于目前使用的煤、石油、天然气等不可再生能源，不仅有丰富的来源，取之不尽，用之不竭，而且对环境的污染很小，是与生态环境相协调的清洁能源。随着科学技术的进步和可持续发展观念的建立，过去一直被视作垃圾的工业与生活有机废弃物作为一种能源资源化利用的物质目前也已被深入地研究和开发利用。因此，废弃物的资源化利用也可看作是新能源技术的一种形式。目前，我国可以形成产业的新能源主要包括水能（主要指小型水电站）、风能、生物质能、太阳能、地热能等可循环利用的清洁能源。国家发改委 2007 年 9 月发布的《可再生能源中长期发展规划》中提出，到 2020 年，可再生能源在我国能源结构中所占的比例将达到 15%。新能源的开发利用是整个能源供应系统的有效补充手段，也是环境治理和生态保护的重要措施，满足人类社会可持续发展需要。在建筑中积极推广应用的太阳能、地热能等新能源，代替和尽可能少地消耗煤炭、石油、天然气等传统能源，对减少我国不可再生能源的消费量和优化我国的能源结构具有重要意义。

1.3.4 绿色建筑与智能建筑

绿色建筑是指在建筑的全寿命周期内（物料生产、建筑规划、设计、施工、运营维护及拆除、回用过程），最大限度地节约资源（节能、节地、节水、节材），保护环境和减少污染，为人们提供健康、适用和高效的使用空间，与自然和谐共生的建筑。绿色建筑将可持续发展理念引入建筑领域，改变当前高投入、高消耗、高污染、低效率的模式，是未来建筑的主导趋势。

我国《智能建筑设计标准》GB/T 50314—2015，对智能建筑的定义是"以建筑物为平台，基于对各类智能化信息的综合应用，集架构、系统、应用、管理及优化组合为一体，具有感知、传输、记忆、推理、判断和决策的综合智慧能力，形成以人、建筑、环境互为协调的整合体，为人们提供安全、高效、便利及可持续发展功能环境的建筑。"

进入 21 世纪以来，"以人为本"、"回归绿色与自然"的可持续发展理念深入人心，建造以可持续发展为目标的具有现代化、生态化特色的智能建筑和应用智能技术促进绿色指标落实的绿色建筑已成为建筑的发展方向。在《智能建筑设计标准》GB/T 50314—2015总则中，明确规定"智能建筑工程设计应以建设绿色建筑为目标"，利用建筑智能化技术实现建筑节能，一方面是通过应用智能化技术实现建筑机电设备（包括空调、照明、供配电、电梯、给排水等设备）的优化控制，提高设备运行效率，开发智能化技术在环保生态设施和系统中的应用，比如对太阳能等可再生能源利用系统、雨污水综合利用系统的监控与管理等，与环保生态系统共同营造高效、低耗、无废、无污、生态平衡的建筑环境；另一方面是应用信息化技术建立能耗管理信息平台，对建筑能耗进行分类分项实时计量，通过对各类实时信息与历史数据的分析，实现科学的能源管理。而在《绿色建筑技术导则》

中，明确将智能技术作为绿色建筑四大建设要点之一，要求"应用以智能技术为支撑的系统与产品，提高绿色建筑性能"，设置"满足用户功能性、安全性、舒适性和高效率的需求的智能化系统"。以绿色目标引领智能建筑向着生态环保的方向发展，以智能化技术推进绿色建筑目标的实现，是建筑智能化发展的方向和目的，也是绿色建筑发展的必由之路。

本 章 小 结

建筑节能是指在建筑中积极提高能源利用率，减少能源消耗，开发和利用绿色环保、可再生的新能源。通过本章学习，应了解全球面临的能源危机和环境危机，了解我国能源、环境及建筑能耗的现状，明确建筑节能的意义，掌握建筑节能的内涵和建筑节能的技术途径，了解绿色建筑的概念，掌握建筑智能化技术在建筑节能中的作用。

思 考 题

1. 比较概念：一次能源和二次能源；可再生能源和不可再生能源；广义建筑能耗与狭义建筑能耗。

2. 试说明建筑节能的意义、内涵和技术途径。

3. 试说明绿色建筑的概念和智能绿色建筑的内涵。

4. 简述建筑智能化技术在建筑节能中的作用。

第2章 场地规划与建筑设计中的节能设计方法

可持续的场地规划能降低内部热负荷，实现最小化能源消耗。因此，场地规划应从多方面考虑最佳效果，在场地规划中充分利用自然资源，使建成环境融入自然，更加舒适、健康，同时尽量降低对环境的冲击与破坏。而在建筑设计中，应立足于绿色建筑设计，尽量不依靠设备，尽可能多地利用天然资源和地理条件，采取被动式构造设计手段，来满足生活舒适的要求。在满足生理要求的前提下，让使用空间尽可能处在"自然状态"而非人造环境，这样既有利于健康，又可最大限度地减少能源用量。在必须使用能源时，要尽量利用清洁可再生能源，以降低污染强度。

2.1 场地规划中的节能设计方法

绿色建筑致力于提高人们的居住和工作环境质量，为使用者提供舒适、安全、健康并和当地自然环境和谐一致的空间环境，将空间、环境、文化、效益有机地结合，力争做到人、建筑与自然环境、社会环境恰当地融合与共生。因此，合理的选址、良好的建筑布局、层次丰富的植被与绿化体系、区域内部的水土保持是实现建筑全寿命周期节约能源、资源的重要内容。场地整体布局要注重阳光、空气、绿地等生态环境，力求创造具有良好的朝向、景观及通风的环境，以利于低能耗地实现室内环境的健康、舒适要求，满足使用者生理、心理和社会、人文等多层次的健康。

2.1.1 合理的选址

在选择场地时，应在有关经济、计划、企业管理、社会规划学专家的协助下，分析及评价其区域位置、地价、地块条件、市政设施状况、城市规划要求及其他现状条件与建设条件。

在考虑场地与环境的关系时，较普遍的方法是运用麦克哈格的"生态的土地使用规划"。这种方法从地段的植被、土壤、地表水、排污、地形地貌、地质水文等方面加以简化图解，并通过"复合图"的方法，获得与自然系统承载力相宜的分布方案。比如地形和相邻土地形式影响建筑面积大小、风荷载、排水策略、地坪标高和主要的重力流污水管线走廊；地下水与地表径流特征决定建筑的位置、转移暴雨径流的自然渠道和径流滞留池的位置；土壤构造及其承载力决定建筑在场地上的位置和所需要的基础类型等。建筑和道路依照这一分析结果被布置在对生态系统影响最小的适宜位置。

在城市中还应考虑每年和每日的气流分布，它特别影响复合建筑（一组或多组建筑群体）的位置，以避免截留阴冷潮湿的空气或在酷热的时候阻挡了有利的凉爽微风。图 2-1 所示为西安市 CBD 区规划的风环境模拟图——1.5m 速度云图。从图中可以看出当盛行风为东北风时，CBD 建筑群中会出现局部强风区域（即楼宇之间的亮色部位），当强风过境时，高层建筑的角隅区和下沉气流均会对行人的活动构成危险，降低舒适度与安全性，需要对规划做出相应的调整。例如调整该部分建筑群之间的间距或者通过改变裙房相对位置，调整建筑物转角衔接部分使其尽可能圆滑，以减少湍流，降低该区域的风速。

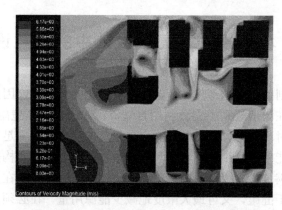

图 2-1　西安市 CBD 区 1.5m 速度云图

在总体规划中还应计算对现有自然系统干扰的程度，尽量减少建设对原有生态系统的破坏；建筑项目也需要与大型运输工具、交通基础设施、市政和电信管网相联系，在选址时尽量利用现有的公共设施、管网，使场地的破坏实现最小化，有利于建筑的维修和检查，并使建筑资源消耗和费用最少的施工方法结合起来。对于更大的地段还需考虑减少购物等频繁短途出行对汽车的依赖，规划中要考虑到达公共空间的便利程度，以减少经济的投入与对环境的干扰。

图 2-2 是开普敦的沃尔夫建筑事务所在南非完成的塞德堡高山别墅选址及实景示意图。在项目开始建设之前，建筑师通过咨询植物学家意见，对该地区的各种保护植被进行罗列分析，以便项目能根据该地区植被的最佳观赏角度及其自然群落边界进行选址。为了保护房子抵御恶劣的天气环境，建筑被安置在一个大石崖旁边。别墅的北边悬挑出一个顶棚阻止夏天强烈的阳光，同时，所有房间的窗户内侧都有百叶进行隔热，而且别墅构建离网系统，电力由太阳能产生并储存在电池供全年使用，水从井中抽取，本项目还设置了污水处理系统防止植物营养过剩。

图 2-2　塞德堡高山别墅选址及实景示意图

例如图 2-3 为山东交通学院图书馆所在基址，原来为校园内的一片废弃地，并逐渐成为一片垃圾场。现在通过图书馆的建设，对原有环境进行了整治，已经成为校园内一道优美的风景线（见图 2-4）。

图 2-3　山东交通学院图书馆基址原有环境

图 2-4　山东交通学院图书馆现在的优美环境示意图

2.1.2　建筑布局

根据绿色建筑设计原则和方法，建筑布局基于对周围环境热、光、水、视线、建筑风、阴影影响的考虑，优化建筑个体及群体布局，与当地景观模式和生态因素融为一体。

1. 充分利用原有地形、地貌

自然地表形态是场地设计与建设的基本条件，不同的地形条件往往从不同方面影响着场地的工程建设、空间形态和环境景观，同时也展现出相应的空间特色。只有充分利用地形进行建设，才能使场地空间更丰富、生动，不破坏或少破坏自然景观，形成独特的景观特征。湖南张家界黄龙洞音乐厅建设地点位于举世闻名的风景区湖南省张家界武陵源黄龙洞的洞前广场，前有索溪河，背靠峭壁，因剧场的大部分功能被安排在地坪以下，使得地上部分的体量减少，以避免对风景区的视觉干扰。剧场的形态设计如同层层叠叠的片岩，设计灵感来源于当地石灰岩山体斜向的地质构造。设计将屋顶撇向东侧主入口，一直到地面，主入口通过东部下沉水广场进入。斜坡至地面的屋顶是绿化种植，这样形态的绿色屋顶即将建筑对风景区的视觉干扰最小化，又减少了太阳辐射，并通过被动式冷却——这种在湿热气候环境内有效的节能方法，降低了室内温度，不仅节能，同时与东侧的稻田景观融为一体。环绕建筑周边的水面也是为了建筑的微气候调节设计。图 2-5 为湖南张家界黄龙洞音乐厅总体环境及屋顶绿化示意图。

图 2-5　湖南张家界黄龙洞音乐厅总体环境及屋顶绿化示意图

2. 合理的布局与间距

在设计和规划中，合理的建筑布局与间距是非常重要的，一方面保证良好的日照和通风环境，另一方面适当增加建筑密度，以节约土地。为减少工程量、保证使用方便，在获得良好日照条件的同时，应缩小建筑间距、提高建筑密度与土地使用效益，简化有关的建设工程量，降低工程费用。

满足建筑群体间的日照及通风要求是创造良好人居环境的重要前提，也是达成节能、节地综合效益的重要前提。首先，建筑群体的布局应保证适宜的日照间距以满足日照标准的要求；其次，建筑组群的自然通风与建筑的间距、排列组合方式以及迎风方位等有关，如布局合理，建筑间距选择合适（天空视角系数较高且利于长波辐射冷却），且集中绿地多、绿化好，采用人工水景布置（使得其与空气的热湿交换加强，有效地降低了空气的温度）等，则住区人居环境良好且有利于节能环保。

建筑的自然通风效果与地区常年主导风向、建筑间距等因素有密切关系。当前幢建筑正面迎风、后幢建筑迎风面窗口进风时，建筑通风间距一般要求在 $4\sim5H$（H：前幢建筑高度）以上。以此作为建筑通风间距标准，建筑群关系松散，不利于节约建设用地，同时还增加道路及市政工程管线长度。因此，需要调整建筑群与地区常年主导风向的角度关系，充分利用各种有利于建筑通风的因素与措施，如选择合适的建筑朝向，使夏季主导风向保持有利的入射角，保证风路畅通，满足建筑通风的需要，同时节约建设用地，不必盲目增大建筑间距。为此，有专家建议行列式建筑群布局时，建筑迎风面与地区常年主导风向呈 $30°\sim60°$ 角度，控制建筑通风间距在 $1:1.3H\sim1:1.5H$。

建筑形体也会对建筑所在基地的通风带来影响。如图 2-6 为著名高技派建筑大师诺曼·福斯特设计的瑞士再保险公司英国伦敦总部大楼。由于该建筑体量庞大，如果设计成方正的形式，必然会阻挡场地周边通风，对城市环境带来不利影响。为此，设计师在选型时即选择了曲线形体，从图 2-6 的风环境模拟图中可以看出，该形体对通风非常有利。

德国阿卡迪亚温嫩登社区作为一个典型的工业再生项目，多元化的高性能元素已将废弃的工厂区域打造成为世界上最可持续性发展的社区，并提供了一个拥有全新视角的人类友好、资源有效型的郊区典范。混合的建筑类型，结合地中海地区迷人的色彩理念和符合"花园城市"质量标准的美丽街景，形成了一个拥有凝聚力的社区，同时水敏感城市设计（Water Sensitive Urban Design，WSUD，指在城市规划阶段，融入考虑了自然水循环和生态过程的水环境管理）为此项目提供了一个独特的城市性格。社区设计展现生态设计理念，利用自然资源，保护生态，通过生态设施将雨水通过植物过程进行净化，汇集到温嫩登的中心湖，再从那里缓慢地汇入附近生态储存性河流兹普费尔巴赫。所有的街景和停车场都是多功能和一体化的，并作为水基础设施的功能要素。另外设计体现人性化的理论，将人的需求融入设计中，街角的小型广场、空间可以为邻里交谈、孩子们踢球玩耍提供场地。虽然街景专为步行而准备，共享的交通概念同时意味着车辆也可以完全进入该场地，而地下车库、停车棚以及隐藏于独特的、能够承

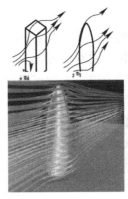

图 2-6　瑞士再保险公司英国伦敦总部
大楼形体设计有利于场地通风

担负重的种植基质的花园之间、整齐排布的停车场地，为车辆的停放提供了多样的选择，方便人们出行，成功将废弃的工业区转变为适宜人们生活娱乐的居住区。大面积植物种植所体现出的自然形式将房屋建造密度软化，项目开发的主要部分——湖面以及拥有休闲小径和游乐场地的溪流区域，共同组成了雨洪滞留场地。图 2-7 为德国阿卡迪亚温嫩登社区总平面示意图，图 2-8 为其实景环境图。

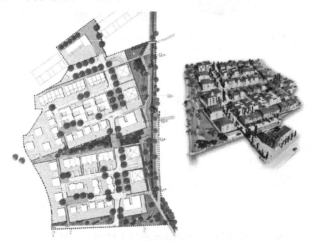

图 2-7　德国阿卡迪亚温嫩登社区总平面示意图

图 2-8　德国阿卡迪亚温嫩登社区实景环境图

3. 交通

建筑布局中，交通的便捷度非常重要，应考虑公共站点位置和距离，因为绿色建筑倡导公共交通以减少环境污染和对不可再生资源的消耗。因而解决好人车分流的交通系统，设置消防、救护、救灾的通道，人均道路面积应达到 $6m^2/$人以上，并加强交通管理，对于解决日益增多的机动车所产生的社会和环境问题至关重要。另外，关注老人和残疾人也是绿色理念下交通设计的侧重点之一，因此道路的设计应符合无障碍通行的规定。

斯德哥尔摩 Värtaterminalen 港口大楼身处城市与港口的交界处，其创新性的设计将主体空间与城市空间维持在同一高度上，提供更便利的进入途径，突破了基础设施功能上的限制，兼具码头与城市公园双重功能。而建筑的屋顶上楼梯、坡道高低起伏，浓郁的绿意中点缀着私密的活动区与座椅区，让来往的旅客不禁慢下脚步，散步或是稍作休息，眺望近处来往的船只与远处的公园和城市。主创建筑师说："我们希望在港口区域创造一个活力四射的独特都市场所，同时服务于旅客和本地居民，位于大楼屋顶上的公园将港口大楼从单纯的交通设施转化为极富吸引力的公共空间，让行色匆匆的快节奏生活与高质量的都市生活彼此交融，带来鲜明却又有趣的对比。"图 2-9 是斯德哥尔摩 Värtaterminalen 港口大楼实景图，2-10 是该港口大楼与城市交通的关系示意图。

图 2-9　斯德哥尔摩 Värtaterminalen
港口大楼实景图

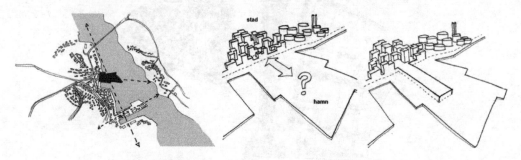

图 2-10　斯德哥尔摩 Värtaterminalen 港口大楼与城市交通的关系示意图

4. 布局有利于改善小气候

地形与小气候有关，如山脉或河谷会改变主导风向，向阳坡地有利于日照和通风，不利的地形会引起静风（指距地面 10m 高处平均风速小于 0.5m/s 的气象条件）、逆温层（一般情况下，在低层大气中，气温是随高度的增加而降低的。但有时在某些层次可能出现相反的情况，气温随高度的增加而升高，这种现象称为逆温。出现逆温现象的大气层称为逆温层）等不良小气候现象。因此，分析不同的地形以及与其相伴的小气候特点，将有助于合理地进行场地布局与设计。

在布局中，利用现有的水资源和地形，可以在寒冷的气候中创造冬天的热汇（大气系统中由周围获得热量并不断地消耗热量的地区），在炎热的气候中创造温度差以产生凉爽的空气流，现有的河流和其他水资源有助于为场地提供清凉。

图 2-11 是清华大学中意环境楼中庭环境示意图，在清华大学中意环境楼的设计中，利用 U 形的平面组合环抱着一个绿色生态中庭，是整个建筑的核心，即"气候缓冲区"。中庭的树木和其他植物不仅会给朝南的房间遮阳，同时可过滤尘埃，清新空气，且中庭与建筑物内部其他区域的温差还可以让空气流动，净化空气，对改善小气候非常有益。

图 2-11　清华大学中意环境楼生态中庭的优美环境示意图

近年来，城市热环境的恶化已引起广泛关注。例如上海市高层建筑众多，仅高层幕墙建筑就达到 1500 余幢，百米以上的超高层建筑也有几百幢，成为全球高楼建筑数量第一的城市，建筑带厚达 20 多公里。原先纵横密布的河道和绿地被不透水、不透气的"混凝土森林"取代，气候调节功能丧失，不少建筑群横亘在常年风向走道上，阻隔了风的流动，形成静风和微风带，大气交换补充困难，热风难以散发。另外，高层建筑中大面积幕墙玻璃互相反射，使城市充斥耀眼的反光，上述因素都加剧了热岛气候效应。

在西安市的 CBD 区绿色建筑策划及可行性研究中，课题组非常重视在超高层林立的区域中形成良好的微气候环境，尽量减少建成环境对自然环境的冲击，减少对人类活动的影响。图 2-12 所示即为该研究的总平面布局及分析图。从图中可以看到，中心广场位于基地的核心区，其中的水系和多样化种植可以满足 CBD 区内员工的休憩，并有利于改善小气候；按照西安市主导风向常年为东北风的现状，超高层建筑采用错列布置的方式，尽量在基地内部形成良好通风，并满足绿色建筑评估手册中提到的"建筑物周围人行区风速低于 5m/s，不影响室外活动的舒适性和建筑通风"。对于风速超过舒适范围的地区，则通过改变建筑形体来加以改善，如图 2-12 虚线圆圈所示。

对于城市高层建筑的规划布局和设计中应实行总量控制，应构筑一定的开放空间，如绿地、广场等，使建筑与空间错落有致；对于已建成的高层建筑区域，则应按照高密度生态环境指标进行环境评估，采取有效对策，尽量减少热岛气候效应。

2.1.3　植被与绿化体系

我国民间素有"树木花草栽庭院，空气新鲜人舒展"之说。现代医学研究也认为，绿化不仅能净化、美化环境，而且有益于人类的健康长寿。众所周知，建筑的绿化体系不仅仅是景观要求，还要将其功能化、系统化，融入整体小生态圈，通过绿化的生态性、层次性达到住区保水、调节小气候、涵蓄雨水、降低污染、隔绝噪声等目的，为居民提供亲近自然的室外空间，同时满足住区生态环境、休闲活动、景观文化功能的需要。因而要求利用植物、水体、地形和园林小品、休憩空间等构成有特色的住区集中绿地和宅间绿地开放空间等。

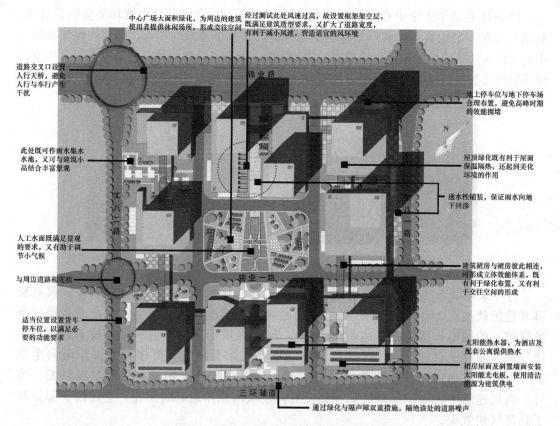

中心广场大面积绿化，为周边的建筑使用者提供休闲场所，形成交往空间

经过测试此处风速过高，故设置框架架空层，既满足建筑造型要求，又扩大了道路宽度，有利于减小风速，营造适宜的风环境

道路交叉口设置人行天桥，避免人行与车行产生干扰

地上停车位与地下停车场合理布置，避免高峰时期的效能拥堵

此处既可作雨水集水水池，又可与建筑小品结合丰富景观

屋顶绿化既有利于屋面保温隔热，还起到美化环境的作用

透水性铺装，保证雨水向地下回渗

人工水面既满足景观的要求，又有助于调节小气候

与周边道路相连接

建筑裙房与裙房彼此相连，可形成立体效能体系，既有利于绿化布置，又有利于交往空间的形成

适当位置设置货车停车位，以满足必要的功能要求

太阳能热水器，为酒店及配套公寓提供热水

裙房屋面及斜屋墙面安装太阳能光电板，使用清洁能源为建筑供电

通过绿化与隔声障双重措施，隔绝该处的道路噪声

图 2-12 西安市 CBD 区总平面布局及分析图

树木和花草被称为空气中烟尘的过滤器，植物通过光合作用能够净化空气。据法国首都巴黎市环保局统计，在 15 天内，100g 榆树叶、栗树叶、槐树叶、椴树叶可分别吸附的灰尘为 2.74g、2.29g、1.00g、0.94g。一公顷树林一天可放出氧气 700kg，吸收一吨左右二氧化碳，并可同时吸收大量的二氧化硫，分泌出多种杀菌素，因而大量的植树造林和人工绿化的作用，能有效地避免城市中的大气污染。

在城市规划中必须创造一个整体连贯而有效的自然开敞绿地系统，虽然现今许多城市规划在城市及其郊外建立了动、植物园或自然保护区，但由于建设的人为影响，特别是城镇道路建设往往割断自然景观中生物迁移、觅食的途径，破坏了生物生存的环境地和各自然单元之间的生态廊道，从而改变了生物群体原有的生态习性。在城市和住区规划中，应形成整体的绿地系统，通过合理配置，栽种适量的乔木、灌木和草地，使它们在生态上相互作用，形成良好的小环境，既有利于人类的生存环境，也可为动植物创造适当的生存环境。

在欧洲，不仅在城市随处可见大片精心培植的公共草地和私家草地，而且在乡村也可见到大片的人工草地或天然草场。草木的根系使土质松软，暴雨时，不仅土壤和植被的根系可以吸收大量雨水，即便是绿叶和树枝上截留的雨水也是十分可观的，二者均阻止暴雨急速泻入江湖。欧洲是世界上植被保护得最好的地方，也是最适合于人类居住的大洲，这是欧洲几百年投入与经营的结果，非常值得推广借鉴。

在绿化中应保持绿化物种的多样性。生态学认为，物种多样性是维持系统稳定的关键因素，同时，植物系统的物种多样性也将更好地发挥其生态功能。有数据表明，同样面积的乔木、灌木和草坪组成的覆层结构的综合效益（如释氧固碳、蒸腾吸收、减尘杀菌及减污防风等），为单一草坪的 4～5 倍，而养护管理投入之比为 1∶3。一般来说，乔灌草复合型群落大于灌草型群落，而后者又大于单一草坪。所以在居住区环境建设中，应避免盲目使用大面积的单一草坪，而采用综合生态效益更佳的复合林地绿化，图 2-13 是具有绿化物种多样性的某集中式绿地示意图。

在欧洲，不仅在城市随处可见大片精心培植的公共草地和私家草地，而且在乡村也可见到大片的人工草地或天然草场。草木的根系使土质松软，暴雨时，不仅土壤和植被的根系可以吸收大量雨水，即便是绿叶和树枝上截留的雨水也是十分可观的，二者均阻止暴雨急速泻入江湖。欧洲是世界上植被保护得最好的地方，这是欧洲几百年投入与经营的结果，非常值得推广借鉴。

图 2-14 是意大利 25 Green 住宅楼的外观图，该住宅楼共有 63 个居住单元，彼此各不相同，均有围绕着树的不规则形状阳台。住宅楼采用钢架结构，树木扎根在阳台，池塘与房屋基脚相交，葱郁的花园覆盖了屋顶，看起来就像一片森林。该建筑的设计目标是以一个连贯的外观建造街区边界，以及在内部居住区和街道之间建成一个过滤器，创造一个流动平缓的过渡空间，来过渡从内部向外部的通道，同时这个空间又要令人愉快。这是一栋富有生气的建筑，因为有 150 棵树干高高的树木覆盖了它的阳台，庭院花园里还种着 50 棵树，这些树一起制造氧气，吸收二氧化碳，减少空气污染，隔离噪声，遵循季节的自然循环，一天天长大，在建筑物内部制造了一个完美的小气候，缩小了夏季和冬季气温的升降变化。同时，为了提高能源利用效率，该项目采用保温、防晒等措施、采用利用热泵产生地热能的加热和冷却系统、利用回收雨水来灌溉绿植。另外，在种植槽里植有 2.5～8m 不同高度的乔木或灌木，住宅种植落叶树种，以便冬季也能获得光照。树种的选择根据不同的需求而各有不同，但都确保了树叶、颜色和花朵的多样性，图 2-15 是 25 Green 住宅楼剖面绿化示意图。

图 2-13　具有绿化物种多样性的某集中式绿地示意图

图 2-14　25 Green 住宅楼

立体绿化是绿化技术的创新，主要包括首层绿化、中层绿化、屋顶绿化以及墙面绿化。首层绿化可采用架空实现，既能够将室外环境延续到建筑中，增加空间的渗透，又能创造良好的休憩、停留空间；中层绿化可在中层设计一个面积较大的平台；屋顶绿化可采用蓄水覆土种植屋面，再在屋面上种一些花草或灌木，形成一个空中花园；至于墙面绿化，可在墙面上设计由柱子和圈梁形成的构架，再加设种植槽和喷灌系统，以便于植物植根和生长。图 2-16 是马来西亚著名生态设计大师杨经文设计的生态摩天楼，该大楼充分利用立体绿化方式来改善微气候环境。

图 2-15　25 Green 住宅楼剖面绿化示意图

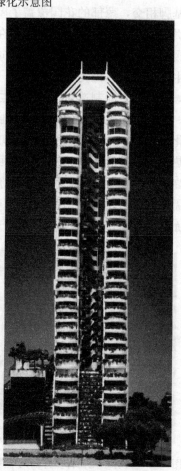

图 2-16　杨经文设计的摩天楼立体绿化示意图

2.1.4　海绵城市理念下的雨洪防治

中国是世界上水土流失最严重的国家，每年有 100 多亿 t 沃土付诸东流，相当于流失

$6.7 \times 10^{10} \mathrm{m}^2$ 耕地上的 $30 \mathrm{cm}$ 厚耕作层,所流失的土壤养分相当于 4000 万 t 标准化肥,而有机质的损失则永难弥补。水土流失是造成我国每年荒漠化面积以惊人的速度扩展的主要原因之一,另一大危害是使河床抬高,水患频繁。城市内涝防治以及雨洪控制无疑成为当前城市面临的热点问题,依赖大规模基础设施和管网建设的传统雨水排放思路已经无法满足现代城市雨水管理的要求,国内外许多城市开始实践新型雨洪管理的理念,将雨洪蓄渗工程技术与城市绿地景观相结合设计,构建以自然积存、自然渗透、自然净化为目标的"海绵城市"。

按照国际上生态城市的建设要求,地面应尽量减少混凝土覆盖面积,采用自然排水系统,以利于雨水的渗透,理想指标是 80% 的裸露地具有透水功能,如图 2-17、图 2-18 所示。水泥、柏油地面除不透水外,导热性也很高,而石板路及植草砖路等,其缝隙中的草、土壤和水分能起到降低地面温度的作用,所以,巴黎、伦敦等世界名城,除了车流量高的交通干道需要耐磨、降噪、经得起车辆碾压的高强度路面外,步行街、人行道、停车场等处大多为生态道路,数世纪以前的石板路,也被完整地保留了下来。

图 2-17　某透水铺面停车场　　　　图 2-18　某小区绿化步道的透水设计

在城市发展中,澳大利亚的很多城市都面临城市防洪、水资源短缺和水环境保护等方面的挑战。作为城市水环境管理尤其是现代雨洪管理领域的新锐,墨尔本倡导的水敏性城市设计(Water Sensitive Urban Design,WSUD)于 20 世纪 90 年代在澳大利亚兴起。当时城市的雨洪分流体系基本完善,通过建设污水处理设施,城市点源污染的排放基本得到完全控制。但人们期待的生态城市河道并未如期呈现,城市雨水径流的面源污染等成为改善河道生态健康所不能回避的问题。WSUD 的一个重要原则是源头控制,水量水质问题就地解决,不把问题带入周边,避免增加流域下游的防洪和环保压力,降低或省去防洪排水设施建设或升级的投资。另外,其雨洪水质管理措施,如屋顶花园、生态滞蓄系统、人工湿地和湖塘,也能在不同程度上滞蓄雨洪,进而减少排水设施的需要。雨水的收集和回用提供替代水源,降低了自来水在非饮用用途上的使用。图 2-19 为墨尔本水敏城市雨水生态过滤槽。

为了增加中国黄海海滨核心鸟类栖息地的数量,亚洲发展银行携手天津港,在临港地区的一块降解回填地上为拟建的湿地鸟类保护区举行了一场国际设计大赛。澳大利亚 McGregor Coxall 景观设计公司提出的世界上首个"候鸟机场"的设计在此次大赛中一举夺魁。鉴于拟建的湿地鸟类保护区对于中国、澳大利亚,乃至全球生态系统的重要意义,项目总体规划提出建设一块占地 $60 \mathrm{hm}^2$ 的湿地公园和鸟类保护区。由于部分鸟类不间断飞行超过 11000km，并长达 10 天不进食饮水，候鸟机场将是东亚—澳大利亚候鸟迁徙航道上鸟类进行补给和繁衍至关重要的一站。作为天津城市新建绿地公园的一部分，该项目将落实包括人工湿地、绿地公园及城市森林等绿色基础设施，率先成为全国海绵城市试点项目。该项目采用可再生能源将净化过的废水和收集到的雨水引流向整个湿地，公共设施则包括湿地小径、环湖步道、自行车道和森林漫步道等，形成了一张贯通 7km 的自然游憩观景路线网。"候鸟机场"总体规划示意图如图 2-20 所示。

图 2-19　墨尔本水敏城市雨水生态过滤槽

图 2-20　"候鸟机场"总体规划示意图

2.2　建筑设计中的节能设计方法

　　我国是一个人均资源贫乏的国家，人均能源占有量只相当于世界平均水平的 1/5。我国的能源效率只有 30% 左右，比发达国家低 10 个百分点，单位国民生产总值能耗是发达国家的 3~4 倍。据有关资料，我国每创造 1 美元国民生产总值消耗掉的煤、电等能源是美国的 4.3 倍，是德国和法国的 7.7 倍，是日本的 11.5 倍。

　　严重的能源危机和环境污染使得我们在建筑设计中要更多的重视建筑的能效性，在建筑设计的初始阶段进行有效的规划设计是建筑节能设计的重要内容。《公共建筑节能设计标准》GB 50189—2015 的条文说明中指出："建筑的规划设计是建筑节能设计的重要内容之一，它是从分析建筑所在地区的气候条件出发，将建筑设计与建筑微气候、建筑技术和能源的有效利用相结合的一种建筑设计方法。分析建筑的总平面布置、建筑平、立、剖面形式、太阳辐射、自然通风等对建筑能耗的影响，也就是说在冬季最大限度地利用日照，多获得能量，避开主导风向，减少建筑物外表面热损失；夏季和过渡季最大限度地减少得热并利用自然能来降温冷却，以达到节能的目的。"

　　另外，应有综合能源消耗的概念，即包括建筑物在全寿命周期内对各种能源的消耗，如建造建筑物所需的各种材料对能源的消耗（含制造与运输），项目自立项开始至建筑物报废后，用于建筑物的规划、设计、建造、运行、维护、保养及建筑废弃物的回收、运输、处理等所消耗的能源。

2.2.1　自然采光技术

自然采光能够显著地减少建筑能耗和运行费用。建筑中照明的能耗约占总能耗的 20% 左右，不同类型的建筑又有所不同，而且由灯产生的废热所引起的冷负荷的增加占总能耗的 3%~5%，合理设计和采用自然采光能节省照明能耗的 50%~80%。另外，国外的研究证明自然采光能形成比人工照明系统更为健康和更为舒适的工作环境，可以使工作效率提高 15%，并且 90% 的雇员更喜欢在有窗户和可以看到室外风景的房间中工作。远古时期，人类的祖先在室外生活的时间较多，所接受的是全光谱自然光的照射，形成了人体许多生理功能，而现代生活中，许多人常年接受不到自然光的照射，这也是导致亚健康的原因之一。有研究发现人们并不喜欢长时间恒定不变的照度，这说明人类已适应了随着时间、季节等周期性变化的天然光环境。天然光不但具有比人工光更高的视觉功效，而且能够提供更为健康的光环境，长期不见日光或者长期在人工光环境下工作的人，容易发生季节性的情绪紊乱、慢性疲劳等病症。更为重要的是采用自然采光可减少电力需求和因发电产生的污染和副产品，利于保护环境。

长期以来，人们一直对天然光存在一种误解，认为天然光进入室内的同时带来的热量要多于人工光源的发热量，而研究表明：如果提供相同的照度，天然光带来的热量比绝大多数人工光源的发热量都少。也就是说，如果用天然光代替人工光源照明，可大大减少空调负荷，有利于减少建筑物能耗。另外，新型采光玻璃（如光敏玻璃、热敏玻璃等）可以在保证合理采光量的前提下，在需要的时候将热量引入室内，而在不需要的时候将天然光带来的热量挡在室外。

自然采光需要建筑围护结构上的开口或洞口的位置正确，允许日光进入并充分分配和发散光线。为控制多余的亮度和反差，窗户上往往会设置一些附加件，如遮阳百叶和格栅。建筑遮阳系统经过精心设计，即使在低技术的生态技术层面，也可以起到防止室内过热和调节室内微气候的目的，并且能够节约能源。图 2-21 所示为南方某高校宿舍楼外墙上的遮阳板，利用可开启的遮阳板，可以有效减少夏季多余热量进入，并可丰富外立面的层次和色彩。有遮光作用的遮阳板可以调节室内的光线分布和光照强度，充分利用口光，使光线在室内均匀分布，既可以防止眩光，又可以减少人工照明。建筑的许多部位，如侧窗、屋顶天窗、中庭玻璃顶均需要进行适当的遮阳。除遮阳构件之外，利用绿化植被等自然因素也有相当理想的遮阳效果，例如利用落叶树木在夏季可遮挡多余的过热日光，冬季树叶枯落后，对日光的进入影响不大于 20%。

图 2-21　南方某高校遮阳百叶示意图

自然采光环境除了居室日照外还要考虑室外场地，才能形成明媚愉人、有利身心健康的舒适环境。目前常用的增加建筑自然采光效果的节能技术主要有：

1. 中庭、边庭采光

中庭、边庭采光面积大，白天为室内提供良好的光线。另外可结合中、边庭通风和中庭绿化及水景来提升建筑室内舒适度，但是在夏季中庭容易出现过热现象，需要在中庭、边庭增加有效的隔热措施。中庭、边庭采光应用较好的实例是山东交通学院图书馆，设计中在中庭、南向边庭、教师阅览室都充分利用顶部天窗来增加室内照明。中庭内部全部用防火玻璃取代传统隔墙，减少照明能耗，如图 2-22 所示。

2. 反光板

图 2-23 是反光板示意图，其原理是：反光板将阳光反射到屋顶上部，有效调节室内光线强度，避免阳光直射带来的眩光问题。还可以很好地解决进深大、单侧开窗空间内部昏暗、自然照度不足等问题。

图 2-22　山东交通学院图书馆边庭

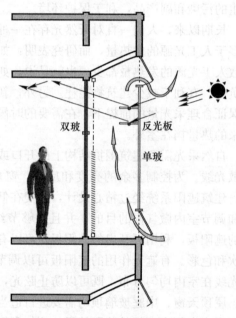

图 2-23　反光板示意图

3. 光导照明

光导照明系统是一种新型照明装置，主要由采光器、光导管和漫射器三部分组成，如图 2-24 所示。光导照明系统的工作原理是通过采光罩高效采集自然光线并导入系统内重新分配，再经过特殊制作的光导管传输和强化后由系统底部的漫射装置把自然光均匀高效地照射到任何需要光线的地方，得到由自然光带来的特殊照明效果。

图 2-25 为光导管外部示意图，青岛天人大厦在屋顶设置光导管采光系统，利用太阳光为顶层提供采光，减少白天照明电耗。

4. 采光井

采光井亦称"窗井"。它分为两种形式，一种是地下室外及半地下室两侧外墙采光口外设的井式结构物，如图 2-26 所示，主要是解决建筑内个别房间采光不好的问题，采光井还兼具通风和景观的作用；另一种是大型公共建筑采用四面围合、中间呈井的形式，内部建造内天井，将光线不足的房间布置于内天井四周，通过天井来解决采光、通风不足的问题，一般多用于商场、酒店、政府办公楼。采光井还具有多用途，既被动式地满足了地下室的自然采光、自然通风条件，又可作为雨水采集井；同时采光井还有低技术性，造价不高的特点，但是易出现过热问题。

图 2-24　光导照明工作示意图

图 2-25　光导管外部示意图

图 2-26　不同形式的采光井示意图

2.2.2　自然通风技术

建筑自然通风设计是建筑节能、室内舒适环境创造的有效手段。通过流体力学原理分析，建筑通风的直接原因是室内外温差造成的热压差（ΔP），该热压差形成气流流动的动力，并通过建筑洞口有效的高差设计 ΔH，强化气流动力。用于建筑通风的措施主要有以下几种：

1. 建筑剖面设计的通风调整

在剖面设计中控制洞口高差，以尽量多的 ΔH 来加强温差所产生的通风效应，尤其是在住宅建筑中，使出风口高度大于进风口高度，使室内气流呈上升趋势，这是符合室内外温差所造成热压通风规律的，其上升力与通风走向相同，将有效强化通风质量。

2. 建筑空间设计的通风调整

为了加强建筑通风，在建筑设计时，结合一些功能目的（楼梯间、中庭），设计具备"烟囱效应"的空间体系，可起到拔风作用，以强化室内通风，图 2-27 为日本北海道东海大学艺术工学研究馆吹拔空间鸟瞰图与平面示意图。

图 2-28 是青岛天人大厦的结构和通风示意图，该大厦运用了多项绿色建筑技术，其中热压通风即是其中之一。它利用共享空间的贯通性，使热空气向上走，通过中庭顶上的开口抽出，从而加强了通风效果。

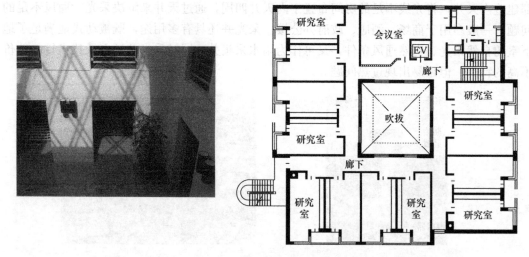

图 2-27　日本北海道东海大学艺术工学研究馆吹拔空间鸟瞰图与平面示意图

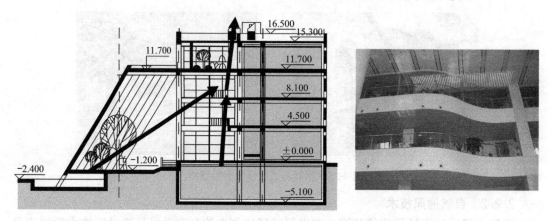

图 2-28　青岛天人大厦利用共享空间形成自然通风示意图

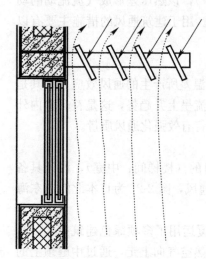

图 2-29　水平可通风遮阳百
叶剖面示意图

3. 建筑迎风面的调整

建筑设计应该考虑将进风口朝向夏季主导风向，前部无遮挡，满足以最直接、最通畅的室外风速值所引起的风压作用于进风口的目的，提供最大风速。

4. 建筑的导风调整

使用挡风板及调整风压系数等有效方法，引起负压力，以加强进风口的正压作用，从而促进通风；其次利用遮阳板的留槽设计以实现导风等，都非常有效。图 2-29 所示即为水平可通风遮阳百叶，当夏季阳光强烈时，一方面遮阳板起到阻挡热量的作用，另一方面利用热压通风原理，热空气向上聚集，通过预先设置的洞口将热空气拔出，从而降低建筑开口处的温度。

5. 屋顶通风罩

英国零能耗建筑设计有限公司（ZED Architects）

利用铝材制作的屋顶通风罩具有良好的通风、导风作用。通风罩是根据气体流场压力基本原理设计，在全尺寸风道内进行完善，并经过专家测试以使风罩满足空气流动和压力特性的要求，使得风罩可以保证通风和热回收性能。风罩通风系统使建筑围护结构气密性良好以减少无法控制的热损失，仅仅使用可再生能源就可维持日常能量需求。ZED 通风罩是第一个利用风能来进行热回收，用正、负风压来送风和排风的绿色产品，其色彩斑斓的外表又成为建筑特异的标志，图 2-30 是 BedZED 项目中的铝制通风罩，其缔造者是著名的贝丁顿零能耗住区和上海世博会零碳馆的设计公司。

图 2-30　BedZED 项目中的铝制通风罩

6. 建筑形体控制

建筑形体控制方法的主要作用在于通过对建筑物、构筑物的平面、剖面的形式及其形体间的空间组合关系的有效控制，通过对所设计环境中植物的合理选择与配置来创造有利于居民生活的"再生风环境"。

马来西亚著名建筑师杨经文设计的槟榔屿州 Mennara Umno 大厦外墙，外加了一种"捕风墙"的特殊构造设计，它在建筑两侧设阳台开口，开口两侧外墙上布置两片挡风墙，如图 2-31 的平面及剖面图所示，使两通风墙形成喇叭状的口袋，将风捕捉到阳台内，然后通过阳台门的开口大小控制过风量，形成"空气锁"，可以有效地控制室内的通风，这种做法值得借鉴。

2.2.3　混合通风

自然通风是建筑内部有效的气流组织方式，但是它的气流速度和方向都随着时间随机变化，室外空气进入室内时，每个窗户的开启程度通常是有限的，无法有效地控制、调节从室外流入的空气的温度或流速，气流组织无法控制。为了解决自然通风存在的问题，出现了自然通风与机械通风相结合的处理方式，以更好地解决舒适度问题，被称为混合通风。混合通风的类型有空调送风、地板送风和风扇等形式。

1. 空调送风＋自然通风

图 2-32 是清华大学中意环境楼架空地板送新风示意图，该楼室内采用架空地板（350mm）送新风加辐射吊顶空调方式，其新风末端由设在该房间排风短管内的 CO_2 传感器及该房间内的红外线传感器控制。

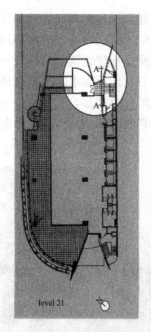
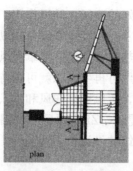
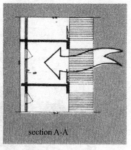

图 2-31　槟榔屿州 Mennara Umno 大厦"捕风墙"平面、剖面及外观示意图

图 2-32　清华大学中意环境楼架
空地板送新风示意图

红外线传感器用于探测室内有人或无人，当室内无人时变风量末端的风量控制在最小值（不小于房间设计风量的 15%），以去除室内散发的污染物，使室内空气品质保持在良好的水平，同时去除非人员造成的湿负荷；当室内有人时，由 CO_2 传感器控制变风量末端的风量。房间内设置可检测窗状态的探测器，当探测到窗处于开启状态时，关闭变风量末端和辐射板的冷水阀。同时，由于房间内设有探测室内有人或无人的红外线传感器，只有当房间内有人时，辐射板才开始供冷供热。该技术保证了全年室内环境舒适性，另外，由于采用地板架空系统送新风，使新鲜空气第一时间到达使用者附近，加之和自然通风方式结合，当房间窗户开启时，关闭变风量末端和辐射板的冷水阀，通过各房间的独立控制来减少能耗。

但是这种技术存在着一次性投资大、造价高、物业、检修费用高和夏季辐射吊顶易有冷凝水等缺点。

2. 空调送风＋机械通风＋自然通风

这种复合通风系统包含了三个独立运作模式：空调送风、外气空调（机械通风）及自然通风，并在不同的气候下控制室内及空调罩内空间的气温及空气品质（室内空气良好性考核指标）。室外空气品质感应器、风速测量器及温度感应器探测不同区域的空气品质，再经楼宇自控系统来决定复合通风的运作模式。

自然通风模式——在温和的天气情况下，系统将被设定为自然通风模式。室外的新鲜空气将透过自然风力及环保罩内温差所产生的空气浮力从环保罩底层的进风口引进环保罩内。各层办公楼的自然排风槽直接通往室外，带走办公室内的废气。

外气空调模式——当外气空调运作时，新风将直接从室外经电梯大堂旁的自然通风槽抽至各层空调机再送到办公室内。

地板送风系统——地板送风空调系统主要是把冷风/暖风经由安装于架高地板的地板送风机组送出，把冷风扩散至整个地面。因送风采用架高地板静压层，此系统可减少风机因风管阻力所需要的能耗。

晚间外气预冷模式——为减少夏季日间因建筑物结构吸热而产生的冷负荷，在日夜温差较大时也可采取晚间外气预冷模式。特别在星期天晚上，外气预冷模式可把结构于日间所吸收的热能带走，并减少使用冷水作空调预冷。

综上所述，混合通风是满足更高舒适度要求而提出的新的通风设计理念，能充分发挥各种通风手段的优势，因而它适合用于对热舒适度和新鲜空气要求高的建筑。

2.2.4　建筑遮阳技术

遮阳作为有效降低建筑能耗的手段，主要分为建筑自遮阳、窗户内遮阳、窗户外遮阳和绿化遮阳等类型。可根据建筑类型、建筑高度、建筑造型等选择不同的遮阳方式。

1. 建筑自遮阳

建筑自遮阳是通过建筑自身凹凸形成的阴影区，将建筑的窗户部分置于阴影区之内，实现有效遮阳。建筑自遮阳可以是局部的厚墙体、檐口或建筑本身的凹凸变化，也可以是整体的遮阳墙体、双层遮阳通风屋顶，兼有遮阳和通风双重目的。杨经文设计的马来西亚梅纳拉商厦如图 2-33 所示，在设计中考虑了马来西亚热带气候特征，为了防止多余光线进入室内，设计师利用建筑形体的凹凸变化进行建筑自遮阳，随着时间的变化在外立面上留下不同的阴影，也丰富了建筑形态。

2. 窗户内遮阳

内遮阳是设置在建筑开口部位内部（窗户）的遮阳装置的总称，包括遮阳软卷帘、卷帘百叶等。内遮阳的优点是便于操作，不足之处是当太阳辐射热或寒风进入到室内，对室内的热环境造成不良影响时，还需再使用能源将其"移出"。同时，使用内遮阳还应考虑在外窗设置一个通风窗口，把存在于外窗与内遮阳设施的热空气随时"移出"室外。图 2-34 所示为某建筑的窗户内遮阳措施。

图 2-33　马来西亚梅纳拉商厦

图 2-34　窗户内遮阳

图 2-35　山东交通学院图书馆边庭
内遮阳示意图

山东交通学院图书馆南向边庭就非常巧妙地利用废弃旧灯管进行内遮阳，如图 2-35 所示黑色粗线部分。这些灯管由教师和学生共同合作串接起来，做成内遮阳构件，夏季的白天展开该构件，达到遮挡阳光进入室内的目的，防止室内过热；冬季则收起该遮阳构件，使阳光能顺利进入室内，给室内加热，达到辐射得热的目的。这种做法的另一个好处就是它使用的是废弃材料，符合绿色环保的理念，同时也培养了师生的绿色观念。

3. 窗户外遮阳

外遮阳是通过建筑窗外挂遮阳板达到遮阳的目的，按照遮阳方式的不同分为水平遮阳、垂直遮阳、综合遮阳、挡板式遮阳和外置卷帘等几种。外遮阳可运用于建筑南、东、西立面窗户或幕墙，南向适宜水平遮阳，东西向适用垂直遮阳，但需要结合建筑外立面设计。

水平遮阳板的种类有实心板，也有栅形板、百叶板等，可以离墙或靠墙。栅形板、百叶板及离墙的实心板有利于通风、采光及外墙面散热。设计时，应利用冬季、夏季太阳高度角的差异确定出合适的出檐距离，使得屋檐在遮挡住夏季灼热阳光的同时又不会阻隔冬季温暖的阳光。图 2-36 所示为山东交通学院图书馆南向水平外遮阳板，在夏季时，由于太阳入射角高，所以大部分多余光线被遮挡住，而在冬季，由于太阳入射角变低，所以不会影响室内得热。

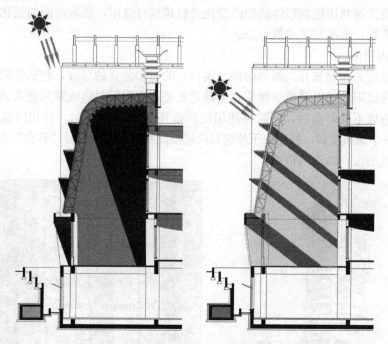

图 2-36　山东交通学院图书馆南向水平外遮阳夏季及冬季遮阳效果示意图

垂直遮阳在商业建筑中应用较多，居住建筑应用较少。决定垂直遮阳效果的因素是太阳方位角，由于它遮挡了从窗侧面射来的阳光，能够有效地遮挡高度角很低的光线，因此适合用于东西方向和北向。根据遮阳和立面处理的需要，垂直板可以做成倾斜式（与房间进深方向倾斜）或垂直式的。

挡板遮阳是在窗口前方设置和窗面平行的挡板，或挡板与水平遮阳或垂直遮阳或综合遮阳组合而成的遮阳形式，能够有效地遮挡高度角较小、正射窗口的阳光，适用于东、西向附近的窗口。如图 2-37 即为同时运用垂直遮阳与挡板遮阳的某建筑外观示意图，起到了很好的遮阳效果。

综合式遮阳兼有水平遮阳和垂直遮阳的优点，对于各种朝向和高度角的阳光都比较有效，适合于东南、西南、正南向窗口的遮阳。图 2-38 所示为北京中青旅大厦南向综合式遮阳示意图，是该技术应用的典型实例。

图 2-37　综合运用垂直遮阳和挡板遮阳

图 2-38　北京中青旅大厦的南向综合式遮阳示意图

外置卷帘体量小、外观简洁、控制灵活，尤其适用于东、西向窗户，能够最有效地遮挡整个窗户部分的阳光。为兼顾采光和通风，这种遮阳板往往需要移动和开启，进行适当的调节，使用自如，折叠后基本上不占据空间，图 2-39 为外置卷帘遮阳示意图。

防晒墙遮阳是在建筑主体外侧一定距离设置一定高度的墙壁，其上开有洞口满足建筑主体一定的采光需求。图 2-40 是山东交通学院图书馆西向选用混凝土花格遮阳墙，防晒墙以钢筋混凝土框架填墙，采用混凝土花格的构成形式，石材贴面，与建筑主体脱开一定距离。

图 2-39　外置卷帘遮阳示意图

图 2-40　山东交通学院图书馆西向混凝土花格遮阳墙示意图

另外，在遮阳构件上通过绿化也可以实现遮阳、隔热和绿化的效果。例如在平台上种植以灌木和藤蔓类为主的植物，对墙壁和屋顶平台绿化隔热，利用藤蔓类植物的落叶性能调整直射光照对室内的影响；利用遮阳板与窗户间的空间种植植物来遮阳；直接利用植物对建筑物进行遮阳，落叶乔木茂盛的树木可以阻挡夏季灼热的阳光，而在冬季则基本不影响阳光进入室内。

2.3 可再生能源应用

所谓新能源是指石油、煤炭、天然气等传统能源之外的能源。它包括太阳能、风力、地热等可直接利用的天然能源以及利用木屑、家畜粪便等生物有机体产生的生物能源，因其可不断再生并可以持续利用，又称为可再生能源。在我国，太阳能在大部分地区都具有良好的利用条件，全年日照时间最长的可达 2800～3300h，年日照时数大于 2200h（即每天平均日照时数大于 6h）的地区占国土面积的 2/3 以上，利用被动式太阳能供暖、太阳能热水、主动式太阳能供暖与空调，以及太阳能发电等前景广阔。

2.3.1 被动式节能技术

1. 被动式太阳能房

被动式太阳能房是集热部件与建筑构件融为一体的供暖系统，它依靠建筑本身的构造和材料的热工性能，不添加附加设备，不需要机械动力，完全由辐射、传导和对流等自然方式进行。被动式太阳能房的工作原理如图 2-41 所示，即把房屋看做一个集热器，通过建筑设计把高效隔热材料、透光材料、储能材料等有机地集成在一起。冬季的白天，透过玻璃盖板的太阳热量加热空气间层，利用热空气向上走的原理，将被加热的空气从重质墙体的开口送进室内，夜间则关闭开口，使白天储存的热量全部辐射到室内；夏季的白天打开重质墙体的下部开口，把热量带出室内，夜间则让室外的凉爽空气进入室内，通过开口将热空气带走。

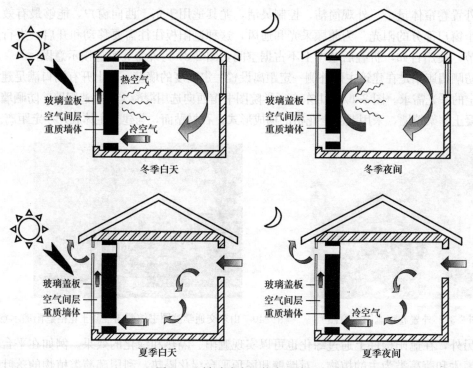

图 2-41 被动式太阳能房系统图

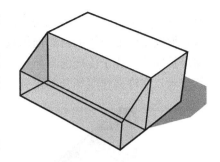

被动式太阳能房可以分为直接受益式、集热墙式和附加阳光间式三种类型。

直接受益式太阳能房是让太阳光通过透光材料直接进入室内的供暖形式，是太阳能供暖中和普通房差别最小的一种。

集热墙式太阳能房主要是利用南向垂直集热墙，吸收穿过玻璃采光面的阳光，然后通过传导、辐射及对流，把热量送到室内。墙的外表面一般被涂成黑色或某种暗色，以便有效地吸收阳光。

附加阳光间式太阳能房是直接受益式和集热墙式的混合产物，其基本结构是将阳光间附建在房子南侧，中间用一堵墙（带门、窗或通风孔）把房子与阳光间隔开，图 2-42 是其实例示意图。阳光间得热后，会把热量储存在相邻的墙体构件上，在冬季的晚上使室内辐射得热，是被动式太阳能技术的典型应用。

图 2-42　附加阳光间式太阳能房
实例示意图

2. 太阳能供暖通风系统

太阳能供暖通风系统是将太阳能集热设备与外立面设计相结合，通过集热设备得热辅助冬季供暖。应用该供暖技术的太阳墙系统，是一种新型的以空气为介质的供暖新风系统，由集热器、供热管道和风机组成，把房间作为储热器。其原理为冲压成型的太阳墙板在太阳辐射作用下升到较高温度，同时太阳墙与墙体之间的空气间层在风机作用下形成负压，室外冷空气在负压作用下通过太阳墙板上的气孔进入空气间层，同时被加热，到达太阳墙顶部的热空气被风机通过管道系统送至房间。太阳墙系统除了冬季提供供暖，夏季还可以将夜间的凉空气引入室内置换掉室内的热空气，一方面起到夏季夜间室内降温作用，同时也可以节省白天空调能耗。

与传统意义上的集热蓄热墙等方式不同的是，太阳墙对空气的加热主要是在空气通过墙板表面孔缝的时候，而不是空气在间层中上升的阶段。太阳墙板外表面为深色（吸收太阳辐射热），内表面为浅色（减少热损失）。在冬季天气晴朗时，太阳墙可以把空气温度提高到 30℃左右。在大多数时候以及阴天夜晚，还是需要与其他供暖系统配合以达到比较好的效果。但是由于其夏季吸收过多的热量，对室内热环境影响较大，并且对建筑立面的影响也较大，这是其局限性之一。

图 2-43 是山东建筑大学梅园 1 号学生公寓，在该公寓南立面窗间墙及檐口部位使用了 143m² 的太阳墙，提供 5800m³/h 的送风量，为北向 36 个房间送风。按每年使用 8 个月计算，每年可产生 212GJ 的热量。冬季最高送风温度可到 35℃以上。热量不足的部分由常规供暖系统补充。

3. 太阳能烟囱通风系统

太阳能通风是利用烟囱效应来加强空气自然通风。烟囱效应即为热压效应，是由于空气被加热升温后，密度减小而上浮的一种现象。太阳辐射被太阳能烟囱的集热面吸收，通过对流换热的形式重新释放到夹层的空气中，使得夹层中的空气被加热升温并超过室外空气温度。由于内外空气的密度差，在太阳能烟囱下部将会形成一个负压，上部将形成正压，空气将从空腔的下部流向上部，并通过排风口排出，而下部的进风口则不断有空气吸入，形成太阳能通风的自然通风现象。太阳能通风基于自然通风原理，它在减少建筑能耗和保护环境上优于传统的自然通风和机械通风，作为一项能够利用太阳能来强化自然通风的技术，在许多建筑场合都得到应用。

图 2-43　山东建筑大学梅园 1 号学生公寓太阳墙供暖通风系统

太阳能烟囱通风系统通过适当的通风设计、气流组织，在增加很少土建或安装成本的情况下可以有效地降低室温、提高房间舒适度，同时大幅减少空调运行费用，降低用电负荷。但太阳能烟囱需要一定的高度，所以对建筑立面影响较大。

在山东建筑大学梅园 1 号学生公寓中，通过太阳能烟囱充分利用太阳能和风力强化烟囱效应，为自然通风提供了动力保证。位于梅园 1 号西墙中部的太阳能烟囱如图 2-44 所示，其与走廊通过窗户连接，烟囱外壁开大窗，内部设有框架，上面挂有涂黑的金属板，阳光通过外壁的窗户照射到内部的黑色金属板上，金属板吸热，加热烟囱中的空气从而加大热压，同时烟囱顶部由于外部风速较大使烟囱效应大大强化，以保证房间一定的气流速度。太阳能烟囱高出屋面 5500mm 以保证足够的压力。冬季只需把走廊里的窗户关闭即可，不会因烟囱效应使冷风渗透增大。太阳能烟囱侧面开窗，为走廊提供采光，另外顶部设有钢丝网，防止鸟飞入。

4. 地道通风系统

地道风就是利用天然的地层蓄热（冷）性能，为建筑物提供热（冷）量。地道风降温是地下建筑物通风的一种特殊形式，其特点就是利用地道来冷却空气，并且允许在一部分地道壁面上出现凝结水（结露）。夏季，室外的空气进入地道内，通过与地道壁面的传热，可以达到降温的目的，然后送入房间；冬季，通过地道与空气之间的传热，提高送入房间的室外空气的温度。

该技术主要适用于间歇运行但经常使用、对空气温度无严格要求、室温较高的建筑等。因此，适用于剧院、影院、礼堂、办公楼、商店、菜市场、纺织厂及其他热车间降温等工程。

图 2-44 山东建筑大学梅园 1 号学生公寓太阳能烟囱通风系统

在延安枣园绿色示范新住区中，基于绿色建筑理念设计的新型窑洞如图 2-45 所示。该住区就采用了地道通风系统，它利用一定深度下土壤的热惰性，在夏季通过地下卵石层将热空气降温送入室内，在冬季则相反，对于改善窑洞的室内热环境具有良好作用。

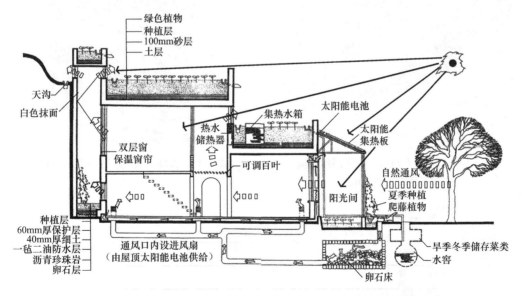

图 2-45 延安枣园绿色示范住区新窑洞建筑采用地道风改善室内环境示意图

2.3.2 主动式节能技术

主动式节能技术指通过设备干预手段为建筑提供供暖空调通风等舒适环境控制的建筑设备工程技术，其内容包括太阳能光伏发电、太阳能热水供热、太阳能供暖、风力发电、热泵技术等。较被动式节能技术而言，主动式节能技术更注重外部设备使用，以达到节能的目的。

1. 太阳能光伏发电系统

太阳能光伏系统是由太阳能电池方阵、蓄电池组、充放电控制器、逆变器、交流配电柜、自动太阳能跟踪系统、自动太阳能组件除尘系统等组成。太阳能电池方阵是由若干个太阳能电池组件或太阳能电池板在机械和电气上按一定方式组装在一起并且有固定的支撑结构而构成的直流发电单元。蓄电池组是将转化的多余电能储存起来，在黑夜或不适宜电池发电的情况下储存的电能继续供设备使用。充放电控制器是防止电池过于充电和放电的设备。逆变器将直流电转化为交流电，让转化来的电能供设备使用。交流配电柜完成逆变器和备用逆变器之间的切换，保证系统的正常运行。自动太阳能跟踪系统是自动感应阳光保证阳光的入射角一直垂直于电池板，从而大大提高太阳能电池板的发电效率（有关太阳能光伏发电系统的详细内容见本书第 6 章）。

图 2-46 所示是日本北九州市立大学国际环境学部利用屋顶太阳能光电板所做的挑檐，经过建筑师的设计与处理，太阳能光电板也成为建筑形体的一部分，成为形式美的组件。图 2-47 是青岛天人大厦，该大厦将太阳能光电板与南向入口空间相结合，构成了建筑的形式美。图 2-48 是 2016 年全球太阳能光电装机容量前 10 名国家，可以看到中国位列第一，取得了巨大发展。

图 2-46　日本北九州市立大学国际环境
学部屋顶太阳能光电板

图 2-47　青岛天人大厦入口太阳能光电板

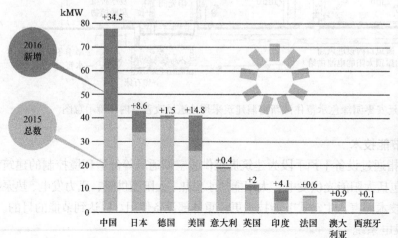

中国占了46%。

图 2-48　2016 全球太阳能光电装机容量增长示意图

2. 太阳能热水供热系统

太阳能热水供热系统是利用太阳能集热器收集太阳辐射能把水加热的一种装置，是目前太阳能应用发展中极具经济价值、技术较为成熟的一种应用产品。供热系统一般主要由集热器、储水箱、循环水泵、连接管路和控制中心等部分组成。太阳能热水供热系统具有供水品质好、节能环保、便于管理、使用费用低等特点，值得广泛推广应用。

太阳能热水供热系统虽然能供给热水使用，但是由于地区的不同，昼夜及气候的变化，日照采集率的变化致使集热不稳定，而且热水通过保温储罐的动态积累储存和无规则的按需分配以及因外界气温变化，导致热能损失产生储热能不稳定。这些因素使该技术终端使用效果稳定性不好。

3. 太阳能供暖

太阳能供暖是指将分散的太阳能通过集热器（例如：平板太阳能集热板、真空太阳能管、太阳能热管等吸收太阳能的收集设备）把太阳能转换成方便使用的热水，通过热水管道输送到发热末端（例如：地板供暖系统、散热器系统等）提供房间供暖的系统，太阳能集热器如图 2-49 所示。

该技术集热面积的设计主要考虑整个冬季建筑物需要的平均热量。太阳能集热设备配的面积大，造价高，浪费设备和资金，配的数量少则达不到节能效果，所以设备配置面积非常重要。另外，在使用该技术时还要考虑热量储备，太阳能时间性很强，白天充足，夜间是零，和我们需要供暖的过程从时间上是完全相反的。

4. 风力发电

风力发电装置如图 2-50 所示，风力发电在欧洲相当普遍，特别在丹麦、荷兰、德国更成为重要能源之一。丹麦是最早利用风力发电的国家之一。由于丹麦缺乏自然能源，早在 1891 年就开始风电研究。第一次世界大战期间，石油短缺刺激了丹麦的风电发展。至 1918 年，1/4 的乡村发电站用的是风电，当时的风机功率多为 20～35kW。第二次世界大战时，石油再度紧张，风电重又兴盛，丹麦的 Lykkegaard 和 Smidth 两家风电公司一时间闻名遐迩。第二次世界大战后，欧洲各国就未来欧洲的石油供应问题展开讨论，促使丹麦进一步探索如何开发利用风电。1973 年、1979 年的石油禁运、能源危机以及绿色环保意识的加强，推动了风电产业发展；加上丹麦是世界上人均二氧化碳排放最高国家之一，对大气变暖的关注也促进了丹麦的风能开发。目前，丹麦风电的水平居世界领先地位，主要表现在以下两个方面，一是装机容量大；二是风机技术提高很快。

图 2-49　太阳能集热器示意图

图 2-50　风力发电装置示意图

2005 年，我国制定了《可再生能源法》，更加明确了支持风电等新能源发展的政策，风电规模化建设和设备国产化取得重大进展，风电发展进入了快车道。2005 年以来，我国风电建设连年翻番增长，2008 年累计装机 1200 万 kW，跃居世界第四位，图 2-51 为 2016 全球风能光电装机容量增长示意图，由图可见 2016 年我国已经位居全世界第一。

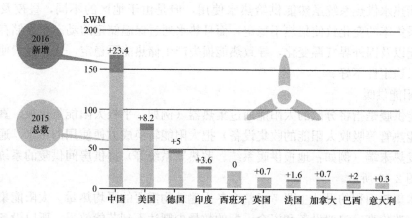

图 2-51　2016 全球风能光电装机容量增长示意图

5. 热泵技术

热泵是一种利用高位能，使热量从低位热源流向高位热源的装置。现在我国主要利用的热泵技术，按低位热源分为水源（海水、污水、地下水、地表水等）热泵，地源（土壤、地下水）热泵，以及空气源热泵。当前，住房和城乡建设部正在全国范围内大力推广可再生能源在建筑领域的规模化应用。其中土壤源热泵在建筑中的推广应用是其部署的六大重点工作之一。土壤源热泵是利用地下常温土壤温度相对稳定的特性，通过深埋于建筑物周围的管路系统与建筑物内部完成热交换的装置。冬季从土壤中取热，向建筑物供暖；夏季向土壤排热，为建筑物制冷。它以土壤作为热源、冷源，通过高效热泵机组向建筑物供热或供冷，目前国外已大面积推广使用的是埋管式地源热泵技术，图 2-52 为地源热泵工作原理示意图。据初步测算，达到同样的制热效果，土壤源空调所需费用仅为普通中央空调的 50%～60%；与电锅炉加热相比较可节省 2/3 以上的电能；比燃煤锅炉节省 1/2 以上的能量。与此同时，土壤源空调既没有燃烧系统也没有排烟设备，是环保型的可再生清洁能源，能有效消除常规空气源热泵系统带来的"冷、热污染"环境问题，运行费用为其他各种供暖设备的 30%～70%。减少了维修及维护费用，而且便于分层、分区进行控制和计量。土壤源热泵系统在提供 100 单位能量的时候，70% 的能量来源于土壤，30% 来自电力。

2.3.3　生物质能利用

生物质能源作为清洁的可再生能源，因为其原材料易获得，尤其是在农村有广阔的利用前景。目前我国生物质能主要集中在沼气的开发利用，国外利用较为广泛，以日本为例，目前生物质能开发多样化，动植物的有机物除了产热产气外还可发电或制造成燃料，甚至生物转换过程中的热也得到了有效利用。按照应用方式的不同，生物质能利用可分为生物质气化、生物质发酵和生物质压制成型等三种类型。

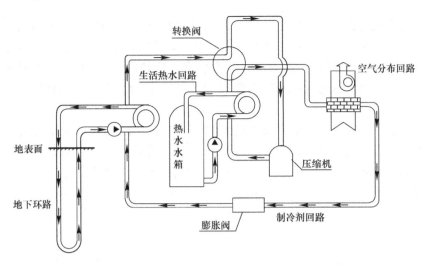

图 2-52　地源热泵工作原理示意图

1. 生物质气化技术

生物质气化技术是在一定的条件下，只提供有限氧的情况下使生物质发生不完全燃烧，生成一氧化碳、氢气和低分子烃类等可燃气体。这里所说的气化是指将化学能的载体由固态转化为气态，相比燃烧，气化反应中放出的热量小得多，气化获得的可燃气体再燃烧可进一步释放出其具有的化学能，图 2-53 为其气化工作原理图。

在西安市户县东韩村的新村建设中，购进了山东某研究所的秸秆气化装置，如图 2-54 所示，基于村庄紧凑的整体规划，达成家家通气的目标，实现了不产生任何废弃物的绿色新能源目标，成为陕西省的典范。

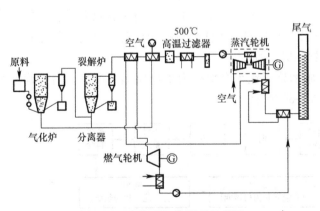

图 2-53　生物质气化原理示意图　　图 2-54　东韩村秸秆气化装置示意图

2. 生物质发酵技术

生物质资源的生物转换利用都要经过生物质资源的分解、微生物发酵、代谢产物分离与纯化三个基本步骤。发酵方法主要有简单的发酵方法、工业发酵法和简单实用的发酵方法三种形式。

简单的发酵方法指农村传统的将作物秸秆、林地的枯枝落叶等农林废弃物堆沤或堆积、经发酵后再施入农田。这种土法发酵方法投资少，操作简单并且充分利用了大自然提供的光热水气，但是堆沤或堆积法有占地面积大、发酵时间长、肥效损失大等缺点。

工业发酵法是利用发酵塔、发酵罐、发酵转窑，控温、控氧、控湿、控机械搅拌等措施快速发酵，大规模集约化生产轻型基质，同时还可以回收、分离一些有较高经济价值的有机化合物副产品。

简单实用的发酵方法是将基质发酵场地建在室外背风向阳处，水泥地面，地面有凹槽，槽里放置通空气的厚壁塑料管道，管直径 15cm，管长 30m，两条管道之间距离 2m，管上钻孔，孔径 10mm，孔与孔之间距离 7cm，均匀排列。管道进口处安装一台 2kW 鼓风机，用管连到两条管的进口，接头处密封不漏气，两条管另一端塞住不能透气，控制发酵进度和发酵质量。用更准确的氧分压传感器和湿度传感器监测发酵过程，进行自动补水、补气，促使快速发酵。

图 2-55 为河南省安阳县 2010 年大型秸秆沼气集中供气工程，建设投资 600 余万元，采用农业部沼气科学研究所"混合厌氧发酵、全程自动化控制"技术设计，新建占地 50 亩、发酵容量为 600m³ 的大型秸秆沼气工程，并建无公害蔬菜温室 10 栋和有机化肥厂 1 座。该工程投入使用后，可供 1000 余户农民照明、做饭、取暖用气。

图 2-55　安阳县在建大型秸秆沼气集中供气工程

3. 生物质压制成型技术

生物质压制成型技术是将生物质进行压缩，从而达到使用的目的。它利用一切直接或间接利用绿色植物光合作用形成的有机物质获得能量，包括除化石燃料外的植物、动物和微生物及其排泄与代谢物等。

压制成型的生物质包括：农作物、农作物废弃物、木材、木材废弃物和动物粪便。经过加工，制作成颗粒状固体燃料，用作锅炉燃料。固体燃料的密度为原来的 5 倍左右，体积压缩为原来的 1/5，可大大降低供热和运输成本。

例如天津市 2010 年 9 月开始实施的烧煤锅炉全部改为生物质锅炉项目，用的就是经过压缩成型的颗粒燃料，其原理如图 2-56 所示。

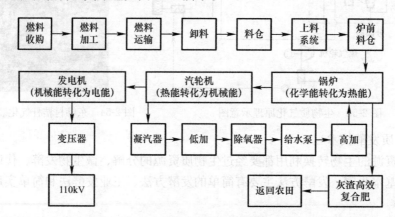

图 2-56　生物质锅炉能量与资源循环原理示意图

本 章 小 结

本章介绍了场地规划和建筑设计中的节能设计方法，并通过大量的工程实例介绍了场地规划和建筑设计中节能设计方法的应用。通过本章学习，应了解合理的选址和良好的建筑布局可以改善建成环境与自然环境之间的关系，形成良好的日照和通风环境，改善微气候、节约土地、降低工程费用；层次丰富的植被与绿化体系不但可以美化环境，还有利于节约能耗和形成舒适健康的室内外空间环境；节能设计技术是多个层次的，适宜技术和高新技术都有适用的地方；节能设计技术可以叠加使用，多个技术的叠加将产生综合效益，提高节能效率。

思 考 题

1. 合理的选址包含哪些内容？为什么它对节能设计至关重要？
2. 立体绿化的主要方法有哪些？如何在建筑设计中体现出来？
3. 自然通风和混合通风的设计方法有哪些？它们各有何特点？
4. 为什么说太阳能技术的应用前景广阔？

第3章　建筑外围护结构节能技术

建筑外围护结构是指同室外空气直接接触的围挡结构，包括墙体、屋顶、门窗等。《公共建筑节能设计标准》GB 50189—2015 要求"公共建筑节能设计应根据当地的气候条件，在保证室内环境参数条件下，改善围护结构保温隔热性能"，并更新了围护结构热工性能限值和冷源能效限值。由此可见，建筑围护结构节能的重要。本章将分别从外墙、门窗、屋面、地面等方面对相关的节能技术及其实现手段进行介绍。

3.1　墙体与门窗节能

墙体和门窗作为围护结构的主要组成部分，在改善居住舒适度和实现节能上起着重要的作用。外墙保温技术在全国范围内得到了普遍的推广和应用，而门窗的建筑热损失一直比较大，因此门窗的节能也是关注的重点。本节主要从材料与构造方面介绍外墙与门窗的保温隔热。

3.1.1　新型墙体材料

新型墙体材料一般是利用混凝土、水泥等建筑材料，或者是直接利用工业废料，通过先进工艺制成的适合现代化建筑要求的建筑材料。它区别于传统的砖瓦、灰砂石等传统墙材，从功能上分，有保温材料、防水材料、隔声材料、粘结和密封材料等。在此主要介绍保温隔热材料。

保温隔热材料（又称绝热材料）是指对热流具有显著阻抗性的材料或材料复合体。近些年来，通过大力推广建筑节能技术，建筑保温节能材料已广泛用于国民经济建设中。目前，保温隔热材料正朝着高效、节能、薄层、隔热、防水外护一体化方向发展。在发展新型保温隔热材料及符合结构保温节能技术的同时，还需要有针对性地使用保温绝热材料，按标准规范设计及施工，提高保温效率及降低成本。

建筑保温材料分为自保温材料和保温材料两种。

1. 自保温材料

自保温模式是利用具有隔热保温性能的墙体材料（如：保温轻质砂浆、砌块、墙板）本身的热工性能来达到国家或地方有关设计标准的要求。自保温模式所采用的节能墙体材料称为自保温节能墙体材料，是建筑外围护结构的主体。过去，我国以实心黏土砖为主要墙体材料，造成能源和土地资源的严重浪费。现阶段国家禁止使用能耗高、毁地严重、保温性能差的传统黏土实心砖，大力发展保温、轻质、节能、利废的新型墙体材料。目前的自保温材料主要有加气混凝土砌块、混凝土小型空心砌块、承重烧结多孔砖、非承重烧结空心砖和空心砌块、节能装饰承重砌块以及夹心砌块等。

加气混凝土砌块是一种以钙质材料和硅质材料为基本原料，以铝粉为发气剂，经配料、搅拌、浇筑成型、切割和蒸压养护而成的一种多孔轻质墙体材料，保温隔热、防火性能良好、可钉、可锯、可刨和具有一定抗震能力。加气混凝土砌块重量轻（一般重量为 $500\sim700kg/m^3$，只相当于黏土砖和灰砂砖的 $1/4\sim1/3$，普通混凝土的 $1/5$）、强度高（抗压强度大于 $25kg/cm^2$，相当于 125 号黏土砖和灰砂砖的抗压强度）、抗震及保温隔热性能好（实践证明 200mm 厚的加气混凝土墙体的保温效果就相当于 490mm 厚的黏土砖墙体的保温效果，隔热性能也大大优于 240mm 砖墙体），并具有一定耐高温性和隔音性能，有利环保。

混凝土小型空心砌块是以水泥为胶凝材料，砂石为骨料，加水搅拌，振动加压成型，经养护制成的具有一定空心率的砌块材料。混凝土小型空心砌块强度高、自重轻、砌块工艺简便、墙面平整度好、施工效率高、原材料来源广、可利用工业废渣，同时具有节能、节土等优点。适用于一般工业与民用建筑，尤其是适用于多层建筑的承重墙体及框架结构填充墙，但对抗震 7 度以上的建筑要在结构上采取抗震措施。

承重烧结多孔砖以黏土、页岩、煤矸石、粉煤石为主要原料，经坯料制备、压制、焙烧而成，具有一定孔洞率的承重砌体材料。承重烧结多孔砖除和普通黏土砖一样除了具有较高的抗压强度、抗腐蚀性及耐久性外，还具有容重小、保温性能好的特性。可用于工业和民用建筑 6 层以下的墙体工程，特别优质的可砌筑 10 层以下墙体。

非承重烧结空心砖和空心砌块以黏土、页岩、煤矸石、粉煤石为主要原料，经坯料制备、压制、焙烧而成，是具有 40% 左右空心率的非承重砌体材料，具有容重小、强度高、保温性能好及抗腐蚀、耐久特性，可用于框架结构建筑的填充墙和一般建筑物的非承重隔墙。

节能砌块是集承重、保温、装饰于一体的新型墙体材料，解决了装饰面与结构层稳定可靠连接的问题。主要原料为沙子、水泥、石子、聚苯板、金属拉钩和无机颜料，优质聚苯板使墙体具有外保温的优点，不但解决了混凝土制品砌筑的墙体内温差过大、容易开裂的问题，而且彻底消除了"热桥"（热桥以往又称冷桥，现统一定名为热桥。热桥是指处在外墙和屋面等围护结构中的钢筋混凝土或金属梁、柱、肋等部位，因这些部位传热能力强，热流较密集，内表面温度较低，故称为热桥），满足节能标准。从功能上分为内叶承重部分、外叶装饰部分和中间保温部分，由金属连接件将这三部分连接为一体，达到节能 65% 的标准。

夹芯砌块是利用混凝土砌块的块型结构进行设计，用孔型变化并复合保温材料（挤塑聚苯板或者膨胀聚苯板）实现节能保温的新型墙体材料。其工艺过程是以水泥为胶结料，石子、砂等为粗骨料，石粉或工业废渣（如粉煤灰）为细骨料，加入适量掺合剂，制成一定孔型的混凝土砌块，再在砌块孔洞中插入聚苯板，制成具有良好保温隔热性能的自保温砌块。

2. 保温材料

1）聚合物发泡型保温材料

聚合物发泡型保温材料具有吸水率小、保温效果稳定、热导率低、在施工中没有粉尘飞扬、易于施工等优点，处于推广应用时期。聚合物发泡型保温材料包括聚氨酯泡沫塑料（PU）和聚苯乙烯泡沫塑料（EPS/XPS）。

聚氨酯泡沫塑料其泡孔结构由无数个微小的闭孔所组成，这些微孔互不相通，因此该材料不吸水、不透水（带表皮的 PU 吸水率为零），因 PU 硬泡在成型过程中用催化剂进行发泡，在形成的均匀致密的封闭孔中充满了气体，使其具有极低的导热系数 [0.0077W/(m² · K)]，仅为空气的1/3。据测算，30mmPU硬泡的隔热效果与110mm珍珠石、130mm水泥蛭石、或165～142mm泡沫混凝土相当，是保温、防水双全材料，应用在墙体上，可代替传统的防水层和保温层，具有一举两得的作用。另外，聚氨酯泡沫塑料具有一定的弹性、伸长率和很强的粘接性，能与金属、木材、水泥等多种材料牢固粘合，在施工中采用直接喷涂或浇铸成型技术，没有拼接缝，保温层与基层能形成整体，既不会脱层开裂，也不会由于基层产生一定的变形、裂纹，造成泡沫体破裂。

聚苯乙烯泡沫塑料使用由悬浮聚合聚苯乙烯树脂制成的含发泡剂可发性聚苯乙烯珠粒为原料，采用模压发泡、挤出发泡和挤出发泡吹塑等方法制造的不同品种的泡沫塑料。这些聚苯乙烯泡沫塑料产量大、应用范围广，具有密度范围宽、价格低、保温隔热性优良、吸水性小、水蒸气渗透性低、吸收冲击性好等优点，可制成建筑用保温隔热泡沫塑料板和泡沫塑料夹心复合板。目前，聚苯乙烯泡沫板及其复合材料由于价格低廉、绝热性能好而成为外墙绝热及饰面系统的首选绝热材料。聚苯乙烯泡沫塑料作为保温材料也与聚乙烯泡沫塑料类似，具有防火性能较差和使用温度低的缺点。

2）矿棉及玻璃棉制品

矿棉因其原料不同可分为矿渣棉和岩棉。

矿渣棉是矿物棉的一种，由钢铁高炉矿渣制成的短纤维，是利用工业废料矿渣（高炉矿渣或铜矿渣、铝矿渣等）为主要原料，经熔化、采用高速离心法或喷吹法等工艺制成的棉丝状无机纤维。常用的原料有铁、磷、镍、铅、铬、铜、锰、锌、钛等矿渣，主要用作绝热材料和吸音材料。

岩棉按照德国工业标准 DIN 18165 的定义来讲，是一种用玄武岩为基材在高温状态下进行熔化抽丝做成的无机矿棉材料。在这些单丝中掺加酚醛树脂及其他化学助剂，可制得相应的矿棉保温材料，通常为增加矿棉的憎水效果，往往再加入一些憎水材料来提高矿棉板的憎水能力。由于岩棉具有更好的强度与耐久性等优点，建筑外墙保温所用矿棉材料通常为岩棉。近几年以聚苯乙烯发泡板保温模式的火灾时有发生，建筑保温行业对于保温材料的选择一直很重视，矿棉由于保温效果好又具有很好的不可燃性，在建筑保温行业中的使用越来越广泛。

玻璃棉属于玻璃纤维中的一个类别，是一种人造无机纤维。采用石英砂、石灰石、白云石等天然矿石为主要原料，配合纯碱、硼砂等化工原料熔成玻璃。在融化状态下，借助外力吹制式甩成絮状细纤维，纤维和纤维之间为立体交叉，互相缠绕在一起，呈现出许多细小的间隙，这种间隙可看作孔隙。因此，玻璃棉可视为多孔材料，具有良好的绝热、吸声性能，其最高使用温度一般低于300℃。玻璃棉制品具有良好的保温、隔热、隔声、吸声、不燃、耐腐蚀等性能，可广泛用于有保温、隔热、隔声要求的房屋建筑、管道、储罐、锅炉、船舶等有关部位。不同品种有不同的适用范围，玻璃棉板可用于房屋建筑以及大型录音棚、仓库、船舶等部位的保温、隔热、隔声。

3）聚苯颗粒保温浆料

保温浆料早期的产品主要用于管道保温，后来该类产品被用于建筑保温，目前在建筑上应用得较多的是胶粉聚苯颗粒保温材料，在工厂将粉煤灰、水泥、石灰、硅灰、复合外加剂、高分子有机薪结材料、各种纤维，经配料、计量、预分散、均混、包装制成成品，形成以粉煤灰—硅灰—石灰—水泥胶凝体系为主体的保温胶粉料。该胶凝体系比石膏更耐水，比水泥密度更轻、热导率更佳并不易开裂。配成的保温砂浆具有耐水性好、干缩率低、保温性能佳、热导率低等优势，并采用有机高分子外加剂复合各种纤维的方法，有效地解决了和易性差、施工性难等技术难题。

4）泡沫混凝土

泡沫混凝土是通过发泡机的发泡系统将发泡剂用机械方式充分发泡，并将泡沫与水泥浆均匀混合，然后经过发泡机的泵送系统进行现浇施工或模具成型，经自然养护所形成的一种含有大量封闭气孔的轻质保温材料。泡沫混凝土密度小，密度范围可根据工程的需要进行调整，常用密度范围为 $150 \sim 1200 \mathrm{kg/m^3}$，可使建筑物自重降低 $30\% \sim 40\%$；泡沫混凝土中含有大量封闭孔，具有良好的保温隔热性能，导热系数在 $0.045 \sim 0.3 \mathrm{W/(m^2 \cdot K)}$ 之间，同时泡沫混凝土属多孔材料，是一种良好的隔音材料，大量应用于建筑物隔音层。泡沫混凝土是无机材料，不会燃烧，属 A 级不燃材料，另外还具有整体性好（可现场浇筑施工，与主体工程结合紧密）、减震性好（泡沫混凝土的多孔性使其具有低的弹性模量，从而使其对冲击载荷具有良好的吸收和分散作用）和无污染（泡沫混凝土所需原料为水泥和发泡剂，不含有害物质，避免了环境污染）等特点，而且泡沫混凝土不仅能在厂内生产成各种各样的制品，还能现场施工，直接现浇成屋面、地面和墙体，可泵送实现垂直远距离输送。但其也具有强度偏低、开裂、易吸水等缺点。

5）新型绝热板材

绝热板材指用于建筑围护或者热工设备，阻抗热流传递的特殊板材或者材料复合体。新型绝热板材技术在国外已经得到普遍应用，收到良好的社会效益和经济效益，在我国处于研究和应用初期，但是发展势头良好。这里介绍结构保温板（SIPs）和绝热保温板（STP）两种新型的绝热板材。

结构保温板（Structural insulated panels，简称 SIPs）是由两片定向高性能面材粘合硬质保温隔热芯材组成的一种具有一定结构功能的"三明治式"的夹心复合板材。结构保温板有金属面皮（薄钢板、铝合金薄板等）和非金属面皮（定向刨花板（OSB）、防水胶合板、纸面石膏板、防水纤维、硅钙板等），芯材有聚苯乙烯硬泡沫板 EPS、XPS挤塑板、高密度聚氨酯泡沫 PU、岩棉板等。该复合板材具有一定的承载能力，可作为结构构件使用，是一种高性能的建筑墙体材料。而且，结构保温板还具有质量轻，强度高，高效绝热性，施工方便、快捷，可多次拆卸、重复安装使用等优点。在欧美国家，结构保温板被广泛用来做屋顶、外墙和地板。应用结构保温板的建筑包括民用住宅、购物中心、学校、教堂等。SIPs 建筑不需要框架，建设速度快，保温性能好，被称作未来的建筑方式。

STP 超薄绝热板是由无机纤维芯材与高阻气复合薄膜通过抽真空封装技术制成的。芯材的主要作用是作为支撑骨架，由于芯材本身具有一定的热阻，也可以起到一定的保温效果。芯材的好坏一定程度上决定了 STP 板的使用寿命，理想的真空隔热板芯材应具有表面多孔、分布均匀等特点，这样的芯材抽真空时比较容易，抽完真空以后内部真空度高，日后也不会有空气溢出，使用寿命会大大增加。高阻气薄膜是由铝箔和其他材料复合而成的，它的好坏对成品板的影响最为明显，铝箔本身具有一定的透气和透水性，如果选用的铝箔透气和透水性比较高，成品板的使用寿命不会很高。

3.1.2 墙体节能技术

随着对节约能源与保护环境需求的不断提高，建筑围护结构的保温技术日益发展，其中外墙外保温技术的发展最为迅速，国内当前使用的主要保温技术就是外墙外保温。本节简要介绍《外墙外保温工程技术规程》中所列的五种墙体节能技术及基本构造。

EPS板薄抹面外保温系统。以 EPS 板为保温材料，玻纤网增强聚合物砂浆抹面层和饰面涂层为保护层，采用粘结方式固定，抹面层厚度小于 6mm 的外墙外保温系统。由于聚苯板的绝热作用，因此系统具有冬季保温、夏季隔热作用。可应用于面层装饰材料宜为涂料的建筑，新建、改建、扩建和既有建筑的外墙。该系统基本构造如图 3-1 所示。

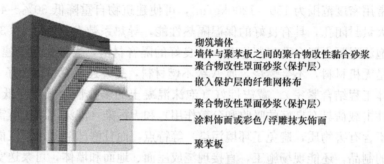

图 3-1　EPS板薄抹面外保温系统

胶粉 EPS 颗粒保温浆料外保温系统。以 EPS 保温灰浆为保温材料并以现场抹灰方式固定在基层上，以抗裂砂浆玻纤网增强抹面层和饰面层为保护层，也可用钢丝网代替玻纤网形成可粘贴面砖材料。胶粉聚苯颗粒外墙外保温技术由界面层、保温层、抗裂防护层和饰面层组成。保温层由胶粉料和聚苯颗粒轻骨料加水搅拌成浆料，抹于墙体表面，形成无空腔保温层；抗裂防护层增强了面层柔性变形、抗裂及防水性能；饰面做法有涂料做法、面砖做法和干挂石材等做法。该保温系统适用于各类新建建筑保温工程和既有建筑的节能改造工程。

现浇混凝土复合无网 EPS 板外保温系统。用于现浇混凝土基层，以 EPS 板为保温材料，以找平层、玻纤网增强抹面层和饰面涂层为保护层，在现场浇灌混凝土时将 EPS 板置于外模板内侧，保温材料与基层一次浇筑成型。

现浇混凝土复合 EPS 钢丝网架板外保温系统。用于现浇混凝土基层，以 EPS 单面钢丝网架板为保温材料，在现场浇灌混凝土时将 EPS 单面钢丝网架板置于外模板内侧，保温材料与基层一次浇筑成型，钢丝网架板表面抹聚合物水泥砂浆并可粘贴面砖材料。

机械固定 EPS 钢丝网架板外保温系统（以下简称机械固定系统）。机械固定系统由机械固定装置、腹丝非穿透型 EPS 钢丝网架板、掺外加剂的水泥砂浆厚抹面层和饰面层构成。

除了上述五种外还有许多墙体外保温做法。比如硬泡聚氨酯保温系统，用聚氨酯现场发泡工艺将聚氨酯保温材料喷涂于基层墙体上，聚氨酯保温材料面层用轻质找平材料进行找平，饰面层可采用涂料或面砖等进行装饰。岩棉板保温系统，以岩棉为主作为外墙外保温材料与混凝土一次浇筑成型或采取钢丝网架机械锚固件进行锚固，耐火等级高。外挂预制复合保温板系统，该系统分为两种：一种采用轻钢龙骨通过可调节支架做骨架固定于基层墙体，外挂面板分带保温面板和不带保温面板，不带保温面板内提前粘贴保温隔热材料；另一种采用经现场粘贴（辅以钉扣）直接将外挂保温板固定于基层墙体，饰面可预制或后做，属于干作业法施工。预制墙体保温系统，是一种新型的外墙外保温施工技术。工厂化预制生产的各种保温幕墙板，采用配套的机械连接构件，现场进行装配化安装，形成外墙外保温系统。预制化墙体保温系统向集保温与承重为一体的趋势发展，如结构保温板，可以直接用作承重结构，预制化程度高，顺应新型建筑工业化发展。预制墙体保温系统与其他墙体保温系统相比具有以下优点：采用工业化过程进行生产，产品质量能够得到严格的控制；避免了现场的湿作业；减少了施工环节，缩短了施工工期；避免了施工过程中的环境污染以及噪声污染，符合绿色文明施工要求，具有显著的优点。

3.1.3　幕墙节能技术

幕墙的节能技术主要是指通过产品的结构设计、材料选用等措施，使建筑物在使用过程中，以尽量少的能量消耗而获得理想的温度环境和光线环境。目前，幕墙形式多种多样，根据其材料可划分为玻璃幕墙、石材幕墙、金属幕墙等。据我国住建部有关部门统计，门窗和幕墙散失的能耗占建筑运营能耗的 51% 左右，幕墙节能对于建筑整体节能的成效具有非常重要的作用和影响。本节主要介绍两种常用的节能幕墙。

1. 真空玻璃幕墙

真空玻璃是将两片平板玻璃四周密闭起来，将其间隙抽成真空并密封排气孔，两片玻璃之间的间隙为 0.1~0.2mm，真空玻璃的两片一般至少有一片是低辐射玻璃即 Low-E 玻璃，这样就可使通过真空玻璃的传导、对流和辐射方式散失的热降到最低。

真空玻璃与中空玻璃相比保温性能更好，热阻更高，因此具有更好的防结露性能和隔热节能性能。据国家建筑工程质量监督检测中心提供的数据显示：标准真空玻璃的传热系数为 $0.9W/(m^2 \cdot K)$，其保温性能是普通中空玻璃的 3.5 倍，是单片玻璃的 7 倍。在保证良好热工性能的前提下，真空玻璃还有良好的隔声性能、不亚于同等厚度单片玻璃的抗风压性能以及超长的耐久性，很适合作为节能幕墙进入市场。

真空玻璃的生产工艺要求很严，必须以优质浮法玻璃及优质加工玻璃为原料进行二次、甚至多次加工；其操作工艺与电子工业相似，车间须除尘净化。真空玻璃的工业化、产业化对玻璃工业调整产品结构，提升生产设备技术水平，增加玻璃行业产品的科技含量，具有重大促进作用。真空玻璃与目前已有的各种节能玻璃组成的"超级节能玻璃"，既能满足建筑师追求通透、大面积使用透明玻璃幕墙的艺术追求，又能使玻璃幕墙的传热系数和整体建筑节能符合公共建筑节能标准的规定。

2. 双层通道幕墙

建筑玻璃作为外围护材料，其透明性是其他材料不可替代的，但隔热保温效果比较差，双层幕墙其玻璃构造通常是一层采用中空玻璃，另外一层采用单片玻璃。较之单层幕墙，传热系数减小，遮阳系数降低，其热工性能有极大的改善，双层通道的构造决定其有较好的自然通风效果，节能效果明显，若将遮阳系统置于通道内节能效果更好。

我国是玻璃幕墙建筑大国，尽管在 20 世纪 80 年代才开始采用玻璃幕墙，但发展较快，可以说，各种玻璃幕墙在我国都有典型建筑，双层玻璃幕墙也不例外。20 世纪 90 年代末在上海诞生了第一个内循环双层幕墙。发展至今，双层幕墙技术已在国内多个建筑中采用。常用的双层幕墙有以下几种：

外循环双层幕墙。幕墙的进气口和出气口都位于外层幕墙，通道内的气流与室外相通，构成循环，外层幕墙的玻璃面板通常是单层玻璃，内层幕墙的玻璃面板通常是中空玻璃。主要有整体式、廊道式、通道式、箱体式等，整体式违反我国消防安全规程，在我国并不多见。

内循环双层幕墙。幕墙的进气口和出气口都位于内层幕墙，通道内的气流与室内相通，构成循环，外层幕墙的玻璃面板通常是中空玻璃，内层幕墙的玻璃面板通常是单层玻璃。内循环双层幕墙热工性能、隔声性能都很优良，并且符合我国消防安全要求，目前在我国应用较多。

开放式双层幕墙。外层幕墙处于开放状态，与室外相通。开放式双层幕墙主要影响建筑的立面效果通道，改善室内自然通风换气状态，对幕墙的传热系数几乎没有影响，但内外两层立面组成的构造，形成一个室内外之间的空气缓冲层，改善了幕墙的遮阳和隔声性能。外层幕墙通常采用单片玻璃，内层幕墙通常采用中空玻璃。

3.1.4 门窗节能技术

在影响建筑能耗的门窗、墙体、屋面、地面四大围护部件中，门窗的绝热性能最差，是影响室内热环境质量和建筑节能的主要因素之一。就我国目前典型的围护部件而言，门窗的能耗约占建筑围护部件总能耗的 40%～50%。据统计，在供暖或空调的条件下，冬季单玻窗所损失的热量约占供热负荷的 30%～50%，夏季因太阳辐射热透过单玻窗射入室内而消耗的冷量约占空调负荷的 20%～30%。我国建筑物外窗热损失是加拿大和其他北半球国家同类建筑物外窗损失的 2 倍以上，增强门窗的保温隔热性能，减少门窗的能耗，是改善室内热环境质量和提高建筑节能水平的重要环节。

1. 门窗的传热

围护结构的传热主要有导热传热、辐射传热、对流传热等。结合门窗的构造，主要有构件传热、空气间层传热、表面换热、玻璃的传热、热桥（冷桥）部位的局部传热、换气和空气渗透损失等。

构件传热。按照稳定传热计算方式，平壁围护结构内各材料层在单位时间、单位面积上的传热量由各材料层的热导率、材料表面温度差及材料厚度决定。热导率与材料厚度的比值称为"传热系数"，体现围护各材料层的传热能力，它表示某一构件层在其两侧表面温差 1℃（1K）时，单位时间、单位面积的传热量。传热系数的倒数称为"构件热阻"，构件热阻表示围护结构中各材料层对热流的阻挡能力，热阻愈大则通过的热流密度愈小。多层构造时，则构件热阻应为各层材料热阻之和。

空气间层传热。在空气间层内，导热、对流、辐射三种传热方式并存，但大体上可分为空气间层内部的对流换热和间层两侧界面间的辐射换热。影响传热的条件主要有以下几点：空气间层的厚度、热流的方向、空气间层的密闭程度、两侧的表面温度、两侧的表面状态等。空气间层厚度影响导热和对流，厚度加大，则空气的对流增加，当达到某种程度之后，对流增强与热阻增大的效果互相抵消。热流的方向对对流影响较大。图 3-2 是空气间层传热过程示意图，当热流朝上时，产生环形状态的空气对流，传热最大；当热流朝下时，理论上不产生对流。以上是针对密闭间层而言的，实际中难免有缝隙，密闭性对传热至关重要。内外温差越大，辐射换热量越大。表面辐射率小、光滑的材料辐射换热也小。

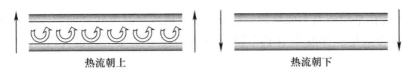

热流朝上　　　　　　　　　　热流朝下

图 3-2　空气间层的传热

表面换热。建筑物门窗受到室内外的热作用，热量通过其在不同的室外温度下传递。传热主要经过三个过程：表面吸热、结构本身传热、表面放热。表面放热和表面吸热统称为表面换热，包括表面与周围空气间的对流导热和表面与其他表面之间的辐射传热。在门窗构件中，实体材料层以导热为主，空气层一般以辐射传热为主。表面总换热量是对流换热量与辐射换热量之和。

玻璃传热。玻璃的传热主要通过玻璃内外表面的边界层和通过玻璃的传导，窗户的热传递可通过玻璃窗的总传热系数值计算得来。中空玻璃和双层玻璃之间有一个空气间层，它可以阻止热量的通过，但总传热系数值会随空气厚度的增加而趋于稳定。玻璃的辐射传热随光的波长和玻璃类型的不同而不同，一般情况下，室外是阳光辐射，所以玻璃的材质决定了玻璃的吸热能力。

热桥（冷桥）部位的传热。建筑热工学中将结构中容易传热的部分称为"热桥"。门窗中窗框、门框易形成影响，尤其是采用金属材料会更加突出。在这些地方，其内表面温度既受到热阻和构造方式的影响，也受主体部分热阻的影响。在工程中可按《民用建筑热工设计规范》GB 50176—2016 计算其表面温度。

换气和空气渗透损失。在围护结构内，要考虑由于门窗的空隙透过的空气和居住在房屋内部人们必须需要的空气量，这些空气也进行着热交换，所以换气量减少则热损失也相应减少，但是不可能完全没有换气量，只能合理控制。另外，外窗的气密性直接关系外窗的冷风渗透热损失，气密性越好，则热损失越少。

2. 门窗的节能构造

影响门窗节能的外部因素包括室内外温度、建筑朝向、窗墙比等，针对室内外温度和建筑朝向这两个问题可以通过控制室内温度、合理选择建筑朝向、确定合适的窗墙比等加强门窗的节能，但最主要的是门窗合理的构造。构造部分主要介绍玻璃、窗框以及衔接部位。

1）节能玻璃

这里主要介绍镀膜玻璃、吸热玻璃、中空玻璃及真空玻璃、聚碳酸酯板（PC 板）四种节能玻璃。

镀膜玻璃也称反射玻璃。镀膜玻璃是在玻璃表面涂镀一层或多层金属、合金或金属化合物薄膜，以改变玻璃的光学性能，满足某种特定要求。镀膜玻璃按产品的不同特性，分为热反射玻璃、低辐射玻璃（Low-E）、导电膜玻璃等，应用最多的是热反射玻璃和低辐射玻璃。热反射玻璃有较强的反射能力，普通平板玻璃的辐射热反射率为 7%～8%，而热反射玻璃高达 30% 左右。即可以将大部分的太阳能吸收和反射掉，降低室内的空调费用，达到节能效果。

吸热玻璃是能吸收大量红外线辐射能，保持较高可见光透过率的平板玻璃。生产吸热玻璃的方法有两种：一种是在普通钠钙硅酸盐玻璃的原料中加入一定量的有吸热性能的着色剂；另一种是在平板玻璃表面喷镀一层或多层金属或金属氧化物薄膜。吸热玻璃能减少阳光进入室内的热量，在夏季有利于降低室内温度，能使空调能耗降低，达到节能的目的。

中空玻璃是一种良好的隔热、隔声、美观适用、可降低建筑物自重的新型建筑材料，它是将两片或多片玻璃以有效支撑均匀隔开并周边粘结密封，使玻璃层间形成有干燥气体空间的玻璃制品。因为两片玻璃之间有一空气层隔离，导热系数减小，热透射能减少，这是中空玻璃最本质的特征，所以其热传导系数比普通平板玻璃低得多。中空玻璃可见光透光范围在80％左右，由于空气隔离层的影响，即使外层玻璃很冷，内层玻璃也不易变冷，所以可消除和减少在内层玻璃上的结露；隔声性能优良，可以大大减轻室外的噪声通过玻璃进入室内。真空玻璃不同于中空玻璃主要在于其中间密闭而且是真空的，不是空气层。目前真空玻璃的结构是两片玻璃中间密封，中间抽真空，其中有规律排列的微小支撑物来承受大气压力以保持间隔，如图3-3所示。

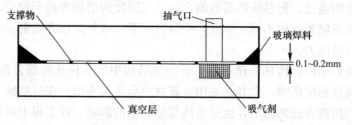

图 3-3　真空玻璃的基本结构

聚碳酸酯板又称为PC板、透明塑料片、阳光板或耐力板，它与玻璃有相似的透光性能。它具有耐冲击（耐冲击性能是玻璃的100倍）、保温性能好、能冷成型等主要特点，是较理想的采光顶材料。目前，它又被用来作为封闭阳台的围护栏板以及雨篷门斗、隔断、柜门，并可替代门窗和幕墙玻璃，由于它具有安全、通透、保温、易弯曲、质轻、抗冲击、色彩多变等优点，在现代建筑中得到广泛的推广应用。PC板的缺点是随时间的推移有变黄的现象，表面耐磨比玻璃差，线膨胀系数是玻璃的7倍，在温度变化时伸缩比较明显。但随着生产工艺和加工技术的不断提高以及材料配方的进一步改进，它的产品质量稳定性和性能也在不断提高。

2）节能窗框

窗框是固定玻璃及窗户位置的主要支撑，在节能的方面主要是在保证支撑能力的前提下，降低其导热系数，提高其密封能力。现在市场上使用的节能窗框主要有塑料（PVC）门窗、塑钢门窗、铝塑复合窗、钢塑叠合保温窗、钢塑共挤复合型材等。

PVC塑料门窗通常采用聚氯乙烯（PVC）塑料经螺杆挤出机塑炼挤出制成异型材，加入钢衬后，经切割、焊接而成。由于PVC塑料的热导率与木材接近，比钢材和铝材的热导率要小得多（约为钢材的1/360、铝材的1/1270），而且PVC塑料窗的窗框窗洞面积比较大（一般为30％～40％），因此PVC塑料窗的保温性能比钢窗和铝窗要好。由于PVC塑料型材采取挤压成形工艺，型材断面尺寸精密，而且门窗组装时已将密封条镶嵌在缝隙部位，所以PVC塑料窗的气密性比普通钢窗要好，与铝窗的气密性接近。由上述可见，PVC塑料窗的保温性能和气密性均优于普通钢窗。由于PVC塑料门窗节能显著、造价低廉、原材料充足、制造工艺成熟、经济效益好，适用现场操作，施工、维修都比较方便，是一种发展很快的节能型建筑门窗。为增强型材的刚性，超过一定长度的型材空腔内需要添加钢衬（加强筋），通过这一流程制成的门窗称为塑钢门窗。

铝塑复合窗利用塑料型材将室内外两层铝合金既隔开又紧密连接成一个整体，室外侧的铝型材和室内侧的塑料型材用卡接的方法结合，构成一种新的隔热型的铝型材，用这种型材做门窗，其隔热性与塑（钢）窗在同一个等级——国标级，解决了铝合金传导散热快、不符合节能要求等问题，同时采取一些新的结构配合形式，解决了"铝合金推拉窗密封不严"的问题，综合性能较好，具有良好的保温性和气密性，比普通铝合金窗节能 50% 以上。

钢塑叠合保温窗是一种新窗型，由窗框、窗扇、玻璃组成，其特征是：窗框是由空腹钢窗型材与塑料空腹型材叠合在一起，贴合处填以防水粘接材料，然后连接固定，形成钢塑叠合框，塑料空腹型材为改性聚氯乙烯制成。

钢塑共挤复合型材是塑料门窗挤出技术的应用，这种型材在门窗组装过程中可直接拼装加工，无须焊接和穿插钢衬材料，具有较大的强度和刚度、型材断面小，节约原材料的投入等优点。由于该种门窗在组装时，采用特殊的金属角插件进行连接固定，省去了焊接和穿钢衬的工序，现场施工操作非常方便。

3）节能密封

窗户主要有三部分缝隙：一是窗户框扇搭接缝隙，二是玻璃与框扇的嵌装缝隙，三是门窗框与墙体的安装缝隙。为提高门窗的气密性和水密性，减少空气渗透热损失，必须使用密封材料，常用的品种有橡胶条、塑料条和橡塑条等，还有胶膏状产品（在接缝处挤出成型后固化）和条刷状密封条。

框扇间的密封胶条是外窗气密性和水密性的保证，铝合金窗验收标准要求：在关闭后各配合处无缝隙，不透气、不透光，密封面上的密封条应处于压缩状态。这就要求所使用的胶条要有较高的复原性和位移补偿能力，即密封胶条应能适应接缝受到压力或拉力时所产生的位移、基材受热或受冷时的膨胀和收缩。常用硫化橡胶类和热塑性弹性体类密封胶条，如：三元乙丙橡胶、热塑性硫化胶（TPV）、聚氨酯热塑性弹性体（TPU）胶条等，其中三元乙丙和 TPU 等是理想的耐候性好的胶料。

密封胶是装配现场进行施工粘结的非定型材料，除接缝构造设定、施工技能因素外，密封胶的选用直接决定粘结密封性能。常用的三大弹性密封材料——聚氨酯密封胶、有机硅密封胶和聚硫密封胶，其中聚氨酯与金属、玻璃等表面光洁的材料都有着优良的化学粘接力，且性价比已接近于建筑用理想的密封材料，占据着市场主导地位。实验表明，选用合适的密封胶可以提高中空玻璃的质量，增强外窗的气密性，对外窗的节能有十分重要的作用。

此外，窗扇与窗框间一般使用毛条加强密封和隔热，普通化纤毛条遇水会卷曲而失去密封作用，必须使用硅化毛条。

3.2　屋面与地面节能

屋面与地面节能也是建筑外围护结构节能中不可缺少的一部分。

3.2.1 屋面节能技术

屋面作为建筑物外围护结构，所造成的室内外温差传递耗热量大于任何一面外墙或地面的耗热量。目前，在多层住宅建筑中，屋面的能耗约占建筑总能耗的 5%～10%，占顶层楼能耗的 40% 以上。因此，屋面保温隔热性能的好坏是顶层楼居住条件和降低空调（供暖）能耗的重要因素。同时，屋面的耐候性常高于墙体。例如，屋面对防水的要求和防水层的布置等，都是需要考虑的问题。

与墙面相比，屋面的保温和隔热的概念有时会完全分开。墙面虽然也存在着这样的概念，但通常还是互相联系的，即墙面的保温隔热层在能够提供保温的同时，也能够提供隔热的功能，尤其是外墙外保温更是如此。而屋面则不同，虽然应用于北方寒冷和严寒地区的隔热屋面也能够同时起到保温的作用，但应用于南方夏热冬暖地区的隔热屋面，例如架空、蓄水、种植等隔热屋面来说，则只能够起到隔热作用，而基本上没有保温效果。因而，对于屋面工程来说，保温和隔热的概念区别明显。

下面就以保温为主要目的和以隔热为主要目的的屋面节能技术分别介绍。

1. 保温屋面技术

保温屋面节能的原理与墙体节能一样，都是通过改善屋面层的热工性能阻止热量的传递。

一般保温屋面构造由结构层、保温隔热层、找平层、防水层和保护层等组成。这种屋面保温形式是把保温材料做在屋顶楼板的外侧，其结构如图 3-4 所示。这种结构让屋面的楼板受到保温层的保护而不至受到过大的温度应力，整个屋顶的热工性能得到保证，从而有效避免屋顶构造层内部的冷凝和结冻。有时候也采用倒置式屋面，即将上述传统屋面构造保温层与防水层"颠倒"，保温层置于防水层之上，其结构如图 3-5 所示。与一般保温屋面相比，倒置式屋面具有以下特点：第一，保护防水层免受外界损伤。由于保温材料组成不同厚度的隔热层，起到一定的缓冲击作用，使卷材防水层不易在施工中受外界机械损伤，同时又能衰减各种外界对屋面冲击产生的噪声；第二，构造简单，施工方便。倒置式屋面不必设置屋面排气系统，也方便既有建筑工程屋面保温节能改造及升级；第三，可以有效延长防水层使用年限。倒置式屋面将保温层设在防水层之上，大大减弱了防水层受大气、温差及太阳光紫外线照射的物化影响，使防水层不易老化，因而能长期保持其柔软

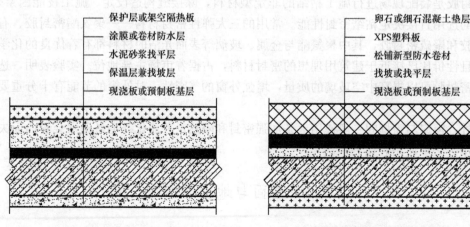

图 3-4　传统保温屋面做法　　　　　　　图 3-5　倒置式保温屋面做法

性、延伸性等性能，并有效延长使用年限，甚至可使防水层寿命延长 2～4 倍；如果将保温材料做成放坡（一般不小于 2%），雨水可以自然排走，或者通过多孔材料蒸发掉。因此，进入屋面体系的水和水蒸气不会在防水层上冻结，也不会长久凝聚在屋面内部结露。同时，也避免了传统屋面防水层下面水汽凝结、蒸发，造成防水层鼓泡而被破坏，产生涌漏水等质量问题。

与墙面相比，虽然屋面的保温节能原理与之相同，但由于结构的差异，在保温材料的选择上，屋面保温材料更注重吸水率低、性能稳定的材料。近几年随着环保绿色建筑材料的高速发展，屋面保温材料的应用也更加广泛，保温隔热效果更加明显。

硬泡聚氨酯保温材料是一种用途广泛的节能材料。与墙面应用不同的是，墙面应用时既可以现场喷涂，也可以预制成板材。而当应用于屋面时，目前绝大多数是现场喷涂施工，而很少应用聚氨酯板材。这主要是因为屋面为水平结构，很容易现场喷涂施工，而且喷涂厚度容易掌握和控制。硬泡聚氨酯材料具有无毒、无污染、自重轻、强度高、防水保温性能好、使用寿命长、与其他建筑材料粘结能力强等优异性能。聚氨酯保温隔热屋面，则是以硬泡聚氨酯为防水保温层，用聚合物砂浆做防水抗裂保护层。它将防水、保温功能结合为一体，组成可靠的屋面系统，解决屋面的渗漏难题和保温与防水相互影响的难题，使屋面具有长期的节能效果。

泡沫混凝土是使用物理方法，先将泡沫剂水溶液制备成泡沫，再加入到由水泥基胶凝材料、骨料（可以添加轻骨料）、掺合料、其他外加剂和水等组成的混合物中，经混合搅拌、浇筑成型，并通过养护而形成的轻质多孔混凝土。其中，泡沫剂是能够显著降低液体（水）的表面张力而产生大量均匀、稳定泡沫的添加剂。泡沫混凝土在制备过程中，通过高速搅拌所形成的微细均匀泡沫再被分散于水泥基胶凝材料浆体中，水泥基胶凝材料凝结固化后，微细泡沫被固定，在材料中形成大量独立、封闭的微孔，并赋予材料多孔、轻质、保温隔热和阻燃、不燃等所需要的特性，同时水泥基胶凝材料具有一定强度，能够满足某些功能和应用要求。泡沫混凝土属于新型节能、利废（能够利用一定比例的粉煤灰或其他工业废渣）、环保的保温隔热材料，将泡沫混凝土应用于屋面保温和楼地面填充层工程中，既能够减轻建筑物的自重，又能满足建筑节能的要求。特别是现场浇筑泡沫混凝土屋面，能够大大提高屋面的整体性能，减少屋面施工的劳动强度。

泡沫玻璃是一种兼有一定装饰效果的保温隔热材料，用途较广泛。与目前在建筑工程中使用的保温材料相比较，泡沫玻璃具有独特的优点。用于屋面时能形成永久性的保温隔热层，而且，由于其优良的耐候性，尤其适合于倒置式屋面的保温隔热层。采用聚合物水泥砂浆粘结并勾缝后，还可形成一道完整的防水层，起到防水作用；用于外墙时，可采用聚合物水泥砂浆粘结，施工方便，如采用彩色泡沫玻璃，既起到保温隔热作用，又可作为装饰材料。泡沫玻璃用作屋面的保温隔热层时，由于具有不吸水、不吸湿的特点，用水泥砂浆粘铺后，不会产生渗漏水现象，因而不会造成防水层的起鼓破坏；在防水层结构上不需作排气孔，并且具有很长的使用期限。泡沫玻璃具有较高的机械强度，不易被压缩，用于倒置式屋面、斜坡屋面、种植屋面等新型屋面形式中，其节能效果是其他许多保温材料所无法比拟的。泡沫玻璃应用于屋面的保温隔热的结构形式有正置平屋面、倒置平屋面和坡屋面三种，分别如图 3-6 所示。其中，倒置式屋面可以用于绿化、种植花草、作屋顶运动场或者其他用途的屋面。

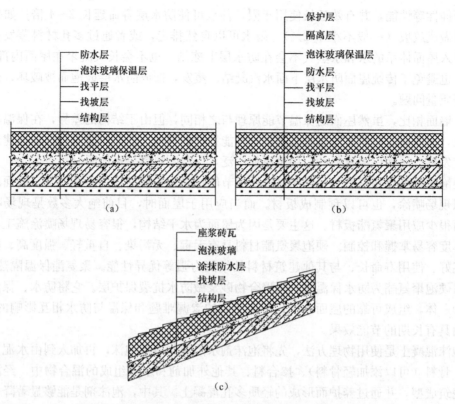

图 3-6　泡沫玻璃应用于屋面保温隔热的构造示意图
(a) 正置平屋面；(b) 倒置平屋面；(c) 坡屋面

2. 隔热屋面技术

不同于保温屋面技术，隔热屋面主要是使用物理方法，减少直接作用于屋顶表面的太阳辐射热量。其主要常用的构造做法有架空通风屋面、种植屋面和蓄水屋面。

1）架空通风屋面

通风屋顶主要是以隔热为目的，其原理是在屋顶设置通风间层，一方面利用通风间层的外层遮挡阳光，如设置带有封闭或通风的空气间层遮阳板拦截直接照射到屋顶的太阳辐射热，使屋顶变成两次传热，避免太阳辐射热直接作用在围护结构上；另一方面，通过两层屋面之间的空气流动带走太阳的辐射热和室内对楼板的传热，风速越大，带走的热量越多，隔热效果也越好，大大地提高了屋盖的隔热能力，从而减少室内外热作用对内表面的影响。

通风间层可设置在屋顶结构层的下面，在屋顶结构层的下面设置吊顶棚，并在檐墙处设置通风口。也可以将通风层设置在屋顶结构层的上面，这种做法的构造方式比较多，根据各地的屋顶特点而各异。比如，可以将坡屋顶的屋面瓦做成双层的形式，使屋檐处形成进风口，并在屋脊处设置出风口。平屋顶上可使用 1/4 砖砌拱形成通风降温隔热层，也可使用水泥砂浆预制成弧形或三角形构件，扣盖在平屋顶上，以形成通风隔热层，如图 3-7 所示。

通风屋面的优点在于省料、质轻、材料层少，还有防雨、防漏、经济等。最主要的是构造简单，比实体材料隔热屋顶降温效果好。甚至一些瓦面屋顶也加砌架空瓦用以隔热，保证白天能隔热，晚上又易散热。

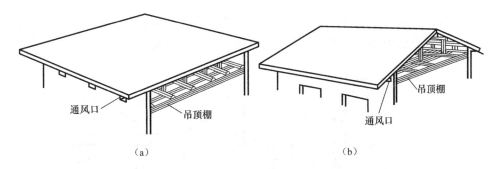

图 3-7 通风层设在屋顶结构层下面的降温隔热屋顶
(a) 平屋顶吊顶棚；(b) 坡屋顶吊顶棚

通过有关实验证明，虽然通风屋面和实砌屋面的热阻值相同，但是他们的热工性能有很大的不同。其隔热效果见表 3-1。

通风屋面和实砌屋面隔热效果比较表　　　　　　　　表 3-1

屋面类型 温度	通风屋面	实砌屋面	差值
内表面平均温度（℃）	29.9	34.9	5
内表面最高温度（℃）	31.1	39.4	8.3
室内平均值（℃）	29.7	31.3	1.6
室内最高值（℃）	30.2	32.7	2.5

注：实砌屋面构造为 RC 板 120，防水砂浆 20，大阶砖 40；通风屋面构造为 RC 板 120，防水砂浆 20，通风间层 250，大阶砖 40。

通风屋面主要应用于我国夏热冬冷的地区，尤其是在气候炎热多雨的夏季，这种屋面构造形式更显示出其优越性。

2）种植屋面

种植屋面是利用屋面上种植的植物阻隔太阳以防止房间过热的隔热措施。其隔热原理主要有两个方面：一是植被茎叶的遮阳作用，可以有效地降低屋面的室外综合温度，减少屋面的温差传热量；二是植被基层的水体蒸发消耗太阳能。如果植被种类属于灌木，则还可以有利于固化二氧化碳，释放氧气，净化空气，发挥良好的生态功能。在传统屋面由下到上依次为结构层、找坡层、保温隔热层、找平层、防水层的构造形式基础上，种植屋面在防水层之上增加了蓄排水层、过滤层、种植土、植物，具体构造做法如图 3-8 所示。

种植屋面可分为覆土种植和无土种植两种。覆土种植是在钢筋混凝土屋顶上覆盖种植土壤 100~150mm 厚。无土种植采用水渣、蛭石或者是木屑代替土壤，重量减轻了而隔热性能反而有所提高，具有自重轻、屋面温差小、有利于防水防渗的特点。

在屋顶上种植植物与在地面上种植有许多不同，主要考虑对屋顶增加的荷载以及对屋面防水层的影响。

由于泥土重量大、容易板结，需要经常松土，管理起来比较麻烦，所以在屋顶上栽种植物需要采取一些特别的措施。可以在屋顶种植土壤中添加一定比例的陶粒或碎砖粒，既有利于减轻屋顶荷载，又可疏松土质。还可以采用无土栽培技术，以蛭石、谷壳、炉渣等轻质材料作为栽培介质。蛭石是一种多结晶水的矿物，受热时迅速膨胀，具有良好的隔热、保温、保水、吸声等作用，是一种较理想的栽培介质。为了降低成本，还可以采用谷壳、蛭石、炉渣叠层法种植。栽培介质层的厚度一般取 300mm 左右。

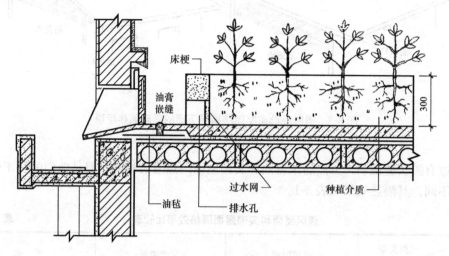

床梗
油膏嵌缝
300
油毡
排水孔
过水网
种植介质

图 3-8　种植隔热屋面构造做法示意图

　　同时，种植屋面要注意做好屋面防水排水。在靠屋面底侧的种植床与女儿墙间留出300～400mm 的距离，利用所形成的天沟组织排水。种植隔热屋面多采用刚性防水做法，防根穿刺，且应做好防腐蚀的处理，对防水层上的裂缝可采用一布四油（一层玻纤布和四层防水油膏，主要用于防水）遮盖，避免水和肥料从裂缝处渗入侵蚀钢筋。

　　采用油毡条封盖刚性防水层的分仓缝时，则应采用耐腐蚀性好的油毡材料。屋面应形成适当的坡度，以利于及时排除积水。

　　种植屋面不仅为建筑的屋面起到保温隔热的效果，而且还有美化建筑、点缀环境的作用。

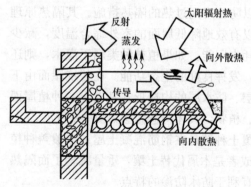

太阳辐射热
反射
蒸发
向外散热
传导
向内散热

图 3-9　蓄水屋面传热示意图

3）蓄水屋面

　　蓄水屋面是在刚性防水屋面上蓄一层水用来提高屋顶的隔热能力，如图 3-9 所示。蓄水屋面的隔热机理：一方面，由于水分的蒸发作用，可以带走蓄水屋顶吸收的大量太阳辐射热，有效地减弱了屋面的传热量，降低了屋面的内表面温度，分析表明水分蒸发散热量可达太阳辐射热量的 60%；另一方面，水的比热容较大，蓄热能力强，热稳定性好，能有效地延迟和衰减室外综合温度对室内热环境的影响。

　　蓄水隔热屋面是在檐口形式为女儿墙的平屋顶上蓄积一定深度的水而形成的。如果在水面养殖水浮莲一类水生植物，利用植物有吸收阳光进行光合作用和植物叶片可以遮挡阳光的特点，其隔热降温效果将会更加显著。另外，水层在冬季还能起到保温作用。不仅如此，由于屋面蓄水可以长期将防水层淹没，从而对屋面防水层起到良好的保护作用，可以减轻刚性防水屋面由于温度胀缩引起的混凝土裂缝和防止混凝土的碳化，以及推迟嵌缝胶泥等材料的老化进程，延长刚性防水屋面的使用年限。因而，蓄水隔热屋面在我国南方地区，对隔热降温、提高屋面防水质量等方面，都能起到良好的作用。但在夜间屋顶蓄水后的外表面温度始终高于无水表面，不但不能利用屋顶散热，相反却向室内传热。屋面蓄水的同时也增大了屋顶荷载，对下部结构和抗震性能不利。随着屋面所蓄水量的不断蒸发，必然需要补水，一年四季如果依靠城市供水系统，无疑会加重市政建设负担。一些淋水屋顶和喷水屋顶，虽然有很好的隔热效果，但都因耗水量大及难以管理等原因，都很难得到广泛应用。

3.2.2　地面节能技术

1. 地面的一般热工要求

当地面的温度高于地下土层温度时，热流便由室内传入土层中。居住建筑室内地面下部土层温度的变化并不太大，一般从冬季到春季仅有 10℃ 左右，从夏季至秋季也只有 20℃ 左右，且变化的十分缓慢。但是，在房屋与室外空气相邻的四周边缘部分的地下土层温度的变化较大，冬天，它受室外空气以及房屋周围低温土层的影响，将有较多的热量由该部分被传播出去。

地面按其是否直接接触土层分为两类：一类是不直接接触土层的地面，又称地板，其中又分为接触室外空气的地板和不供暖地下室上部的地板及底部架空的地板等；另一类是直接接触土层的地面。

对于接触室外空气的地板（如骑楼、过街楼的地板）及不供暖地下室上部的地板等，应采取保温措施，使地板的传热系数满足要求。

对于直接接触土层的非周边地面，一般不需作保温，其传热指数即可满足规范的要求；对于直接接触土层的周边地面（即从外墙内侧算起 2.0m 范围内的地面），应采取保温措施，使其传热指数满足规范的要求。

仅就减少冬季的热损失来考虑，只要对地面四周部分进行保温处理即可。但是，对于江南的许多地方，还必须考虑到高温、高湿气候的特点，因为高温、高湿的天气容易引起夏季地面的结露。一般土层的最高、最低温度，与室外空气的最高与最低温度出现的时间相比，延迟 2～3 个月（延迟时间因土层深度而异）。所以在夏天，即使是混凝土地面，温度也几乎不上升。当这类低温地面与高温、高湿的空气相接触时，地表面就会出现结露。在一些换气不好的地方和仓库、住宅等建筑物内，每逢梅雨天气或者空气比较潮湿的时候，地面上就易湿润，急剧的结露会使地面看上去像洒了水一样。

地面与普通地板相比，冬季的热损失较少，易于节能。但当考虑到南方湿热的气候因素，对地面进行全面绝热处理是必要的。在这种情况下，可采取室内侧地面绝热处理的方法，或在室内侧布置随温度变化快的材料（热容量较小的材料）作装饰面层。另外，为了防止土中湿气进入室内，可加设防潮层。

2. 实际工程中的地面保温体系

国外大部分建筑都有地下室和地下空间，居住和活动空间的地板并不是直接暴露在外界环境中，这就为生活空间的保温创造了有利条件。但是如果地下室和地下空间不是供暖空间时，尤其是在冬季，仍会有相当多的热量通过一楼的地板传出。因此，在建筑物的一楼地板下面，仍然需要填充高密度的保温材料，同时，在地下室的混凝土地坪和地基与土壤之间铺设一定厚度的刚性和半刚性保温材料。

目前，我国在实际工程中，地面保温没有得到足够重视。近几年，应用于建筑围护结构的保温材料纷繁复杂、各成体系，但使用于地面的保温材料却寥寥无几。其中，泡沫玻璃在地面保温体系中的应用技术相对较为成熟。泡沫玻璃保温系统具有保温隔热、强度高、耐久性及耐候性好、抗裂、不透水性、现场施工方便等特点。无论是岩石板地面、铺地砖地面、水泥砂浆地面还是地板辐射供暖铺地砖地面，都可以使用泡沫玻璃保温板材料。

本 章 小 结

建筑外围护结构节能技术是建筑节能技术的重要组成部分，本章针对建筑外围护技术与材料的发展现状，介绍了外墙、门窗、屋面、地面等方面的节能技术及其实现手段，通过本章学习应了解新型墙体材料、墙体节能技术及基本构造、幕墙节能技术、门窗节能技术以及屋面节能技术和地面的保温隔热等技术。

思 考 题

1. 分析墙体保温中外墙外保温与外墙内保温的区别与各自适应范围。
2. 对比分析不同节能玻璃的优缺点。
3. 探讨外门窗节能的主要思路及相应的技术手段。
4. 分析用于屋面节能的保温材料与墙面应用时有哪些不同。
5. 解释隔热屋面与保温屋面在原理上的异同点。

第 4 章　供暖、通风与空气调节节能技术

在现代建筑中，除了建筑物本体之外的其他设施都是为实现建筑功能所必需的，这些设施统称为"建筑设备"。建筑物能耗最终由建筑设备来体现。一般而言，用于建筑环境控制的供暖、通风与空气调节系统是建筑物中能耗最大的建筑设备，成为建筑节能的重点之一。本章主要阐述供暖、通风与空气调节三个分支的节能技术。

4.1　供暖系统节能技术

北方城镇供暖是我国建筑能耗的主要构成部分之一，是我国建筑节能工作的重点之一，也是近年来我国建筑节能最有成效、进展最大的领域。2017 年北方城镇供暖能耗为 2.01 亿 tce（ton of standard coal equivalent，1 吨标准煤当量），占建筑能耗的 21%。2001～2017 年，北方城镇建筑面积从 50 亿 m^2 增长到 130 亿 m^2，增加了将近 2 倍，而能耗总量从 1.2 亿 tce 增长到 2.01 亿 tce，增量不到 1 倍，能耗总量的增长明显低于供暖面积的增长，体现了节能工作取得的显著成绩——平均单位面积供暖能耗从 2001 年的 23kgce/m^2，降低到 2017 年的 14kgce/m^2，降幅明显。具体来说，能耗强度降低的主要原因包括建筑保温方式水平提高、高效热源方式占比提高和供热系统效率提高。

供暖系统形式是影响供暖能耗的主要因素之一，图 4-1 给出了供暖系统的形式及能源消耗的各个环节。供暖系统的构成方式不同，系统中各个环节的技术措施与运行管理方式不同，都会对实际供暖能耗有很大的影响。根据热源设置和管网状况，可以把供暖系统形式分为三类：城市集中供热、小区集中供热、分户或分楼供暖（分散供暖）。集中供热是目前我国北方地区城镇主要采用的供暖方式，截至 2016 年统计，我国北方地区城镇集中供热率达到 84.5%。

集中供热系统由热源、热网、热用户三部分组成，供热系统的节能主要是从这三个方面进行考虑。

4.1.1　供热热源系统节能

在热能供应范畴中，凡是将天然或人造的含能形态转化为符合供热系统要求参数的热能设备与装置，通称为热源。

热源是集中供热的核心。在集中供热系统中，热电联产、区域锅炉房、低温核能供热厂可作为较大型的热源；地热、工业余热、太阳能、地源（水源）热泵和直燃机等可作为小型区域供热热源。在目前的技术条件下，最广泛应用的热源形式仍然是热电联产和区域锅炉房。所谓热电联产，即电能和热能联合生产的方式。热泵技术是把不能直接利用的低品位热能（如空气、土壤、水、太阳能、工业废热等）转换为可利用的高位能的技术，是充分利用可再生能源的一条重要的节能途径。

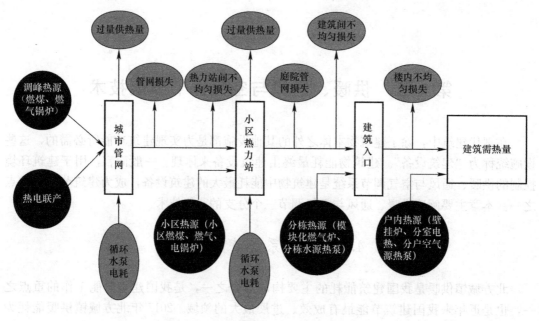

图 4-1 供暖系统的形式及能源消耗的环节

1. 热源选型

集中供热系统是目前采用最多的供热系统。我国近十年集中供热面积增长迅速，年增长率达 13%，2016 年北方地区城镇集中供热的面积约 110 亿 m²。集中供热系统热源形式的选择，涉及国家能源与环保政策，受工程状况、投资情况、使用要求等多种因素的影响和制约。各城市供热规划应符合所在地城市能源发展规划和环境保护的总体要求。按照《城市供热规划规范》GB/T 51074—2015 规定，集中供热的热源选型应符合以下原则：以煤炭为主要供热能源的城市，具备电厂建设条件且有电力需求时，应选择以燃煤热电厂系统为主的集中供热，不具备电厂建设条件时，宜选择以燃煤集中锅炉房为主的集中供热；有条件的地区，燃煤集中锅炉房供热应逐步向燃煤热电厂系统供热或清洁能源供热过渡；对大型天然气热电厂供热系统应进行总量控制；对于新规划建设区，不宜选择独立的天然气集中锅炉房供热；在水电和风电资源丰富的地区和城市，可发展以电为能源的供热方式；能源供应紧张和环境保护要求严格的地区，可发展固有安全的低温核供热系统；城市供热应充分利用资源，鼓励利用工业余热和废热、新能源和可再生能源。

从供热热源构成来看，我国北方供热领域目前仍然以燃煤为主，2016 年底燃煤热电联产面积占总供暖面积的 45%，燃煤锅炉占比为 32%；其次为燃气供暖，燃气锅炉占比 11%，燃气壁挂炉占比 4%；另外还有电锅炉、各类电热泵（空气源、地源、污水源）、工业余热、燃油、太阳能、生物质等热源形式，共占比 5%。现阶段大部分供暖区域主要采用单一形式热源供热，未来集中供热热源结构将向多热源互补的形式发展。

从 2016 年开始，为了改善民生、治理雾霾，也为了调整能源结构，我国开始组织安排了史无前例的"清洁取暖"工程，在多个试点城市陆续展开。《北方地区冬季清洁取暖规划（2017~2021 年）》指出，清洁取暖是指利用天然气、电、地热、生物质、太阳能、工业余热、清洁化燃煤（超低排放）、核能等清洁化能源，通过高效用能系统实现低排放、低能耗的取暖方式，包含以降低污染物排放和能源消耗为目标的取暖全过程，涉及清洁热源、高效输配管网（热网）、节能建筑（热用户）等环节。国家"清洁取暖"工程这一指导思想的提出，必将对我国能源的生产和消费方式带来重大变化，未来北方城镇供暖热源模式将向以可再生能源为主的低碳能源系统发展。

2. 锅炉供热节能措施

供热锅炉是我国国民经济生活中的重要设备，使用广泛，需求量大。按能源种类的不同，锅炉可分为燃煤锅炉、燃气锅炉、燃油锅炉、电锅炉。我国供热锅炉的特点之一是以燃煤为主，燃煤供热锅炉的生产量和使用量居世界首位。每年供热锅炉燃煤约占我国原煤产量的 1/3，而在美国，煤炭资源虽比我国丰富，但燃煤供热锅炉仅占总量的 2%。我国供热锅炉的特点之二是锅炉热效率不高，只有 60%～70%，比当前发达国家的供热锅炉热效率低 10%～15%。供热锅炉年耗原煤 4 亿多吨，如能将热效率提高到 80%～85%，每年可节省原煤 6000 万吨左右。可见，提高锅炉的热效率，降低锅炉及供热系统的热损耗，对于节约能源具有重要意义。

锅炉系统节能一方面应从提高锅炉热效率、强化燃烧、回收烟气余热、加强管理、降低能源的消耗着手，属于供应系统和锅炉房内主辅设备系统的节能；另一方面需改善管道保温、回收凝结水余热、调整用气设备的结构等以减少能源消耗量，属于热量输配系统和终端用户系统的节能。

当前我国供热锅炉的运行效率低，除主设备的原因之外，控制技术也亟待改进。供热锅炉节能实现的重要措施之一是采用先进的自动控制技术，特别是采用微型计算机控制系统，以提高燃烧效率、节约能源、减少烟气对大气的污染，确保供热锅炉安全可靠运行。

供热锅炉自动控制主要分为以下两部分：

1) 检测报警。指压力、温度、水位、流量及烟气成分等参数的检测与报警。压力检测包括蒸汽压力、炉膛负压、送风风压及上水压力等参数的测量；温度检测包括过热蒸汽温度、炉膛出口温度、省煤器进出口水温及烟气温度等参数的测量；流量监测主要包括蒸汽流量及给水流量的测量。对于蒸汽压力、锅筒水位直接影响安全的参数，应有越限报警，或将这些信号接入联锁保护系统。

2) 控制调节。指锅炉水位自动控制、燃烧系统自动控制、炉膛压力自动控制及过热蒸汽自动控制等。另外，还有电气动力控制，主要是对鼓风机、炉排电动机、水泵等的启动、连锁、保护，各风门的遥控，及电气部分的顺序控制等。

在供热锅炉的控制调节中，与节能关系最为密切的是锅炉燃烧控制。供热锅炉燃烧系统自动控制的任务是在确保安全的前提下，供给必要的燃烧热量来满足蒸汽负荷的需要，具体体现在以下三个方面：一是使锅炉出力（锅炉容量，是表征锅炉生产能力的指标，蒸汽锅炉用蒸发量表示，热水锅炉用供热量表示）与热负荷变化相适应，维持蒸汽压力稳定或为设定值；二是保证燃烧过程的经济性，即要保持燃料量和送风量之间有合适的比例；三是维持炉膛负压等于设定值或在规定值范围内，对平衡通风负压锅炉一般维持炉膛出口负压为 20～50Pa。这三项任务是不可分割的，可以用三个调节器改变三个调节量（燃料量、送风量和引风量），相应地维持三个被调量（汽压、过量空气系数和炉膛负压）。因此，锅炉燃烧自动控制系统可由燃料调节系统、风量调节系统和炉膛负压调节系统组成。

当锅炉的负荷要求变化时，这三个系统协调动作，使燃料量、送风量和引风量协调地改变，既适应负荷变化的需要，又维持汽压、过量空气系数和炉膛负压为一定数值。图 4-2、

图 4-3 分别为燃烧自动控制系统的组合示意图及燃烧自动控制系统框图。图 4-2 中三种不同的箭头代表三个被调量。每个调节器改变一个调节量，维持一个被调量，三个调节器可组成不同形式的调节系统。系统的组合与锅炉运行方式、燃料种类、煤粉制备系统、燃烧方式等密切相关。

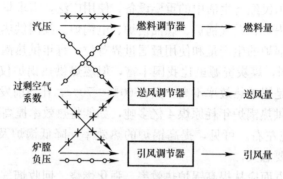

图 4-2　燃烧自动控制系统的组合示意图

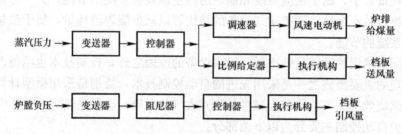

图 4-3　燃烧自动控制系统框图

供热锅炉微机控制已成供热锅炉自控发展的一项重要内容。利用微型计算机可以对送风量、引风量、燃料量、水位、连续排污量、主蒸汽阀等进行自动调节，并能对送风量、炉膛负压、锅筒水位、蒸汽压力、蒸汽流量、烟气含氧量、给水温度、给水量、排污量、炉膛温度、空气预热器前后烟气温度、热风温度、省煤器前后烟气温度的瞬时值及累计值、各个调节阀门位置参数进行自动检测与分析处理，同时还能自动打印锅炉运行报表，对锅炉缺水、故障进行报警，对严重缺水、熄火等危及锅炉安全的情况适时采取停炉措施，另外还可以对水质进行检测与控制。

供热锅炉计算机控制系统结构见图 4-4，各部分的功能如下：

1) 数据采集、信号转换、数据处理将现场一次测量仪表的测量信号（如压力、流量、温度、水位、含氧量、炉膛负压、燃料量）（模拟量）以及执行器的阀位反馈信号（开关量）转换成计算机过程通道所能接受的电压输入，并对采集来的各种信号进行判断、修正、计算。

2) 屏幕显示对各种工况参数和执行器阀位（开关）的正常或故障进行显示。

3) 记录打印对各种工况参数、超标数值、报警数值进行连续或定时打印，并打印报表等。

4) 声光报警与连锁对某些工况参数超越一定界限以及微机本身故障进行声光报警与连锁控制，对送风机、引风机、燃烧设备、给水阀门等进行预定的安全连锁保护操作。

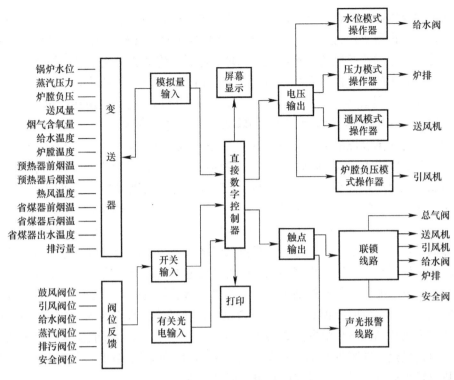

图 4-4　供热锅炉计算机控制系统结构图

5）直接数字控制器按预先编制的程序，对多个调节对象进行直接数字调节。不仅能按常用的比例、积分、微分规律进行调节，而且应能根据被调量变化，随机变更调节规律和整定参数。

6）执行机构与常规自动控制的执行机构一样，采用电磁阀、气阀、电动执行器来完成调节。

3. 热电联产技术

热电联产（Combined Heating and Power）是指电能和热能联合生产的方式，简称 CHP。热电联产是将燃料的化学能转化为高品位的热能用以发电后，将其低品位热能供热（利用汽轮机中做过功的蒸汽供热）的综合利用能源的技术，是目前各种热源中能源转换效率最高的方式。热电联产目前是我国北方城镇供热的主力热源。

普通火电厂燃烧煤后只产生电。在发电过程中，蒸汽推动汽轮机做功，做功后的蒸汽温度可达到 80～90℃，最后排入凝汽器。这样造成大量的热能被循环水带走，白白地排放到大气中，能源利用率仅为 35% 左右。而热电厂不仅可以提供电能，还能提供工业用蒸汽和建筑供暖用热水，能源利用率一般都在 45% 以上。通常意义上的垃圾焚烧电厂、淤泥电厂、秸秆电厂等均为热电厂。

热电联合能量生产符合按质利用热能的原则，达到了"热尽其用"的目的。具有较高压力和温度的高品位工质（实现热能和机械能相互转化的媒介物质）首先用来生产电能，排出的低品位工质对外供给热用户，这样热电联产可以大大提高经济性，从而节约能源。

根据热电联产所用的能源及热力原动机形式的不同，热电联产可以分为下列几种基本形式：蒸汽轮机热电联产、燃气轮机热电联产、核电热电联产、内燃机热电联产。蒸汽轮机热电联产主要以煤为燃料，是我国热电联产系统普遍采用的形式，这种系统的技术已经非常成熟，主要设备也已经国产化。随着我国天然气的大规模开发，西气东输工程的建设，燃气轮机热电联产及燃气—蒸汽联合循环热电联产将会获得越来越多的应用。

我国北方城镇的集中供热系统目前约有45%由热电联产热源提供，热电联产热源主要是5万～40万kW的燃煤发电机在发电的同时用余热供热。这些机组在以热电联产模式运行时，以输入燃煤所含热量作为100%的输入，其发电效率为20%～25%，产热效率为55%～60%。与我国燃煤的纯发电电厂35%的发电效率比较，热电联产所生产的22%的电力折合63%的燃煤输入，所多出的37%的燃煤热量可以视为生产热量所付出的燃煤。如果热电联产此时产热效率为55%，则相当于37%的输入燃煤热量生产出55%的热量，从这个角度看，若将22%的电力折合成热量，这一工况下热电联产的产热效率高达150%，这也是热电联产被认为是最节能的热力生产方式的原因。然而当气候变暖，供暖热负荷降低后，这些热电联产电厂为了维持其经济效益往往仍全负荷发电运行，部分余热排到冷却塔；供暖季结束后，许多热电厂改为纯发电方式运行，这时容量小的机组发电效率很低，夏季发电的损失甚至抵消了冬季高效供热所节约的燃煤。表4-1为我国常用的不同容量的热电机组热电联产模式时的发电效率和产热效率，以及纯发电工况的发电效率。因此，在大力支持和发展热电联产式集中供热热源的同时，应尽可能使这些机组在供热期间能够全负荷供热（即减少其部分负荷运行时间），而在非供热期，严格限制小容量、低效率的热电机组运行，另外要发展冷热电三联产技术。

不同容量热电机组热电联产模式时的发电效率与产热效率 表 4-1

容量	2万 kW 以下	5万～10万 kW	20万～30万 kW	60万 kW 以上
发电效率（%）	10～15	18～22	25～30	30～35
产热效率（%）	60～70	55～70	40～50	35～45
纯发电效率（%）	20～26	28～32	35～38	43～45

4. 冷热电三联产技术

冷热电三联产（Combined Cooling，Heating and Power）是指热、电、冷三种不同形式能量的联合生产，简称CCHP。冷热电联产是热电联产的进一步发展。对一些以冬季供暖为主要目的的热电联产系统，在非供暖季节很难实现高效运行，特别是在以热定电的运行模式（以热为主，按照一定的热电比，以供热量的多少来确定发电量）下，热电联产的发电功率受到极大的限制，夏季运行工况的经济性和能源利用效率难以保障。吸收式制冷技术利用余热制冷，可以将用户夏季对冷负荷的需求转化为对热负荷的需求，使得热电联产进一步发展为冷热电联产。典型的冷热电三联产系统是由一个联合循环的热电联产电厂和一个吸收式制冷装置组成，在夏季工况可以实现冷、电联合生产和供应，从而大幅度提高了系统全年有效运行时间，节能和经济性进一步提高。

近年来，分布式供能系统日益受到重视，冷热电联产系统在技术上进步和发展的另一个方向集中在小型化方面。在中国乃至世界范围内，由于天然气大规模的开发和应用，燃气轮机发电技术日益成熟，以小型和微型燃气轮机、内燃机、燃料电池为动力机械，以天然气、工业废热、生物沼气、木柴等为能源的小型冷热电联产系统越来越受到人们的重视。分布式冷热电联供系统主要以小型燃气轮机、内燃机、燃料电池和微型燃气轮机为动力机械，配以余热利用锅炉、吸收式制冷机实现冷热电联供。图 4-5 为以燃气轮机为原动机的典型的冷热电三联产系统。燃气轮机的排气送入余热锅炉产生水蒸气，再将蒸汽引入汽轮机做功，汽轮机排出的蒸汽直接用于供暖用蒸汽或送入换热器制取供暖用热水，夏季工况蒸汽作为吸收式制冷机的驱动热源，制取空调用冷水。

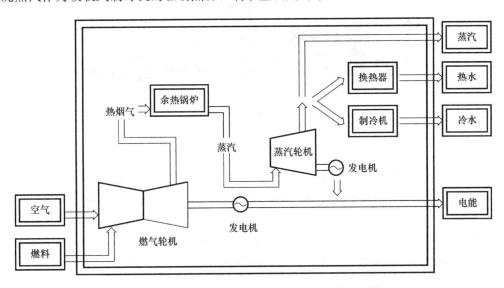

图 4-5　以燃气轮机为原动机的冷热电三联产系统

楼宇冷热电联产 BCHP（Building Cooling Heating and Power）也称为现场冷热电联产，是为建筑物提供电、冷、热的小型冷热电联产。BCHP 除了向建筑物供电外，其余热还能为建筑物提供制冷、供暖、卫生热水、除湿或其他用途。现场或近现场产生的能量避免了传输和分配的损失，能够在回收热量的同时减轻电网压力。

楼宇冷热电联供系统与远程送电比较，可以大大提高能源利用效率。大型发电厂的发电效率为 35%～55%，扣除电厂用电和线损率，终端的利用效率只能达到 30%～47%，而 BCHP 的终端利用效率可达到 80%，没有输电损耗。楼宇冷热电联产系统与大型热电联产系统比较，大型热电联产系统的效率也没有 BCHP 高，而且大型热电联产还有输电线路和供热管网的损失。另外，BCHP 可以减少输配电系统和供热管网的初投资。

美国马里兰大学 BCHP 系统是典型"以电定冷（热）"（根据楼宇配电负荷来确定发电机功率，根据发电机尾气余热来配套制冷和制热设备）的项目，可以提供学院综合楼的冷热电能源，并满足科研要求。该 BCHP 系统选用微型燃气轮机作为发电设备。燃气轮机主要由涡轮机、压气机和发电机构成，并采用了回热器，利用排气预热从压气机中出来的高压空气，提高了燃烧室的燃烧效率。图 4-6 为该 BCHP 系统原理图，其工作原理是将燃气轮机尾气引入直燃机的燃烧机，作为吸收式制冷机的驱动热源，直燃机需要有天然气供应补燃。制冷时，将发电机 280℃的尾气导入溴化锂吸收式制冷机，加热发生器内的溴化锂溶液产生蒸汽，蒸汽冷凝为冷剂液体后在蒸发器内蒸发，制取空调用冷水。制热时，发电机尾气导入制冷机发生器，将溶液加热产生蒸汽，高温蒸汽在蒸发器内加热空调水，制取供暖用热水。传统的冷热电联产是将发电机尾气通过余热锅炉转换为蒸汽，再将蒸汽作为溴化锂吸收式制冷机的驱动热源，这样能源转换环节多，系统复杂，能效低。而美国马里兰大学 BCHP 系统没有尾气换热中间环节，直接将尾气作为溴化锂吸收式制冷机的驱动热源，实现了直燃机与燃气轮机的"无缝结合"。

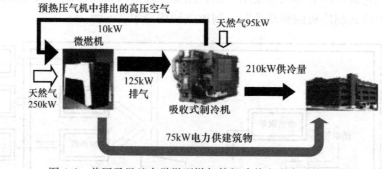

图 4-6 美国马里兰大学微型燃气轮机冷热电联产系统原理图

日本东京芝蒲地区的一组支持多楼宇能源供应的区域型冷热电联产系统如图 4-7 所示，该系统采用 4 台 1100kW 小型燃气轮机发电机，分两组分别与余热回收锅炉和蒸汽溴化锂吸收式制冷机组合成系统，满足东京瓦斯大楼、东芝大楼和靠海大楼 N、S 座等 5 座建筑的电力、供暖、制冷、生活热水和除湿需要。任何一台机组如果发生故障停机，仅损失 1/4 的供电能力，因此只需要补充 1/4 的备用容量就可以保证系统供电的安全运行。

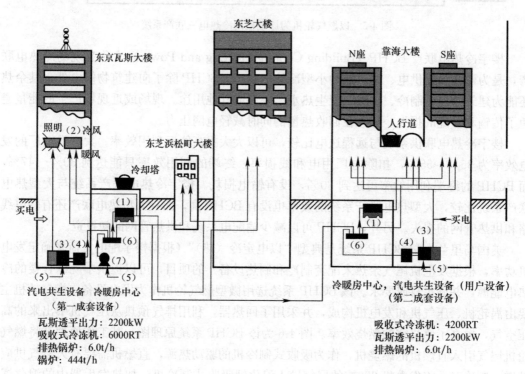

图 4-7 日本芝蒲区域冷热电联产系统示意图

(1)—吸收式制冷机；(2)—空调机；(3)—瓦斯透平；(4)—排热锅炉；(5)—城市天然气；(6)—蒸汽汽头；(7)—锅炉

中国目前的楼宇冷热电联供项目有上海黄浦中心医院、上海浦东机场、北京燃气集团控制中心等。

5. 中深层地源热泵供热技术

地热能是一种绿色低碳的可再生能源，具有储量大、分布广、清洁环保、稳定可靠等特点。中深层地热能一般是指温度高于 25℃、埋深一般在 4000m 以内的地热能。我国中深层地热资源丰富，据初步估算，我国中深层地热在地下 2000～4000m 范围内，存储的热量相当于 51.6 万亿 tce。我国早期对中深层地热能的利用主要采用水热型地热资源直接利用的形式，开采 4000m 以内、温度大于 25℃ 的热水和蒸汽，采用直接利用或结合电驱动热泵技术用于北方地区供暖、旅游疗养、种植养殖、发电和工业利用等方面。水热型地热能直接利用的形式，一方面受资源禀赋的限制，一方面存在尾水回灌难的问题，对其发展带来了一定的限制。2017 年 1 月，《地热能开发利用"十三五"规划》提出在发展地热资源时，需要采用"采灌均衡、间接换热"的工艺技术，实现对地热资源的可持续开发。开展井下换热技术深度研发，在"取热不取水"的指导原则下，进行传统供暖区域的清洁能源供暖替代。

近年来，采用间壁式换热的方式，提取中深层地热能用于供暖的中深层地热源热泵技术在陕西等地率先建成，并逐渐建成多个技术示范区。该技术采用换热介质，通过地热埋管的形式获取 2～3km 中深层地热能，在整个利用过程中处于封闭循环系统。地上结合电驱动热泵技术，用于末端供暖。中深层地热源热泵技术真正实现了"取热不取水"，一方面避免了地热水直接利用可能带来的地下水污染问题，另一方面相比于常规浅层地源热泵供热系统，运行性能更高，运行稳定性更强，目前已经实现市场化。

1) 中深层地源热泵供热技术原理

中深层地源热泵系统结构示意图如图 4-8 所示，由中深层地热能地埋管换热器、热源侧水系统、热泵机组和用户侧水系统组成。

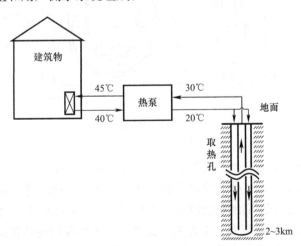

图 4-8　中深层地源热泵系统示意图

中深层地热能热泵供热系统采用钻孔、下管、构建换热装置等技术措施，通过间壁式换热的方式，从地下 2～3km 深、温度在 70～90℃ 甚至更高范围的岩石提取蕴藏其中的地热能作为热泵系统的低温热源。通过地埋管换热装置提取热能，无需提取地下水，对地下水资源无影响。同时，地埋管管径小，对地下土壤岩石破坏小，因此该技术对地下环境基本无影响。其次，由于该技术热源测取热点较深，基本不受当地气候环境的影响，适用于我国各个气候区。

作为系统技术核心的中深层地热能换热装置，主要有两种埋管形式，即同轴套管式和U形管式，如图4-9所示。同轴套管式地埋管技术早期主要是针对废弃石油钻井或深水井提出来的，将其改造为深埋同轴套管的闭式取热系统。近年来，国内开始出现打井埋管用于供暖的规模化应用。其工作原理是换热介质（水）在循环泵的驱动下从外套管向下流动与周边土壤和岩石等换热，到达垂直管的底部后，再返到内管向上流出换热装置。换热介质在外套管向下流动过程中，一方面通过外管管壁和周围土壤岩石等进行换热，另一方面通过内管管壁与向上流动的换热介质进行换热。U形深埋管换热器由进水管、出水管及深层水平连接管三部分构成，在埋管换热时低温循环水由进水管进入U形深埋管换热系统，经过进水管、连接管及出水管与周围岩土进行换热，升温后再由出水管流出。近年来，由于煤炭、石油大型企业引进了先进的钻井施工技术，U形管式深埋管换热技术也得到了快速发展。

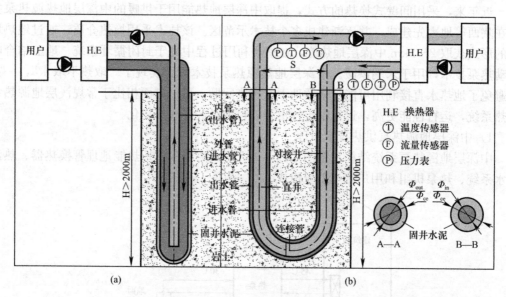

图 4-9 中深层埋管换热器
(a) 同轴套管式；(b) U形管式

根据对已投入运行的实际系统实测，冬季中深层地热能换热装置出水温度可以稳定在30℃以上，一些甚至更高，具体与换热装置设计和性能以及地埋管实际地质条件有关。对于热源侧水系统，由于中深层地热能取热装置管路长、流动截面小，为避免过大的水泵电耗，通常热源侧设计循环温差为10℃左右。此外，由于中深层地热能温度较高，只用于冬季供暖需求，不能作为夏季供冷需求，这也是与常规浅层地源热泵系统的区别。

除此之外，中深层地热源热泵技术与常规地源热泵技术相似，都是通过热泵机组将热源侧的热量进一步提升到较高的温度水平，再释放至用户侧，为建筑物供暖。用于居住建筑，其室内末端搭配地板供暖较好，因为地板供暖所需供水温度较低，热泵机组效率高。

2）节能特性

中深层地源热泵供热技术热源侧取热量大，占地面积小，开采位置选择灵活。已有实际工程实测结果表明，该技术地埋管深度多为2～3km，单个地埋管循环水量为12～

$30m^2/h$，热源侧最高出水温度能达到 $35℃$，单个地埋管的取热量可达到 $122\sim288kW$，平均每延米取热量可达到 $61\sim144W/m$，相比于浅层地埋管（深度 $100m$，单位延米取热量 $40W/m$），该技术地埋管单位延米取热量提升 $53\%\sim260\%$。换言之，一根 $2000m$ 深的中深层地热源地埋管的取热量，相当于 $30\sim70$ 根浅层地埋管取热量。在相同取热量的情况下，采用中深层地热源地埋管很大程度上减少了地埋管横向占地面积。

工程案例实测表明，应用中深层地热源的热泵机组制热 COP 能达到 6，供热系统的综合效率 EER 能达到 4（包括热源测循环泵和用户侧循环泵的电耗），具体系统效率取决于系统设计、施工、调试和运行管理水平。而常规的浅层地热源热泵系统实测系统综合效率 EER 集中在 3 左右。可见，得益于高温的热源，中深层地热源热泵供暖系统具有更高的运行能效，是实现高效清洁供暖、推动建筑节能的重要途径。

6. 气候补偿器技术

过量供热是目前我国集中供暖系统普遍存在的问题。导致过量供热的主要原因是集中供热系统热源未能随着天气变化及时有效调整供热量，使得整个供热系统部分时间整体过热，这种现象在供暖初期和末期尤为明显。过量供热使得建筑实际耗热量高于需热量，造成了能源的浪费。据统计，小规模集中供热的过量供热量约占 10%，大型城市集中供热的过量供热量约占 20%。

要减少过量供热，就必须使供热系统能够根据室外温度的变化及时调节热源出力，在时间轴上实现系统热量的供需平衡。采用气候补偿器调节供水温度是实现这一目标的有效途径之一。

1）气候补偿器的工作原理

气候补偿器的工作原理是当室外温度改变时，首先根据室外温度计算出一个合理的用户需求供水温度，再通过可自动调节的阀门调节热源或热网的供水温度至该需求温度，从而使供水温度随天气变化及时调节，在时间轴上实现热量的供需平衡。由于供暖热负荷并不是一个可直接测量的物理量，从而无法通过热负荷直接反馈的方式控制热源出力，只能通过检测室外温度间接预测热负荷后，再控制热源出力与之匹配，试图达到按需供热。为了弥补这种不足，在完善的气候补偿器系统中，还监测用户室内温度，依据反馈回来的房间温度对供水温度进行适当修正。这样气候补偿器在实际运行时就是利用监测到的室外温度和用户室内温度计算出需要的供水温度（计算供水温度），通过某种控制手段将系统的实际供水温度控制在计算供水温度允许的波动范围之内。其工作流程如图 4-10 所示。

气候补偿器温度传感器每隔一定时间采集室外温度和房间温度数据一次，由气候补偿器的处理器根据存储的温度控制曲线 $T_c = f(T_a, T_w)$ 得到计算供水温度 T_c，当实际供水温度 T_g 在允许波动范围 $T_c \pm \Delta t$ 之内时，电动旁通阀不动作；当实际供水温度 T_g 大于允许波动范围上限 $T_c + \Delta t$ 时，控制器就会把旁通阀门开大，使供水温度降低；当实际供水温度 T_g 小于允许波动范围下限 $T_c - \Delta t$ 时，控制器就会把旁通阀关小，使供水温度升高。如此不断更新，控制的目的是将系统的供水温度控制在允许波动范围 $T_c \pm \Delta t$ 之内。

2）气候补偿器的连接形式

根据供暖系统是锅炉出水直接进入用户散热器的直供系统还是通过换热器二次换热的间供系统，气候补偿器有两种连接形式。

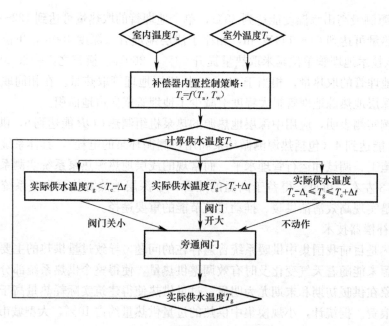

图 4-10 气候补偿器工作原理图

在直供系统中，气候补偿器通过调节系统混水量来控制供水温度，其工作原理如图 4-11 所示。在锅炉进出水管之间设旁通管，气候补偿器通过控制电动调节阀开度来调节锅炉的旁通水量，从而实现对系统供水温度的控制。当温度传感器监测到的供水温度值在计算温度允许波动范围之内时，气候补偿器控制阀门电动机不动作；如果供水温度值高于计算温度允许的上限值时，气候补偿器会控制电动机将旁通阀门开大，增加混水系统供水中的回水流量，以降低系统供水温度；反之，将旁通阀门关小，减少混入供水中的回水流量，以提高系统供水温度。

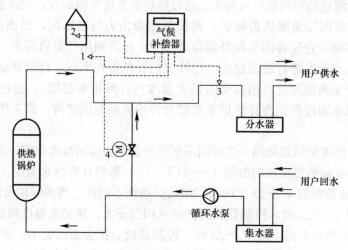

图 4-11 直供系统气候补偿器工作原理示意图
1—室外温度传感器；2—房间温度传感器；3—供水温度传感器；4—电动阀门

在间供系统中，气候补偿器通过控制进入换热器一次侧的供水流量来控制用户侧供水温度，其工作原理如图 4-12 所示。在换热器一次侧旁通管上加电动调节阀，气候补偿器通过控制其阀门的开度来调节换热器的旁通水量，从而实现对系统用户侧供水温度的控制。当温度传感器检测到的二次侧（用户侧）供水温度在计算温度允许波动范围之内时，气候补偿器控制阀门电动机不动作；如果供水温度值高于计算温度允许的上限值时，气候补偿器会控制电动机将旁通阀门开大，通过旁通管的供水流量增加，从而减少了进入换热器的一次供水量，减少了系统的换热量，在二次侧循环水流量不变的情况下，其供水温度会降低；反之，将旁通阀门关小，增大进入换热器的一次供水流量，增加了系统的换热量，从而提高了二次侧的供水温度。

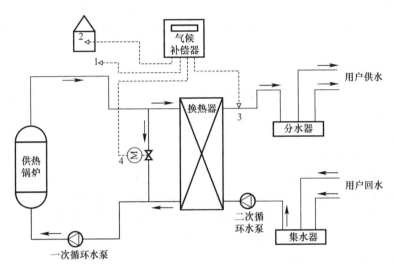

图 4-12　间供系统气候补偿器工作原理示意图

1—室外温度传感器；2—房间温度传感器；3—供水温度传感器；4—电动阀门

3）气候补偿器应用中的主要问题

恰当的控制策略是气候补偿器应用的核心。理论上讲，气候补偿器只要控制策略得当，就可以实现时间轴上的热量供需平衡，但是适当的控制策略恰恰是最核心的问题和难题，控制策略不当，则可能无法达到减少过量供热的目的，也就无法取得预期的节能效果。

由于不同供热系统所负担的建筑围护结构性能、供热系统形式、水量不均匀程度、散热器面积偏差程度等千差万别，因此对于不同的供热系统，在满足房间供热品质的前提下，同样室外气候条件下对应的系统需求供水温度也不同。因此，设计一个具有系统参数辨识功能的有效策略，以使系统自身能够根据一段时间的历史数据自动辨识出室外温度和供水温度的对应关系是目前需要解决的问题。

早期由于室温采集、数据处理实施起来比较复杂，许多工程中气候补偿器室温的反馈环节基本省略，因此需要依靠技术人员手动对气候补偿器的温度控制策略进行经验修正。由于技术人员的技术水平、经验等差异较大，控制策略调整好坏的偶然性也较大，从而自动控制的气候补偿器也是不精确的经验控制。随着计算机通信与遥测技术的发展，实时测量一定比例的供暖房间温度，尽可能更多地获取实际的室内温度状况，从而有效地掌握系统供暖的综合水平，更精确有效地实时确定供水温度，是气候补偿器避免控制策略不当的有效途径。

4.1.2 室外热网系统节能

热力管网是城市集中供热系统的重要组成部分，我国于 2013 年按照《北方供暖地区城市集中供热老旧管网改造规划》编制大纲的相关要求完成各地区城市集中供热老旧管网改造规划编制。规划编制内容包括以下几个方面：城市集中供热管网现状、存在问题、改造措施及意见；城市集中供热管网改造技术方案、管网改造建设规划、管网改造建设规模及投资估算；保障措施及政策建议等。虽然供热技术在不断发展完善，但在室外供热管网能耗方面仍存在诸多问题。比如管网布局不合理，存在热水由细管道流向粗管道的现象；水力失调严重，为解决末端用户不热的现象，普遍采用"大流量小温差"的运行模式，运行能耗大；外网损失较大，输送效率低，造成能源浪费。

1. 室外管网系统节能措施

室外供热管网分为区域热网和小区热网。区域热网是指由区域锅炉房联合供热的管网，小区热网是指由小区供暖锅炉房或小区换热站至各供暖建筑间的管网。室外供热管网节能措施包括了设计、运行调节及保温等各个方面。

1）管网的优化设计

对管网的优化设计，主要措施为：系统规模较大时，宜采用间接连接的一、二次水系统，以提高热源的运行效率，减少输配系统电耗，便于运行管理和控制；在供应网络上，变传统的枝状网络为环状和复式网络；尽可能将各分散的热源点联网，采用热环网供热，以提高城市集中供热系统的抗风险能力；对室外管网进行严格的水力计算，各并联环路之间的压力损失差值不应大于 15%。

2）管网运行的水力平衡

水力不平衡是造成供热能耗浪费的主要原因之一，而水力平衡也是保证其他节能措施能够可靠实施的前提。

在供热系统中，热媒由闭式管路系统输送到各用户，对于一个设计完善、运行正确的管网系统，各用户均能获得相应的设计水量，即能满足其热负荷的要求。但由于种种原因，大部分供水环路及热源并联机组都存在水力失调，后果是各支路的流量分配不均匀，产生冷热不均现象。为了使最不利环路房间达到舒适温度，通常有两种方法：一是加大循环泵的循环水量，结果是最不利环路的流量得到了保证，但有利环路的流量会大大超过所需要的流量，造成了能源的浪费；二是提高整个管网的运行水温，则其他建筑的室温往往超过设计温度，造成了热能的浪费。为使室外供热管网中通过各建筑的并联环路达到水力平衡，其主要手段是在各环路的建筑入口处设置手动（或自动）调节装置或孔板调压装置，以消除环路余压。

3）管网保温

供热的供回水干管从锅炉房通往各供热建筑的室外管道，通常埋设于通行式、半通行式或不通行管沟内，也有直接埋设于土层内的做法，这部分管道的沿途向外散热是造成室外热力管网的输送效率较低的主要原因之一。因此，做好室外热力管网的保温非常重要。安装在管沟内的供热管或直埋于土层内的供热管，其保温层厚度应不小于表 4-2 规定的数值。

供热管道的最小保温厚度 表 4-2

保温材料	公称直径（mm）	最小保温厚度（mm）	
		供热面积	
		＜50000m²	≥50000m²
岩棉和矿棉管壳	25～32	30	30
	40～150	35	35
	200～300	45	55
超细玻璃棉管壳	25～32	25	25
	40～150	30	30
	200～300	40	50
硬质聚氨酯泡沫保温（直埋管）	25～32	20	20
	40～150	25	25
	200～300	35	45

4）推广热水管道直埋技术

热水管道直埋技术在国内比较成熟。直埋敷设与地沟敷设相比，有节省用地、方便施工、减少工程投资和维护工作量小的优点。直埋管道多采用热导率极小的硬质聚氨酯泡沫塑料保温，热损失小于地沟敷设。另外，直埋敷设可避免地沟敷设中易出现的管道保温层产生开裂、损坏以及地沟泡水而大幅度增加热损失的问题。DN500（公称通径为500mm）以下管道宜推广直埋敷设。

2. 分布式变频泵供热输配系统

热网的传统设计方法是通过计算最不利环路资用压头（用户入口供回水压差），选择合适的循环水泵，并在每个用户处安装调节阀，这样除最远用户外，其他用户的多余资用压头都被调节阀消耗掉，造成了能源的浪费。分布式变频泵供热输配系统是解决此问题行之有效的方法。

分布式变频泵供热系统的基本原理是利用分布在用户端的循环泵取代传统管网中用户端的调节阀，由原来在调节阀上消耗多余的资用压头改为用分布式变频泵提供必要的资用压头，并通过调节水泵转速来匹配用户对流量的要求。典型的分布式变频泵供热系统的流程见图4-13，用户侧的二级循环泵即为分布式变频泵。热源循环泵只克服热源内部的阻力，流量为供热系统主线的总设计流量。各热力站的一级循环泵扬程的计算要在整个供热系统水力计算的基础上进行，流量按该热力站一级侧的设计流量选取。二级循环泵的扬程、流量按用户的阻力及设计流量选取。气候补偿器根据采集的室内外温度、二级管网供回水温度，通过变频控制柜控制一级循环泵的转速。

虽然分布式变频泵供热系统采用了较多的循环泵，但每个循环泵的总功率却减少了。采用分布式变频供热系统，系统无功消耗减少，运行费用降低。在部分负荷时，由于各用户负荷变化的不一致性，可调节循环泵的转速以满足热网运行需求，基本无阀门的节流损失。据有关资料介绍，采用分布式变频泵供热系统可节电30％～40％。

3. 大温差换热技术

目前我国北方地区城镇建筑供热模式80％以上为集中供热，部分城市集中供热的普及率高达90％以上。北京市热力集团热网监控系统2012～2013年供暖季记录的一次供水温度最高达到137℃。就一次供水温度而言，已经达到了一个温度的瓶颈。面临供热面积不断扩大和超高的供水温度的双重压力，大温差供热模式无疑是一个可行的解决方案。

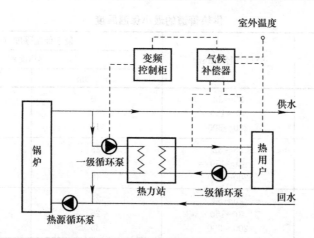

图 4-13　分布式变频泵供热系统流程

（1）技术原理

大温差技术是为了协调城市日益增长的热负荷需求与已有的供热管网供热能力不足的矛盾而发展起来的一项先进的供热技术。其基本原理是在热力站处安装吸收式换热机组，用于替代常规的水—水换热器，在不改变换热站中二级网供回水温度的前提下，利用一、二级热网之间大温差所形成的有用能作为驱动力，大幅度降低一级网回水温度（显著低于二级网温度）。这样，在一级网水流量不变的情况下，能够显著地增大换热站的换热量。从而利用现有的一级管网，满足更大的热负荷需求。这种供热方式可大幅度提高集中供热系统的管网供热能力，并降低热电厂供热能耗，是一种新型的集中供热方式，已经在我国多地进行了示范应用，取得了显著的节能与经济效益。

设置于热力站的吸收式换热机组是该系统的关键部件，该设备利用吸收热泵原理，实现热网一次水与二次水之间的换热。吸收式换热机组主要由热水型吸收式热泵和水—水换热器组成，其换热流程结构如图 4-14 所示。吸收式热泵的基本结构形式如图 4-15 所示。

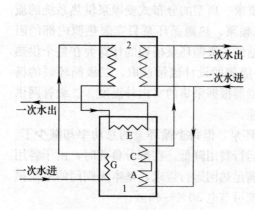

图 4-14　吸收式换热机组换热流程结构

1—吸收式热泵；2—水—水换热器；G—发生器；
A—吸收器；E—蒸发器；C—冷凝器

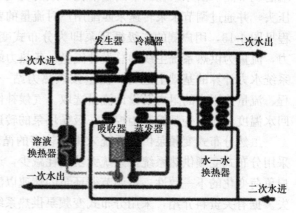

图 4-15　吸收式热泵基本结构形式

该系统的具体工作流程为：一次网高温供水首先作为驱动能源进入吸收式热泵，在发生器中加热浓缩溶液，然后进入水—水换热器直接加热二次网热水，最后返回吸收式热泵作为低位热源，在其蒸发器中降温后返回一次网回水管；二次网回水分为两路进入机组，一路进入吸收式热泵的吸收器和冷凝器中吸收热量，另一路进入水—水换热器与一次网热水进行换热，两路热水汇合后送往热用户。

二次水分两路并联进入吸收式热泵和水—水换热器，分别加热后混合，两路水的流量作为一个影响整个流程性能的重要参数，得到了精密的控制，其分别加热后的二次水温度几乎相等，混合后作为供水送往热用户。

（2）节能效果

大温差换热技术的节能特性体现在以下几个方面：一级热网回水温度可降低至 25℃ 以下，可以进一步减少管网的传热损失；提高既有管网输送能力 80%。避免城市新建管网，综合考虑新供热模式下回水管网因温度低而降低保温和补偿要求等因素，可以降低新建管网投资 30%；通过对既有管网进行大温差改造，可大幅度降低输送热网水的循环泵的能耗。

4.1.3　分户计量节能技术

《中华人民共和国节约能源法》第三十八条规定：对实行集中供热的建筑分步骤实行供热分户计量、按照用热量收费制度。新建建筑或者节能改造的建筑，应当按照规定安装用热计量装置、室内温度调控装置和供热系统调控装置。相关节能标准也明确指出：对于居住建筑，集中供暖系统必须设置住户分室温度调节、控制装置及分户热计量装置。与常规供暖系统相比，分户计量的主要特点是：一是能够分户热计量和调节供热量；二是可分室改变供热量，满足不同的室温要求。

1. 分户计量的方式

量化管理是节能的重要措施，通过量化管理，可以有效地促进行为节能。实现分户计量的方式很多，各有利弊，各有适用的场合。

1）分户热量表法

除在建筑供暖入口处设置楼前热量表外，在楼内各户的供暖入口处再设置分户热量表。热量表由流量传感器、温度传感器、积分仪三部分组成。流量传感器用来测量流经用户的热水流量；温度传感器用来测量供、回水温差；积分仪根据流量传感器的体积信号和温度传感器的温差信号计算用户消耗的热量。

分户热量表法有利于行为节能的发挥与实现，但是难以解决户间传热的计算问题，而且供暖系统必须设计成每户一个独立系统的分户循环模式，限制了其他供暖形式的应用与发展。

2）分户热水表法

与分户热量表法基本相同，差异在于以热水表替代了热量表。热水表由流量传感器和计数指标装置组成，用来测量用户所消耗热水的体积流量。相对于热量表，采用热水表可节省初投资费用。但由于各用户供回水温度存在差异，采用热水表计量供热会使得计量值存在较大误差。

3）分配表法

每组散热器设置蒸发式或电子式分配表，通过对散热器表面温度的监测，结合楼栋热量表测出的供热量进行热费分摊。该方式计量值基本不受户间传热的影响，且初投资低，可适用于任何散热器户内供暖方式。

4）温度法

在建筑物的供暖入口处设置楼前热量表，通过测量热媒水的流量与供、回水温度，计算出该供暖入口的供暖总热量。在每个用户户内各室的内门上部配置一个温度传感器，用来测量室内温度，热量采集显示器接收来自采集器的信号，并将采集器送来的用户室温送至热量计算分配器，热量计算分配器接收采集显示器、热量表送来的信号，并按照规定的程序将热量进行分摊。图 4-16 为温度法热量表系统原理图。

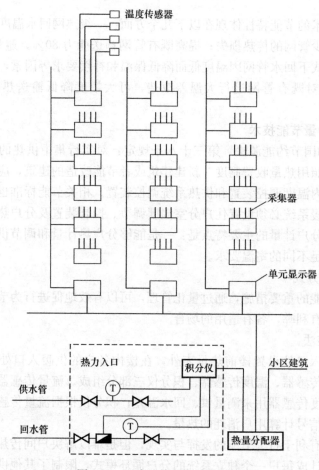

图 4-16　温度法热量表系统原理图

对于 1～3 层的别墅型独立住宅或联体住宅，以及采用地面辐射供暖系统的建筑，宜按户设置户用热量表，做到一户一表。对于多层和高层建筑的供暖系统，宜采用热量表法、分配表法或温度法进行热计量。

2．分室控温方式

分室控温，是供暖节能的基础。安装分室控温装置后，不仅能充分发挥行为节能的作用，进行个性化的室温设定，达到根据设定温度自动调节散热器进水量的目的；而且还能充分利用室内的自由热（如照明、家电、太阳辐射产生的热量），从而达到最大限度地节省能耗（约 10％～15％）。

散热器温控阀控制方式是我国应用比较广泛的分室温控方式。在散热器支管上安装温控阀，通过控制进入散热器的水流量来维持室内设定温度。散热器上的温控阀一般有三种控制方式：手动温控阀、自力式温控阀、电动式温控阀。手动温控阀只能手动调整室内环境温度，可减少热能消耗，但使用不够便利；自力式温控阀利用液体受热膨胀及液体不可压缩的原理实现自动调节，温度传感器内的液体膨胀是均匀的，其控制作用为比例调节，当被控介质温度变化时，传感器内的感温液体体积膨胀或收缩，从而推动阀芯的关闭和开启；电动式温控阀可与控制器配合使用，通过控制器发出的信号来自动调节阀门的开度，实现智能化温度控制。

3. 分户计量供热系统的运行调节与控制方式

在分户计量系统中热用户能够自主调节室内温度，这就要求供热系统具有良好的调节性，常用的控制方式有以下几种：

1）以压差为基础的控制

在分户计量供热系统中，如果用户调节温控阀使室内温度升高，则供热管网流量增加，这就必然引起管网压力的下降，为了防止水力失调，需要循环水泵变频控制来做适应性调节。通过管网压差控制循环泵的转速，压差控制点设在最不利环路上。这种控制方式实际上为控制最不利环路压差的变流量控制，使系统最不利环路压差不小于给定值，从而有效保证供热系统运行调节的实现。为了保证热量的充分供应，变流量控制系统要求用户有足够的资用压头，常见的控制方式有供回水采用定压差控制和供水采用定压力控制两种，其基本原理如图 4-17 和图 4-18 所示。

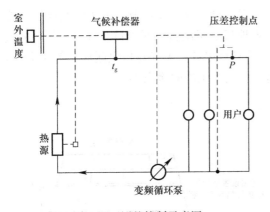

图 4-17　压差控制示意图

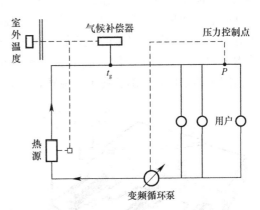

图 4-18　压力控制示意图

2）以温度为基础的控制

以温度为基础的热网控制方案是保证管网供水温度只与室外温度有关，不随用户流量调节而改变。对于直供系统，是通过调节系统混水流量来控制供水温度；对于间接连接系统，是通过调节一次管网的流量来控制二次管网的供水温度，此控制方法二次热网定流量运行，网路水力工况比较稳定，但在调节过程中常常由于系统热惯性大而不能得到及时控制。

3）以温度和压差为基础的串级控制

压差控制与温度控制各有优、缺点，综合两者的优点，压差与温度的串级控制可改进控制质量。串级控制包括主控制器和副控制器。主控制器为水温—压差控制器。通过温度传感器测得管网温度，预先给出二次网供回水温度的设定值，与测得的值进行比较后由主控制器给定最不利环路的设定值进行控制。副控制器为压差—频率控制器。由预先给定的压差设定值与实测值之比确定水泵的频率变化值，改变水泵转速调节流量。根据用户的需热量，使管网的流量和水泵的转速做相应的调节。

4.1.4 辐射供暖技术

辐射供暖是利用建筑物顶棚、墙、地面的内表面或其他内表面进行的以辐射换热为主的供暖方式。它不仅加热空气，而且使周围物体吸收热量，温度升高，自然均匀地提高室内温度。由于空气受热上浮，遇冷下沉，辐射供暖末端设计中大多使用地板，以获得更好的供暖效果。根据传热介质的不同，地板辐射供暖系统在实际应用中又可分为水媒辐射供暖系统和电热辐射供暖系统。电热辐射供暖系统由于将高品位的电能直接转换成热，系统虽简单但并不节能。低温热水地板辐射供暖系统因其良好的热舒适性及节能特性在以德国为代表的欧洲国家、韩国及日本等亚洲国家得到广泛使用。日本把热水地板辐射供暖作为提高人们居住质量的举措，未安装热水地板辐射供暖的住宅较难出售。低温热水地板辐射供暖于 20 世纪 90 年代引入我国，由于其舒适、节能等优点，也得到了广泛应用。

1. 地板辐射供暖分类及系统形式

按照施工方式的不同，地板供暖可分为湿式地板供暖和干式地板供暖两种类型。图 4-19 为湿式地板供暖的构造。湿式施工需要浇灌混凝土填充层，混凝土不仅起到保护、固定热水盘管的作用，还是传递热量的主要渠道，混凝土层能够使热量均匀分布，减少出现局部过热或过冷的情况。湿式施工安装工艺成熟，价格低廉，但施工繁琐，导热速度慢，地板厚度大。图 4-20 为干式地板供暖的构造。干式施工导热盘管周围无需铺设混凝土，而是将其固定在散热板的夹层内。干式地板供暖的特点是没有湿作业，节省占用空间高度，施工方便。与现行地面供暖的湿式做法相比，干式地板供暖结构的承重降低了 40%～50%、节省了 30%～40% 的空间、减少了 15%～20% 的材料用量。干式地板供暖施工简单方便，也适用于装修取暖。随着技术的成熟，干式地暖将成为主流取暖末端。

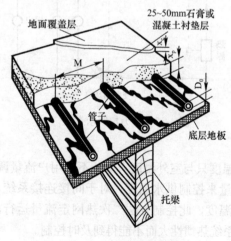

图 4-19 湿式地板供暖　　　　　图 4-20 干式地板供暖

2. 辐射供暖系统的节能特性

与传统对流供暖方式相比，辐射供暖是一种舒适、节能的供暖方式。其节能特性主要体现在以下几方面：1) 室内设计温度的降低使得供暖设计负荷降低。在保持同样热舒适感的前提下，地板辐射供暖的室内设计温度可比对流供暖降低 2～3℃，使得设计负荷减少。2）便于实现热量的"分户计量"。辐射供暖系统采用入户分环的系统形式，各房间环路相互独立，每户在入户的分水器进口处安装热量表，可以方便实现分户计量和分室控温，系统可根据需要适时调控，减少不必要的供热量浪费。3）低温度供水为低品位能源的使用创造了条件。辐射供暖的供水温度一般为 35～45℃，为利用低温热水（如热泵机组的供水）、废热等创造了条件。4）良好的蓄热能力降低系统能耗。低温热水地板供暖具有较好的蓄热能力，适合作为间歇供暖系统，从而降低系统能耗。

3. 低温热水地板辐射供暖系统的控制

为了取得最大的节能效果，室内温度必须能通过自动或手动途径进行设定、调节与控制，以促进行为节能的发展。地板辐射供暖系统室内温度的调控，一般有下列几种典型模式：

模式Ⅰ（图 4-21 为模式Ⅰ控制示意图）：主要由房间温度控制器、电热执行机构、带内置阀芯的分水器等组成。其工作原理是：通过房间温度控制器设定和监测室内温度，将监测到的实际室温与设定值进行比较，根据比较结果输出信号，控制电热执行机构的动作，带动内置阀芯开启与关闭，从而改变被控房间环路的供水流量，保持房间的温度在设定温度内。该模式特点是一个房间温控器对应一个电热执行机构，感温灵敏，控制精度较高。

模式Ⅱ（图 4-22 为模式Ⅱ控制示意图）：主要由房间温度控制器、分配器、电热执行机构、带内置阀芯的分水器等组成。模式Ⅱ与模式Ⅰ基本类似，差异在于模式Ⅱ的房间温度控制器同时控制多个回路，其输出信号不是直接至电热执行机构，而是到分配器，通过分配器再控制各回路的电热执行机构，带动内置阀芯动作，从而同时改变各回路的水流量，保持房间温度在设定温度内。该模式的特点是投资较少、控制精度高、感受室温灵敏、安装方便、可以精确地控制每一个房间的温度，能够控制几个环路同时动作，适用于面积较大的房间。

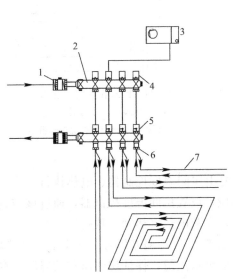 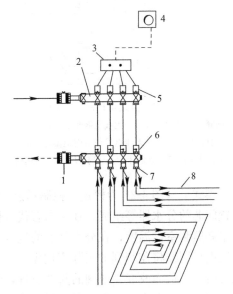

图 4-21　模式Ⅰ控制示意图　　　　　　　图 4-22　模式Ⅱ控制示意图

1—球阀；2—分水器；3—房间温度控制器；　　　1—球阀；2—分水器；3—分配器；4—房间温控器；

4—电热执行机构；5—流量计；6—管接头；7—加热管　　5—电热执行机构；6—流量计；7—管接头；8—加热管

模式Ⅲ（图 4-23 为模式Ⅲ控制示意图）：主要由带无线发射器的房间温度控制器、无线电接收器、电热执行机构、带内置阀芯的分水器等组成。通过带无线发射器的房间温度控制器对室内温度进行设定和监测，将监测到的实际值与设定值进行比较，然后将比较后得出的偏差信息发给无线接收器（每隔 10min 发送一次信息），无线接收器将发射器的信息转化为电热执行机构的控制信号，使分水器上的内置阀芯开启或关闭，对各个环路的流量进行调控，从而保持房间的温度在设定范围内。该模式特点是控制精度高、感受室温灵敏、安装简单、使用方便、房间温控器无需外接电源，但投资较高，适用于房间控制温度要求较高的场所。

模式Ⅳ（图 4-24 为模式Ⅳ控制示意图）：主要由自力式温度控制阀组组成。在被控制温度房间的回水管路上，设置自力式温控阀组，通过温控阀组来设定室内温度，这是近年来应用较多的一种控制方式。通常，控制阀组有以下三种典型的类型：室内温度控制阀组（单独控制室内温度，当室内温度高于设定温度时，温控阀的开度关小，反之则开大，如图 4-25 所示）、回水温度控制阀组（控制回水温度的最高限值，如图 4-26 所示）、同时控制室内温度与回水温度的阀组（对室内温度和最高回水温度同时进行控制，如图 4-27 所示）。

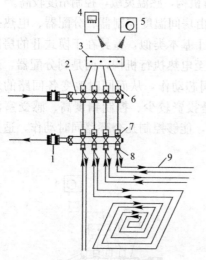

图 4-23 模式Ⅲ控制示意图

1—球阀；2—分水器；3—无线电接收器；4—无线电发射室内恒温器表；5—无线电发射室内恒温器；6—电热执行机构；7—流量计；8—管接头；9—加热管

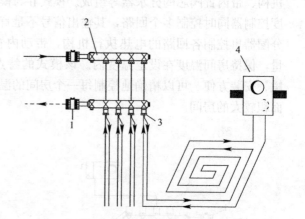

图 4-24 模式Ⅳ控制示意图

1—球阀；2—分水器；
3—管接头；4—自力式温控阀组

模式Ⅴ（图 4-28 为模式Ⅴ控制示意图）：主要由房间温度控制器、电热执行机构、带内置阀芯的分水器等组成。在室内有代表性的部位，设置房间温度控制器，通过该控制器设定和监测室内温度；在分水器前的进水支管上，安装电热（热敏）执行器和两通阀。房间温度控制器将监测到的实际室内温度与设定值比较后，将偏差信号发送至电热（热敏）执行机构，从而改变二通阀的阀芯位置，改变总的供水流量，保证房间所需的温度。本系统的特点是投资少、感受室温灵敏、安装方便。缺点是不能精确地控制每个房间的温度，且需要外接电源。一般适用于房间控制温度要求不高的场所，特别适用于大面积房间需要统一控制温度的场所。

图 4-25　室内温度控制阀组

1—嵌装式壳体；2—组合式排气/泄水阀；3—铜质
阀体；4—室内温度控制阀阀头；5—关闭/调节阀杆

图 4-26　回水温度控制阀组

1—嵌装式壳体；2—组合式排气/泄水阀；
3—铜质阀体；4—回水温度控制阀阀头

图 4-27　同时控制室内温度与回水温度的阀组

1—嵌装式壳体；2—组合式排气/泄水阀；3—铜质阀体；
4—室内温度控制阀阀头；5—回水温度控制阀阀头

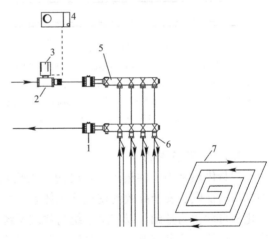

图 4-28　模式 V 控制示意图

1—球阀；2—二通阀；3—电热执行机构；4—房间
温控器；5—分水器；6—管接头；7—加热管

　　模式Ⅵ（图 4-29 为模式Ⅵ控制示意图）：前五种室内温度的控制模式，都是通过改变热媒流量来实现的。为了稳定供水温度，模式Ⅵ通过在供回管路设置恒温控制阀增加对热媒温度的控制环节。如果将图 4-29 中的 3（恒温控制阀）和 4（旁通调节阀）取消，代之以三通调节阀，同时设置气候补偿器，由气候补偿器根据预设条件来控制该阀的动作，根据室外空气温度的变化改变供水温度，则可以实现水温和水量同时调节，从而达到很好的节能效果。

　　模式Ⅶ（图 4-30 为模式Ⅶ控制示意图）：当缺乏条件设置室温自控装置时，允许利用每组加热盘管与分水器和集水器相连接处的手动调节阀作为手动温控阀，根据需要通过改变开度实现对室温的调控。不过通过手动调节方法，很难取得理想的节能效果。

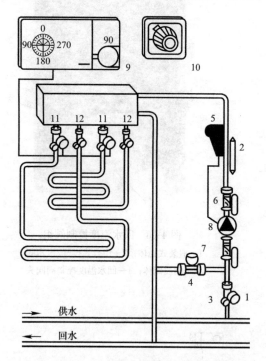

图 4-29　模式Ⅵ控制示意图

1—恒温控制阀阀头；2—温度式传感器；3—恒温控制阀阀体；4—旁通调节阀；5—超温保护器；6—水泵出口球阀；7—水泵入口球阀；8—水泵；9—可编程恒温器；10—远程设定型恒温阀阀头；11—电动调节阀；12—锁闭阀

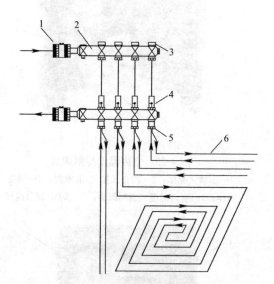

图 4-30　模式Ⅶ控制示意图

1—球阀；2—分水器；3—温控器手轮；4—流量计；5—管接头；6—加热管

4.1.5　智慧供热

智慧供热是当前供热行业发展的新兴热点方向，是在中国推进能源生产与消费革命，构建清洁低碳、安全高效的现代能源体系，大力发展清洁供热的新时代背景下，以供热信息化和自动化为基础，以信息系统与物理系统深度融合为技术路径，运用物联网、空间定位、云计算、信息安全等"互联网＋"技术感知连接供热系统"源—网—荷—储"全过程中的各种要素，运用大数据、人工智能、建模仿真等技术统筹分析优化系统中的各种资源，运用模型预测等先进控制技术按需精准调控系统中各层级、各环节对象，通过构建具有自感知、自分析、自诊断、自适应特征的智慧型供热系统，显著提升供热政府监管、规划设计、生产管理、供需互动、客户服务等各环节业务能力和技术水平的现代供热生产与服务新范式。

1）智慧供热涵盖的对象

智慧供热的概念贯穿于组成供热系统的"源—网—站—线—户"热能供应链的各环节，涵盖热源、热网、热力站及热用户各种对象，如图 4-31 所示。不同对象的智慧升级依据对象特征及功能而针对性地实施，各对象之间的智慧化互为关联、相辅相成、协同增益，最终服务于智慧供热的总体目标建设。

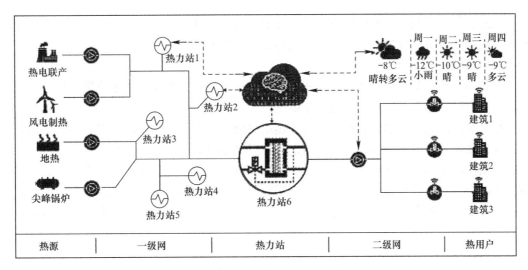

图 4-31　智慧供热涵盖对象图

（1）智慧的热源

智慧的热源能够实现系统及设备的全生命周期（设计、制造、建设、运营、退役）的智能管理。在智慧热源的建设、运行过程中，由数据流、控制指令流、业务流等组成的信息流成为维系系统智慧化运行的价值资源。通过把握各类信息的流向，发掘和整合数据的价值，利用物联网技术，实现热源设备的数据融合。同时，利用云计算、互联网技术进行数据分析和处理，并结合实时供热管理要求，调整供热生产计划和生产任务书，并利用智慧化控制手段将管理要求实时反映到生产控制层，根据调度要求和生产资料情况，调整供热生产控制策略，实现热源生产的优化配置。

（2）智慧的热网

智慧的热网是以"工业互联网"结合供热技术为基础，依照智慧供热"源—网—站—线—户"的协同调控、优化管理的整体模式对传统热网系统进行智慧升级改造，以机理模型、数据模型等代替人工经验实现精准化按需供热调控。

供热系统中的热网运行调控具有大规模、高延迟、强耦合、多约束、时变和非线性的技术特征，需要调控热网中各泵、阀的工作点状态组合以保证安全、均衡、高效地向热用户输送热能。智慧的热网具备更加可靠灵活的管网运行调控优化能力，可在不同供需条件下，通过快速确定诸多可调泵、阀的动态逻辑组合，重构所需的全网流量分布形态而实现热能灵活输运，支撑供热系统中热能在供需两段的高效输配。

（3）智慧的热力站

智慧的热力站是链接一级网与二级网的关键对象，借助信息化及自动化手段，可靠、高效地衔接热能供给与需求，实现系统的联动调控。

由于各热力站所辖小区的建筑结构、室内供暖方式（地暖、散热器）不尽相同，表现为不同的滞后特性及室温变化规律，对应的热力站优化调节控制规律也各异。为综合考虑室内温度、昼夜人体热舒适需求、室内温度控制目标要求（恒温、阶段性温度变化）等因素，提供高品质供热服务，需要构建智慧化的闭环调控体系，以热用户供水温度等为控制参数开展换热站的多目标优化控制。此外，智慧的热力站可基于数据挖掘技术对站内设备运行状态进行异常判断和智能排查，通过历史运行数据分析得出各热力站调控习惯，并以此实现运行工况下的故障诊断和最佳工况的偏离分析。

（4）智慧的热用户

智慧的热用户是通过对建筑的智能化升级，准确、便捷地采集供热效果参数，反馈到供热生产与输配环节，实现按需精准化供热。

智慧供热的能效问题是如何在满足各热用户用热需求前提下，最大限度地减少热能输出并保证系统安全平稳运行。由此，确定各热用户在特定气象条件下的合理热量需求是实现智慧供热的前提，这意味着系统不仅要获知全网用户的总负荷特性，还需要已知热网区域、主要分支、每栋建筑物乃至每户的负荷特性。考虑到热网系统的滞后性和热惰性，应考虑通过负荷预测实现预测性控制，从而达到供热过程和耗热过程的动态匹配，最大限度降低能耗和污染物排放。

2）智慧供热的技术路线

供热系统与信息物理系统的深度融合是实现智慧供热的核心技术路线。图 4-32 给出了基于信息物理系统的智慧供热架构图。智慧供热信息物理系统的构建目标是将现代信息和通信技术、智能控制和优化技术与供热生产、储运、消费技术深度融合，使供热系统具有数字化、自动化、信息化、智能化、精确计量、广泛交互、自律控制等功能，实现资源的优化配置及系统的优化决策、广域协调。实现这一目标需要在供热"源—网—荷—储"全流程物理设施基础上，构建由自动化层和智慧层组成的可相互映射、实时调控的供热信息系统。

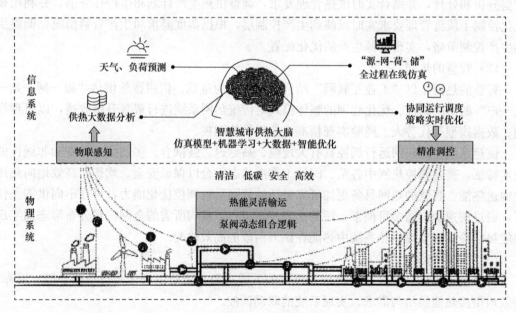

图 4-32 基于信息物理系统的智慧供热构架图

基于智慧供热的功能需求，结合信息物理系统的层次架构和运行逻辑，供热系统与信息系统融合的智慧供热技术路线可分为感知网络层、平台层和应用层 3 个层次展开，如图 4-33 所示。

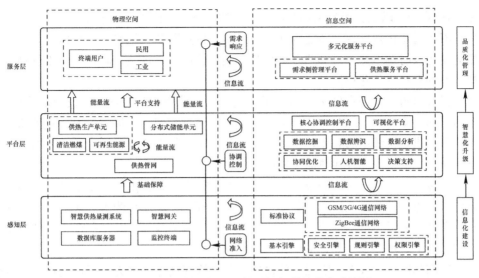

图 4-33 基于信息物理系统的智慧供热技术路线图

感知网络层为供热系统"源—网—荷—储"连接成网提供了便捷和高效的基础服务，应用智慧供热系统满足用户的精细化需求成为可能。感知网络层通过开发智能终端高级测量系统及其配套设备，可实现供热消费的实时计量、信息交互与主动控制；优化能源网络中传感、信息、通信、控制等元件的布局，可实现供系统中各设施及资源的高效配置。感知网络层是智慧供热建设的基础。

平台层是建立在感知控制基础之上的智慧供热的功能集成。基于信息物理系统的精准量测、互联互通、数据挖掘、优化控制等不同类型的功能支持，供热系统运行将更加精细化、系统化、智能化，运行效率将得到进一步提升，这会在供热系统内的各个环节得到体现。在生产环节，基于系统状态的实时感知与系统运行的调控决策支持，通过多热源间的负荷优化分配，提供供热机组运行效率，赋予机组可靠自治、自愈控制的功能；在输运环节，信息物理系统的融合将很大程度提高供热管网的调节控制能力，降低供热输配损耗，切实提升系统的稳定性和安全性；在终端消费环节，热用户能够依托信息化手段，获得分时和实时的用热信息，依此支持分布式供热及用户的负荷控制和需求响应，实现供热生产者和消费者之间的信息和能源的双向流动；通过"源—网—荷—储"协调优化的运营模式，实现储能系统的策略优化配置和负荷灵活调配，达到削峰填谷的目的，同时充分消纳可再生能源的供热输出，提升清洁供热份额。

服务层的功能模块是智慧供热的上层建设需求。智慧供热的终端服务对象为热用户，满足个性化用热需求、提供高品质供热服务是智慧热用户服务层的核心目标。从技术发展趋势的角度考虑，需求侧管理与响应将是未来能源技术进步带给供热系统服务管理模式最主要的改变。通过建立需求响应、供需互动的供热服务管理体系，解析用户用热的需求本质，使用户侧在下达需求的同时也能够参与系统运行调控和管理，改善系统的供需匹配水平，进而衍生出诸如供热服务平台、需求侧管理平台等信息化工具为媒介的供热服务主体，充分且迅速地满足用户不断增长的高品质用热需求。

3）智慧供热与供暖节能

已有实践项目表明，供热系统通过智慧供热技术改造，可较大地提升节能效果，综合节能率可达到 20% 以上。智慧供热对供暖节能的促进主要体现在以下几个方面：

（1）解决过量供热问题，节能降耗。通过对"供热"与"用热"进行监控，根据末端用热量的变化及时调整热力站和热源的控制，避免热源过量供热，降低热量不均衡度，实现供热生产的全过程优化控制。

（2）提升可再生能源在供热中的应用比例。通过精确的负荷预测以及智能优化调度，智慧供热可通过多能、多源互补实现清洁低碳能源的有效利用，提高能源转化效率，促进可再生能源在供热系统中的利用，建立传统石化能源与低碳清洁能源互补、分布式和集中式热能供应协同的多元化现代热能供应体系。

（3）通过精准计量、实时调节，提高了热源的效率。智慧供热改变了过去供热系统调控主要依靠理论计算和人工经验的方式，基于气象管理、负荷预测等方法，智慧供热系统能够实现自动提取供热运行规律，形成运行调节的运行调度参数并不断优化，实现了精准计量、实时调节，可使热源一直工作在高效区。

（4）提高热网运行效率，实现高效输配。基于管网动态的水力分析，通过灵活的管网运行调控优化能力，通过快速确定泵、阀的动态逻辑组合，对全网流量分布形态实现灵活重构，实时实现整网的水力热力平衡，消除管网水力热力失调。

4.2　通风系统节能技术

4.2.1　自然通风节能技术

自然通风是一种利用自然风能而不依靠空调设备来维持适宜的室内热环境的简单通风方式。其原理是利用室内外温度差所引起的热压或室外风力所引起的风压来实现通风换气。与复杂、耗能的空调技术相比，自然通风是能够适应气候的一项廉价而成熟的技术措施，其主要作用是提供新鲜空气、生理降温和释放建筑结构中蓄存的热量。

1. 自然通风在空气调节领域的应用

自然通风方式适合于全国大部分地区的气候条件，常用于夏季和过渡季（春、秋）建筑物室内通风、换气以及降温，通常也作为机械通风的季节性、时段性的补充通风方式。对于夏季室外气温低于 30℃、高于 15℃ 的累计时间大于 1500h 的地区应考虑采用自然通风，当在大部分时间内自然通风不能满足降温要求时，设置机械通风或空气调节系统。在自然通风条件下，人们感觉热舒适和可接受的环境温度要远比空调供暖室内环境设计标准限定的热舒适温度范围来得宽泛。夏季自然通风和联合通风的室内设计参数，宜采用表 4-3 的参数值。

自然通风夏季室内空气设计参数　　　　　　　　　　　　表 4-3

内　容	温度（℃）	相对湿度（%）	风速（m/s）
一般条件	≤28	≤80	≤1.5
特定条件	≤30	≤70	≤2.0

2. 建筑中利用自然通风的常见形式

1）单侧通风。当自然风的入口和出口在建筑的一个面的时候，这种通风方式被称为单面通风，图 4-34 左上部即为局部单侧通风。单侧通风是运用风压和热压共同的作用对室内通风的一种方法。房间设置上下两个风口，在风压作用下，室外空气进入室内，然后在热压作用下，空气上升到房间上部，经过上部风口排出室外。

2）穿堂风。穿堂风是自然通风应用中效果最好的方式。图 4-34 下部给出了局部穿堂风的示意图。所谓穿堂风是指风从建筑迎风面的进风口吹入室内，穿过房间，从背风面的出风口流出。进风口和出风口之间的风压

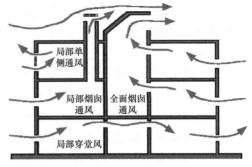

图 4-34　自然通风示意图

差越大，房屋内部空气流动阻力越小，通风越流畅。进出口隔断越多，穿堂风效果越差。另外，房屋在通风方向的进深不能太长，否则也会引起穿堂风效果不佳。

3）竖井通风。在建筑设计中竖井空间的主要形式有纯开放空间和"烟囱"空间。常见的建筑设计中的中庭便是纯开放空间，其作用一是提高建筑的采光，二是可利用建筑中庭内的热压形成自然通风如图 4-34 中部区域所示。"烟囱"空间，又叫风塔，由垂直竖井和几个风斗组成，在通风不畅的地区，可以利用高出屋面的风斗把上部的气流引入建筑内部，来加速建筑内部的空气流通。风斗的开口应该朝向主导风向图 4-34 左上部所示。

4）通风隔热屋面。通风隔热屋面通常有两种方式，如图 4-35 所示，一是在结构层上部设置架空隔热层，这种做法把通风层设置在屋面结构层上，利用中间的空气间层带走热量，达到屋面降温的目的；二是利用坡屋顶自身结构，在结构层中间设置通风隔热层或利用自身的吊顶通风隔热，也可得到较好的隔热效果。

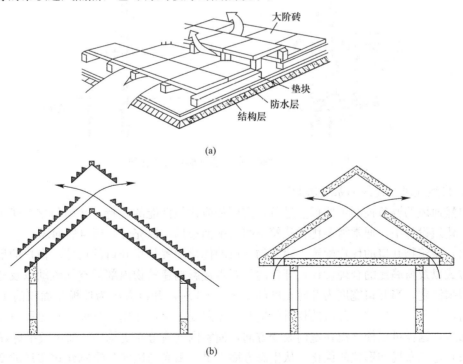

(a)

(b)

图 4-35　通风隔热屋面

(a) 设置架空隔热层；(b) 坡屋顶的通风隔热

5）玻璃幕墙。双层（或三层）幕墙是当今生态建筑中普遍采用的一项先进技术，被誉为"会呼吸的皮肤"。如图 4-36 所示它由内外两道玻璃幕墙组成，其通风原理是在两层幕墙之间留一个空腔，空腔的两端有可以控制的进风口和出风口。在冬季，关闭进出风口，双层玻璃之间形成一个"阳光温室"，达到提高围护结构表面温度的目的；夏季，打开进出风口，利用"烟囱效应"在空腔内部实现自然通风，使玻璃之间的热空气不断被排走，达到降温的目的。为了更好地实现隔热，通道内一般设置可调节的深色百叶。双层玻璃幕墙在保持外形轻盈的同时，能够很好地解决高层建筑中过高的风压和热压带来的风速过大而造成的紊流不易控制的问题，能解决夜间开窗通风而无需担心安全问题，可加强围护结构的保温隔热性能，并能降低室内的噪声。从节能角度讲，双层通风幕墙由于换气层的作用，相比单层幕墙，供暖时节能 42%～52%，制冷时节能 38%～60%。

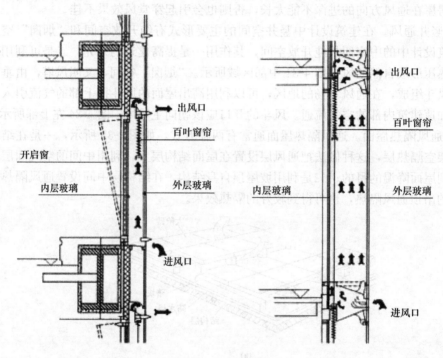

图 4-36　可"呼吸"的双层玻璃幕墙工作原理

3. 自然通风与建筑的系统协调性

自然通风的调节控制不能孤立进行，需要相应建筑性能的支持，必须与整个建筑系统配合。建筑设计中，通常需要优化建筑空间与平面布局，以充分利用自然通风。

（1）建筑物开口的优化配置。建筑物开口的优化配置是指开口的尺寸、窗户的形式和开启方式以及窗墙比的合理设计，开口的配置直接影响建筑物内部的空气流动以及通风效果。根据测定，当开口宽度为开间宽度的 1/3～2/3 时，开口大小为地板总面积的 15%～25% 时，通风效果最佳。开口的相对位置对气流路线起决定作用，进风口与出风口应相对错开布置，这样可以使气流在室内改变方向，使室内气流分布更均匀，通风效果更好。

（2）建筑布局和形状的优化。从生态方面来讲，阳光与风向是影响建筑布局的 2 个重要因素，而建筑布局又对建筑的自然通风影响较大，因此，设计人员应根据建筑当地的阳光与风向条件，合理控制建筑的布局和形状。建筑设计师在设计建筑的自然通风条件时，不光要考虑太阳对单体建筑的辐射问题，还应该尽量使建筑的法线与夏季风的主导风向保持一致。如果是建筑群的话，布局中的建筑法线则要与风向保持一定的角度，以便减小建筑背后的漩涡区，更好地实现后排建筑的通风。在建筑群中，前排的建筑对后排建筑的通风效果影响很大，因此，在群体建筑的整体布局中，还要根据当地的实际情况对整体建筑的形体、高度、宽度等进行一定的控制，不要让前排的建筑物妨碍后排建筑物的通风效果。

4.2.2　置换通风节能技术

置换通风是一种仅稀释工作区的室内空气环境营造方式，是对传统混合通风（充分稀释混合）的一种变革。该通风方式通风效率高，是一种既可带来较高的室内空气品质，又有利于节能的有效通风方式。如图 4-37 所示，其通风原理是将经过处理或未经处理的空气，以低风速（0.3m/s 左右）、低紊流度、小温差（低于工作区温度 3～6℃）的方式直接送入室内人员活动区的下部，形成一层凉空气湖。当遇到人员、设备等热源时，新鲜空气被加热上升，形成热羽流作为室内空气流动的主导气流。回（排）风口设置在房间顶部，热的、污浊的空气就从顶部排出。

1. 置换通风系统的节能特性

传统的混合通风是以稀释原理为基础的，而置换通风以浮力控制为动力。这两种通风方式在设计目标上存在着本质差别。前者控制区域目标为整个房间，而后者为人员活动区域。由此在通风动力源、通风技术措施、气流分布及最终的通风效果上产生了一系列的差别，二者的比较如表 4-4 所示。

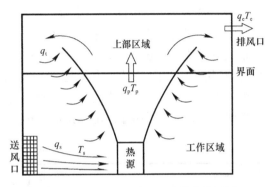

图 4-37　置换通风的原理及热力分层图

置换通风与混合通风方式比较　　　　　　　　　　表 4-4

		混合通风	置换通风
目标		全室温度均匀	工作区舒适性
动力		流体动力控制	浮力控制
机理		气流强烈参混	气流扩散浮力提升
		大温差、高风速	小温差、低风速
相应		上送下回	下侧送上回
措施		风口湍流系数大	送风湍流小
		风口掺混性好	风口扩散性好
流态		回流区为湍流区	送风区为层流区
分布		上下均匀	温度/浓度分层
效果		消除全室负荷	消除工作区负荷
		空气品质接近于回风	空气品质接近于送风

与传统的混合通风系统相比，置换通风的节能特性体现在三个方面：控制目标是工作区的热舒适度，相比混合通风，所需供冷量少，可以减少空调冷负荷，节省空调能耗；通风效率高，空气龄短，与混合通风相比，在工作区达到同样空气品质的条件下，所需新风量小，新风负荷减少，空调能耗降低；采用小温差、低风速送风，送风温度较高，为利用低品位能

源以及在一年中更长时间地利用自然通风冷却提供了可能性，从而达到节能的效果。

2. 置换通风的应用

置换通风具有较高的室内空气品质、热舒适性和通风效率，同时可以节约建筑能耗。采用置换通风时，室内吊顶高度不宜过低，否则，会影响室内空气的分层。另外，由于置换通风的送风温度较高，其所负担的冷负荷一般不宜太大，否则，需要加大送风量，增加送风口面积，对风口的布置不利。根据《民用建筑供暖通风与空气调节设计规范》GB 50376—2012规定，采用置换通风时，房间净高宜大于2.7m，空调区的单位面积冷负荷不宜大于120W/m²，污染源宜为热源，且污染气体密度较小。

置换通风在北欧已经普遍采用。最早用于工业厂房解决室内的污染控制问题，然后转向民用，如办公室、会议厅、礼堂、剧院、体育馆等，目前在我国一些建筑中已有所应用。图4-38为某办公室的置换通风系统的布置及气流分布。图4-39为某会议室的置换通风系统布置及气流分布。图4-40为某大学礼堂的置换通风空调系统及室内气流分布，观众席采用座椅下送风方式，空气处理机带有混合、过滤、冷却去湿、风机、消声等功能段的组合式空调箱；送排风机的电机为变频调速风机，过渡季节可实现全新风运行；回风为侧送回风方式，排风由屋顶电动排烟窗排出。

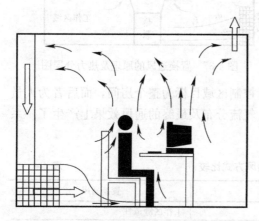

图4-38　某办公室置换通风系统的布置
及室内气流分布

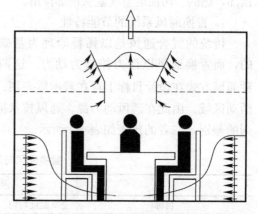

图4-39　某会议室置换通风系统布置及气流分布

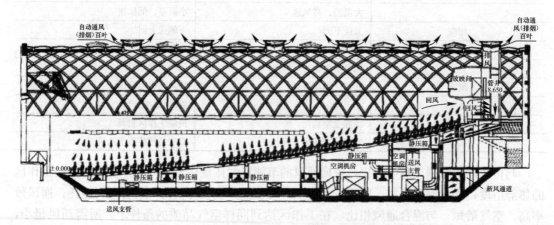

图4-40　某大学礼堂置换通风空调系统及室内气流分布

4.2.3　排风热回收节能技术

空调系统的新风负荷在空调系统负荷中占有较大的比例，约为30%～50%，在人员密集的公共建筑内区甚至占到70%以上，因此降低新风处理系统的能耗成为空调节能中重要的一环。采用热回收装置，使新风与排风进行（冷）热量的交换，回收排风中的部分能量，减少新风负荷是空调系统节能的一项有力措施。有关数据显示，当显热热回收装置回收效率达到70%时，就可以使空调能耗降低40%～50%，甚至更多。排风热回收的应用很广，无论是居住建筑、办公建筑，还是商用建筑都可以使用，特别是对室内污染较大、空气品质要求较高，新风量要求很大、甚至是全新风的应用场合有着尤为突出的节能效果。在近年来受关注比较多的绿色建筑、近零能耗建筑、被动式建筑中，排风热回收节能技术也是首选的技术措施之一。

1. 热回收装置的性能评价

根据回收热量的形式，热回收装置可分为显热回收装置和全热回收装置两种。评价热回收装置的一项重要指标是热回收效率，分为显热回收效率、潜热回收效率、全热回收效率，分别适用于不同的热回收装置。热回收装置换热原理见图4-41。

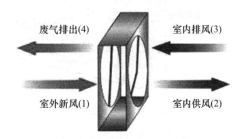

图4-41　热回收装置换热原理

热回收效率计算公式定义为：

显热回收效率：
$$\eta_t = \frac{t_1 - t_2}{t_1 - t_3} \times 100\% \tag{4-1}$$

潜热回收效率：
$$\eta_d = \frac{d_1 - d_2}{d_1 - d_3} \times 100\% \tag{4-2}$$

全热回收效率：
$$\eta_h = \frac{h_1 - h_2}{h_1 - h_3} \times 100\% \tag{4-3}$$

式中　t_1、d_1、h_1——室外新风的初始温度、含湿量及比焓，℃、g/kg 干空气、kJ/kg；

t_2、d_2、h_2——新风经热回收装置后的温度、含湿量及比焓，℃、g/kg 干空气、kJ/kg；

t_3、d_3、h_3——排风经热回收装置之前的温度、含湿量及比焓，℃、g/kg 干空气、kJ/kg。

以上热回收装置的效率指的是在排风风量 $L_p(\mathrm{m^3/h})$、新风风量 $L_x(\mathrm{m^3/h})$ 相同的条件下的额定效率值。在实际应用过程中，由于新风量与排风量并不一定相同，会导致其实际换热效率并不是额定的效率值。一些产品样本会给出不同排风量和新风量比值下的效率计算修正图表。一般来讲，当 $L_p \geqslant 0.7L_x$ 时，可以采用额定效率乘以 L_x/L_p 进行修正。

2. 排风热回收装置分类

排风热回收装置主要有转轮式热回收器、液体循环式热回收器、板式显热热回收器、板翅式热回收器、热管式热回收器、溶液吸收式全热回收器。

1）转轮式热回收器

转轮式热回收器的外形结构如图4-42所示。转轮式热回收器的核心部件是转轮，它以特殊复合纤维或铝合金箔作载体，覆以蓄热吸湿材料而构成。将其加工成波纹状和平板状形式，然后按一层平板、一层波纹板相间卷绕成一个圆柱形的蓄热芯体。在层与层之间形成了许多蜂窝状的通道，这就是空气流道，如图4-43所示。转轮固定在箱体的中心部位，通过减速传动机构传动，以 10r/min 的低转速不断地旋转，在旋转过程中让以相逆方向流过转轮的排风与新风，相互间进行传热、传湿，完成能量的交换过程。

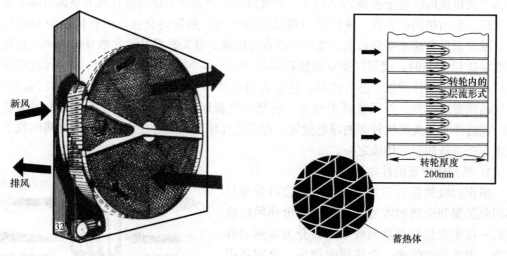

图 4-42　转轮式热回收器　　　　　　　　图 4-43　空气流道

转轮式全热交换器适用于排风不带有害物和有毒物质的情况，一般情况下宜布置在负压段。为了保证回收效率，要求新、排风的风量基本保持相等，最大不超过 1：0.75。如果实际工程中新风量很大，多出的风量可通过旁通管旁通。转轮两侧气流入口处宜装设空气过滤器，特别是新风侧，应装设效率不低于 30％ 的粗效过滤器。在冬季室外温度很低的严寒地区，设计时必须校核转轮上是否会出现结霜、结冰现象，必要时应在新风进风管上设空气预热器或在热回收装置后设温度自控装置；当温度达到霜冻点时，发出信号关闭新风阀门或开启预热器。通过不同的配置，可以实现转轮式热回收器的各种控制功能。

转轮式热回收器典型控制方式主要有恒定送风温度、恒定露点温度、通过温度比较进行能量回收、通过焓值比较进行能量回收四种方式。图 4-44 为恒定送风温度控制方式，温度传感器②检测到的送风温度，在比例式温度控制器中与设定值进行比较，根据比较结果通过①转轮控制器调节转轮传动电机的转速，使送风温度保持恒定；图 4-45 为恒定露点温度控制方式，温度传感器②检测到的喷水室后的空气露点温度，在比例式温度控制器中与设定值进行比较，根据比较结果通过转轮控制器①调节转轮传动电机的转速，使露点温度保持恒定；图 4-46 为通过温度比较进行能量回收控制方式，在热回收器的新风和排风入口处，分别设置温度传感器②，在夏季当新风温度高于排风温度时（冬季状况则相反），温度控制器通过转轮控制器①控制热回收器以最大转速投入运行；图 4-47 为通过焓值比较进行能量回收控制方式，在热回收器的新风和排风入口处，设置焓值传感器③，分别测量新风与排风的焓值，在夏季当新风焓值高于排风焓值时（冬季状况则相反），焓值控制器②通过转轮控制器①控制热回收器以最大转速投入运行。

2）板式显热回收器

板式显热回收器的工作流程如图 4-48 所示。当热回收器中隔板两侧气流之间存在温度差时，两者之间将产生热传递过程，从而完成排风和新风之间的显热交换。板式显热回收器结构简单，设备费用低，初投资少，但只能回收显热，效率相对偏低。

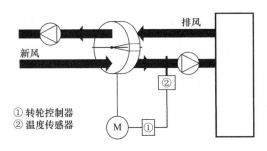

① 转轮控制器
② 温度传感器

图 4-44　恒定送风温度

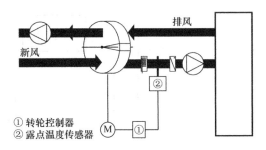

① 转轮控制器
② 露点温度传感器

图 4-45　恒定露点温度

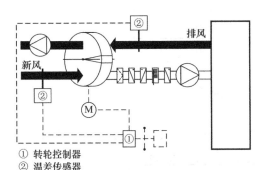

① 转轮控制器
② 温差传感器

图 4-46　通过温度比较进行能量回收

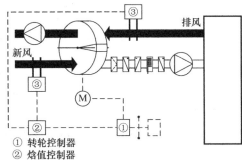

① 转轮控制器
② 焓值控制器
③ 焓值传感器

图 4-47　通过焓值比较进行能量回收

3）板翅式全热回收器

板翅式全热回收器的结构和工作流程如图 4-49 所示，与板式显热回收器基本相同。板翅式全热回收器一般采用多孔纤维性材料（如经特殊加工的纸）作为基材。热回收器内部的高强度滤纸，厚度一般小于 0.10mm，从而保证了其良好的热传递，温度效率与金属材料制成的热交换器几乎相等。滤纸经过特殊处理，纸表面的微孔用特殊高分子材料阻塞，以防止空气直接透过。热交换器的湿传递，是依靠纸张纤维的毛细作用来完成的。当热回收器中隔板两侧气流之间存在温度差和水蒸气分压力差时，两者之间就将产生热质传递过程，从而完成排风和新风之间全热交换。

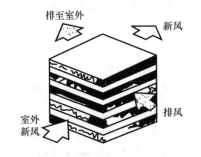

图 4-48　板式显热回收器的工作流程

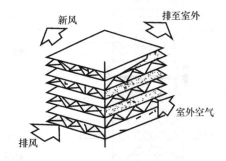

图 4-49　板翅式全热回收器的结构和工作流程

4）液体循环式热回收器

液体循环式热回收器，习惯上也称为中间热媒式热回收器或组合式热回收器，它是由装置在排风管和新风管内的两组"水—空气"热交换器通过管道的连接而组成的系统。系统流程如图 4-50 所示。为了防止热回收装置表面结霜，在中间热媒的供回水管之间宜设置电动三通调节阀。

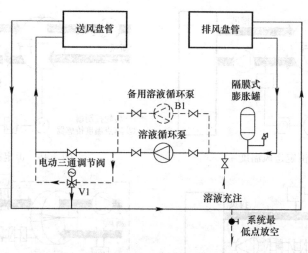

图 4-50　液体循环式热回收装置溶液系统流程

5）热管式热回收器

热管是一种利用工质（如氨）的相变进行热交换的换热元件，其结构示意如图 4-51 所示。

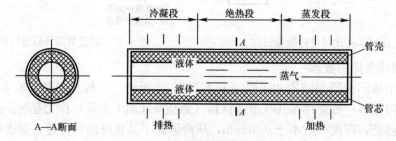

图 4-51　热管元件的结构示意图

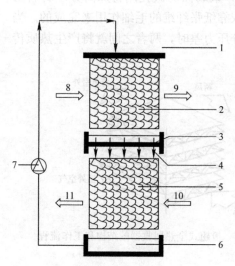

图 4-52　溶液吸收式全热回收器工作
原理图（单级）

1—全热交换器；2、5—填料；3—隔板；
4—管路；6—底部溶液槽；7—溶液泵；
8—回风；9—排风；10—新风；11—送风

当热管的一端（蒸发段）被加热时，管内工质因得热而气化，吸热后的气态工质，沿管流向另一端（冷凝段），在这里将热量释放给被加热介质，气态工质因失热而冷凝为液态，在毛细管和重力的作用下回流至蒸发段，从而完成一个热力循环。

6）溶液吸收式全热回收器

溶液吸收式全热回收器，是以具有吸湿、放湿特性的盐溶液（溴化锂、氧化锂、氯化钙等或它们的混合溶液）为循环介质，通过溶液的吸湿和蓄热作用在新风和排风之间传递热量和水蒸气，实现全热交换，工作原理如图 4-52 所示。

溶液吸收式全热回收器主要由热交换器和溶液泵组成。热交换器由填料和溶液槽组成，填料用于增加溶液和空气的有效接触面积，溶液槽用于蓄存溶液。溶液泵的作用是将溶液从热交换器底部的溶液槽内输送至顶部，通过喷淋使溶液与空气在填料中充分接触。溶液全热回收器分为上下两层，分别连接在通风或空调设备的排风与新风侧。冬季，排风的温湿度高于新风，排风经过热交换器时，溶液温度升高，水分含量增加，当溶液再与新风接触时，释放热量和水分，使新风升温增湿。夏季与之相反，新风被降温除湿，排风被加热加湿。

多个单级全热回收装置可以串联起来，组成多级溶液全热回收装置。新风和排风逆向流经各级并与溶液进行热质变换，可进一步提高全热交换效率。

上述不同类型排风热回收装置的性能及适用对象总结汇总如表4-5所示，实际中根据工程对象及设计要求选择适用的排风热回收装置。

各排风热回收装置性能及适用对象　　　　　　　表4-5

项目	排风热回收装置形式					
	转轮式	板式	板翅式	液体循环式	热管式	溶液吸收式
能量回收形式	显示或全热	显热	全热	显热	显热	全热
能量回收效率	50%~80%	50%~80%	50%~70%	55%~65%	45%~65%	50%~85%
排风泄漏量	0.5%~10%	0~5%	0~5%	0	0~1%	0
适用对象	风量较大且允许排风与新风间有适量渗透的系统	仅需回收显热的系统	需要回收全热且空气较清洁的系统	新风与排风热回收点比较多且比较分散的系统	含有轻微灰尘或温度较高的通风系统	需要回收全热且对空气有过滤的系统

3. 空调热回收系统的安装形式

对于热回收系统，常见的安装方式分为两种。方式1，不设旁通的热回收系统如图4-53所示，其特点是投资少、安装简便、占地省，但在不需要回收热量的过渡季节增加了风机能耗；方式2，设置旁通的热回收系统如图4-54所示，其特点是过渡季节新、排风经旁通管绕过热回收装置，不增加风机能耗，但系统复杂，机房面积增大，初投资增加。

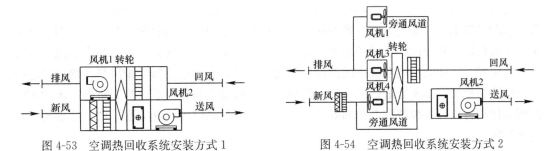

图4-53　空调热回收系统安装方式1　　　　　图4-54　空调热回收系统安装方式2

4.3　空调系统节能技术

4.3.1　空气处理系统与风系统的节能

1. 变风量空调技术

变风量（Variable Air Volume，VAV）空调系统是保持送风状态点不变，通过改变送入室内的送风量来实现对室内温度调节的全空气系统。变风量空调系统具有控制灵活、卫生、节能等特点。它能根据空调负荷的变化自动调节送风量，减少空气处理能耗；同时随着风量的减少，输送能耗也相应减少，所以具有双重节能的作用。一般情况下，VAV系统可比 CAV（Constant Air Volume，CAV）系统节能 50％左右。当建筑物内区需常年供冷，或在同一个空调系统中，各空调区的冷、热负荷差异和变化大，低负荷运行时间较长，且需要分别控制各空调区参数时，宜采用变风量空调系统。

1）变风量空调系统的基本构成

变风量空调系统由变风量末端装置、空气处理及输送设备、风管系统及自动控制系统四个基本部分构成，其构成如图 4-55 所示。

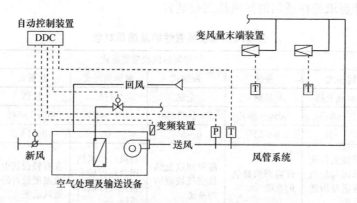

图 4-55　变风量空调系统基本构成

变风量末端装置是变风量空调系统的特征设备，其基本功能是根据房间或区域内的显热负荷，调节送入该房间或区域内的风量。有些末端装置还兼有二次回风、再热和空气过滤等功能。空气处理及输送设备的基本功能是对室内空气进行热湿处理、过滤和通风换气，并为空调系统的空气循环提供动力。变风量空调系统区别于定风量空调系统的显著特点是根据空调房间的需求对系统总送风量进行调节。通常最节能的风量调节方法是采用变频装置调节风机的转速。风管系统是变风量空调系统的送风管、回风管、新风管、排风管、末端装置上、下游支风管及各种送风静压箱和送、回风口的总称。其基本功能是对系统空气进行输送和分配。自动控制系统是变风量空调系统的关键部分，其基本功能是对服务于各房间、区域的空调系统中的温度、湿度、风量、压力以及新、排风量等物理量进行有效监测与控制，实现舒适且节能的双重目标。变风量空调自控系统具有机电一体化和监控网络化的特点，各种被控参数如温度、风量、压力和阀位等相互关联，由自控系统进行优化控制。

2）变风量空调系统的控制

变风量空调系统随着空调负荷的变化需要随时改变房间送风量及系统总风量，所以控制在此系统中具有十分重要的作用，只有实现了完善的控制，系统才能实现正常运行，其本身的节能性、舒适性才能充分体现。

按基本的控制原理，变风量空调系统的控制可分为压力相关型控制和压力无关型控制。压力相关型控制是指受压力变化影响的变风量控制系统。这种控制方式出现在 20 世纪 80 年代早期，主要因为当时集成电路和芯片技术还未得到深入发展，很难准确测量进风口风量的细微变化，即使能够测量也不容易将此信号转换成控制信号实现 VAV 控制器的反馈调节。因此 VAV 控制器只能实现根据设定温度和检测温度来进行风量调整的单级控制算法，从而使得其出风口的风量极易受到风道内压力变化的影响。压力无关型控制指的是不受压力变化影响的变风量控制系统。这种控制方式出现在 20 世纪 90 年代后期，由于集成电路和芯片技术得到广泛的发展，可以很容易测量到进风口风量的细微变化，并且在高速微处理器的帮助下，易于将此信号转换成控制信号以实现 VAV 控制器的反馈调节，使得 VAV 控制器在根据设定温度和检测温度实现风量调节的基础上，再根据监测的风量变化对送风量进行适时微量的调整，实现风量中级控制，达到出口风量恒定，不受风道内压力变化影响的目的。

常用的变风量系统控制方式可分为定静压控制法、变静压控制法、总风量法、TRAV（Terminal Regulated Air Volume，末端调节的变风量系统）控制法四种。

定静压控制法是基于压力相关型控制原理的早期变风量控制方式。所谓定静压控制是在送风系统管网的适当位置（常在离风机 2/3 处）设置静压传感器，在保持该点静压一定值的前提下，通过调节风机受电频率来改变空调系统的送风量。如图 4-56 所示，当空调负荷减小、相应的空调系统风量需要减小时，部分房间或空调区域的变风量末端装置开度关小，此时系统末端局部阻力增加，管路综合阻力系数增加，管路特性曲线变陡，工况点由 $A \rightarrow B$，风量相应由 $Q_2 \rightarrow Q_1$。根据理论分析，对于定静压变风量系统，风机功率的减小率基本上等于风机风量的减小率。当风机风量全年平均在 60% 的负荷下运行时，风机耗电量节约 40% 左右。定静压方法是一种简单易行的控制方法，但在实际工程中必须注意压力测点的布置及静压设定值的确定，否则就会降低节能效果，还可能出现噪声增大的现象。这种控制方法适用于一般中小型公共建筑。

变静压控制法是基于压力无关型控制原理的变风量控制方式。所谓变静压控制，就是在保持每个 VAV 末端的阀门开度在 85%～100% 之间，在使阀门尽可能全开和风管中静压尽可能减小的前提下，通过调节风机受电频率来改变空调系统的送风量，其运行工况如图 4-57 所示。在这种控制方式下，由于阀门开度始终在 85%～100% 之间，VAV 末端装置局部阻力系统变化很小（可能增加，也可能减小），管路综合阻力系数 S 也相应变化很小，综合阻力曲线上升或下降幅度微小，当空调系统风量减小时，工况点 A 基本上沿管路综合阻力曲线变化到 B 点，此时 $Q_2 \rightarrow Q_1$，$H_2 \rightarrow H_1$（由于管路综合阻力系数 S 的微小变化，系统实际运行工况点 B 点位置可能发生微小的振荡）。变静压控制方法是节能效果最好的控制方法，但系统增加了阀位开度传感器，阀位信号需通过通信网反馈到静压控制器，控制方法较复杂，适用于采用楼宇自动控制系统的大型公共建筑。

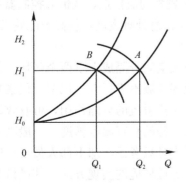

图 4-56　定静压控制法运行工况

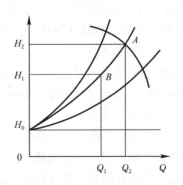

图 4-57　变静压控制法运行工况

　　总风量控制法。根据风机的相似律，在空调系统阻力系数不发生变化时，总风量 G 和风机转速 N 成正比（见式4-2）。虽然设计工况和实际运行工况下系统阻力有所变化，但可将其近似表示为式4-3。根据这一正比关系，在运行过程中有一要求的运行风量，自然可以对应一要求的风机转速。如果说所有末端区域要求的风量都是按同一比例变化的，显然这一关系式就可以控制了。但事实上在运行时几乎是不可能出现这种情况的。考虑到各末端风量要求的不均衡性，适当地增加一个安全系数就可以实现风机的变频控制。总风量控制方式在控制系统形式上比静压控制结构简单。它可以避免使用压力测量装置，减少了一个风机的闭环控制环节，在控制性能上具有快速、稳定的特点，不像压力控制下系统压力总是有一些高频小幅振荡；此外，也不需要变静压控制时的末端阀位信号。这种控制系统形式上的简化，也带来了控制系统可靠性的提高。总风量控制方式在控制特点上是直接根据设定风量计算出要求的风机转速，具有某种程度上的前馈控制含义，而不同于静压控制中典型的反馈控制。但设定风量并不是一个在房间负荷变化后立刻设定到未来能满足该负荷的风量（即稳定风量），而是一个由房间温度偏差积分出的逐渐稳定下来的中间控制量。因此总风量控制方式下风机转速也不是在房间负荷变化后立刻调节到稳定转速就不动了，它是一种间接根据房间温度偏差由 PID 控制器来控制转速的风机控制方法。总风量控制法的节能效果介于变静压控制和定静压控制之间，且更接近于变静压控制。由于控制手段不采用压力控制，因此控制系统较稳定，是一种实用的风机风量控制方法。

$$\frac{G_1}{G_2} = \lambda \frac{N_1}{N_2} \tag{4-4}$$

$$\frac{G_{运行}}{N_{运行}} = \frac{G_{设计}}{N_{设计}} \tag{4-5}$$

　　TRAV（Terminal Regulated Air Volume，末端调节的变风量系统）和 VAV 一样，也是一种通过调节风量来创造舒适热环境的变风量系统。但 TRAV 不是采取 VAV 中的静压调节，而是基于末端所有传感器的数值来考虑风机转速或入口导叶的开度，实时控制风量的变化，并利用 DDC 控制的优点对变风量箱进行控制，对室内温度采用变化设定值的方式，以进一步节约能量。如白天和夜间有不同的设定值并区别有人和无人（非工作）的不同工况等。所以，支持 TRAV 系统的变风量箱控制器，要配置进风流量、室温测量、房间有无人员停留和窗户是否打开等传感元件。TRAV 系统能够进一步降低风机能耗，还可设定在无人条件下继续送风，以保持空气的连续循环，提高室内空气品质。因此，支持 TRAV 系统的变风量箱控制器应能联网通信，并且有较多的监控点，从恒温控制器的模式向 DDC 模式发展，从孤立的单参数控制向综合的数字信息处理发展，提高节能效果。

　　2. 分层空调技术

　　采用密集射流，利用合理的气流组织，把一个高大空间分隔成上下两个区域，仅对下部工作区进行空气调节，保持一定的温湿度，而对上部区域不进行空气调节，仅在夏季采用上部通风排热，这种空调方式称为分层空调。由于密集射流的分隔作用，可有效地阻止上下两区之间的对流换热，从而使下部空调区内保持合理的垂直温度梯度。一般高大空间具有垂直温度梯度明显、空调负荷较大等特点，设计中可只考虑冷却下部人员工作区。分层空调是一种设计简单、投资较省、运行节能、保障舒适环境的实现方式，其风口布置见图4-58。分层空调适于高大建筑，当高大建筑物高度 $H \geqslant 10\text{m}$，建筑物体积 $V > 1$ 万 m^3，空调区高度与建筑高度之比 $h/H \leqslant 0.15$ 时，才经济合理。近些年，采用分层空调技术的高大空间不断涌现。有关文献介绍，分层空调与全室空调相比，供冷时所需的冷量可节省 30% 左右。

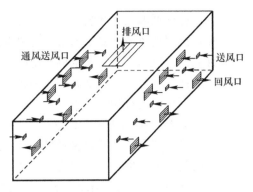

图 4-58　分层空调的典型风口布置方式

3. 低温送风空调技术

相对于送风温度在 12～16℃ 范围内的常温空调系统而言，低温送风空调系统是指运行时送风温度小于 11℃ 的空调系统。与常规空调方式相比，低温送风降低了送风温度，减少了一次风量，从而降低系统输送能耗。冰蓄冷技术的出现，能提供 1.1～3.3℃ 的低温冷水，为低温送风空调的应用和推广创造了条件。冰蓄冷系统与低温送风相结合，不仅降低输送能耗，并可减小峰值电力需求和降低运行费用。

低温送风系统常结合变风量空调技术一起应用，变风量末端装置一般设置在房间送风散流器前的送风支管上，用于调节送风量。末端装置根据需要控制低温送风量，或者调节低温送风量与回风量的比例，使空调房间人员活动区的室内参数保持在设计要求的舒适范围内。变风量末端装置主要的形式有单风道节流型末端装置、风机动力型末端装置和诱导型末端装置三种类型，低温送风系统中使用最多的是单风道节流型和风机动力型两种形式。

低温送风空调系统的运行方式与常温变风量空调系统的运行方式基本相同，但由于结露问题的存在，低温送风空调系统对运行和控制的要求更高，主要体现在低温送风系统的软启动和送风温度的再设定两个方面。

在空调停止运行期间，房间内温度和湿度的变化取决于停机时间的长短、内外环境条件、围护结构的防潮隔汽和建筑物门窗的气密性等因素。较高的室内空气湿度使得低温送风空调系统刚运行时风口表面易产生结露现象。因此，低温送风系统开始运行时不应很快地降低送风温度，而应采用调节空调冷水流量或温度、设定冷风温度下调时间表、逐步减少末端加热量等措施实现软启动，使送风温度随室内空气相对湿度的降低而逐渐降低。表 4-6 为某一送风温度为 7℃ 的空调系统开始运行时使送风温度缓慢下调时间表实例，具有一定的代表性。空调系统初始运行时或者经过夜晚、周末节假日等长时间停止运行后的重新启动，应考虑采用软启动。

温度缓慢下调的实例　　　　　　　　　　　　　　　　　　　表 4-6

时　间	风量限制	送风温度
上班前两小时	最大风量的 40%	13℃
上班前一小时	最大风量的 65%	10℃
工作时间	100% 最大风量	7℃

与变风量空调一样，低温送风系统的主要控制参数之一是送风量。随着空调负荷的减少，送风量也随之减少，直到达到最小送风量。如果负荷再进一步减小，为了保证空调区的气流组织和新风要求，送风量必须保持在最小值，此时某些负荷低的末端就需启动再热

装置，以补偿低温送风系统多送入该分区的冷量，形成冷热抵消，造成能量浪费。为了减少能耗，低温送风系统要求系统的送风温度在运行中根据实际情况能重新设定。设定范围为设计低温送风温度到常温空调系统的送风温度之间，使末端再热装置开启时间最短、制冷机的能耗降到最低。但低温送风系统的送风温度的提高有一个上限，使系统对低负荷、高湿度的环境仍具有除湿能力。

4. 多联机（Variable Refrigerant Volume，VRV）空调系统

多联机空调系统（简称多联机）是为适应空调机组集中化使用需求，在分体式空调基础上发展起来的一种新型冷剂式空调系统。其主导思想是"变制冷剂流量、一拖多和多拖多"，即一台室外空气源制冷或热泵机组配置多台室内机，通过改变制冷剂流量以适应各房间负荷变化。多联机空调系统采用制冷剂直接蒸发式制冷，减少了输送能耗（以制冷剂作为热传送介质，每千克传送的热量是205kJ/kg，约为水的10倍、空气的20倍，不需要庞大的风管和水管系统，减少了输送耗能及冷媒输送中能量的损失）和能量损失（采用制冷剂直接蒸发制冷，无需像传统中央空调系统中将水作为载冷剂，需先把冷量传给水，再由冷水传给室内空气，减少了一个能量传递环节，从而减少了能量的损耗）。多联机根据室内负荷变化，瞬间进行制冷剂流量调整，使多联机在高效工况下运行，节能效果显著。另外由于室内机可单独控制，故不需要空调的房间可以根据使用者的要求关闭室内机，减少了能源的浪费。

1）多联机的组成及工作原理

变制冷剂流量多联分体式空调由多个室内机和一个（或多个）室外机构成，室外主机包括室外侧风冷换热器、压缩机和其他制冷附件，室内机由直接蒸发式换热器、风机和电子膨胀阀等组成，通过调节风机转速、电子膨胀阀的开启度来调节换热能力。一台室外机通过管路能够向若干个室内机输送制冷剂，通过控制压缩机的制冷剂循环量和进入室内各换热器的制冷剂流量可以适时地满足室内冷、热负荷要求。系统的制冷原理及系统管路配置示意图分别见图4-59、图4-60。

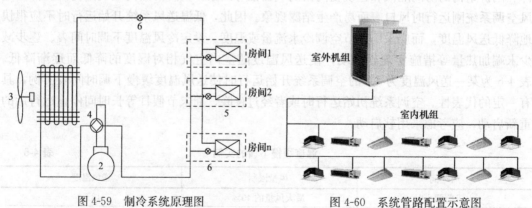

图 4-59　制冷系统原理图　　　　　　图 4-60　系统管路配置示意图

1—室外风冷换热器；2—压缩机；3—室外换热器风扇；

4—四通阀；5—室内直接蒸发式换热器；6—电子膨胀阀

2）多联机的分类

按改变压缩机制冷剂流量的方式，可分为变频式和定频式两类。对于变频式压缩机，当室内冷（热）负荷发生变化时，可以通过改变压缩机频率来调节制冷剂流量，在部分室

内机开启的情况下（50％～80％的使用率），能效比要比满负荷时高；而对于定频式压缩机，当室内负荷发生变化时，通过压缩机输送旁通等方法来调节制冷剂流量。在部分室内机开启的情况下，能效比要比满负荷时低。

按系统的功能可分为单冷型、热泵型、热回收型和蓄热型四种类型。单冷型多联机系统仅向室内房间供冷；热泵型多联机系统在夏季向室内供冷，冬季向室内供暖；热回收型多联机系统用于有内区的建筑，因内区全年有冷负荷，热回收型多联机系统通过回收内区的热量可实现同时对周边区供暖和内区供冷；蓄热型多联机系统将多联机与小型蓄冷装置相连，晚间负荷低谷时，利用夜间电力将冷量贮存在冰或水中进行蓄冷，白天负荷高峰期释放冷量，实现移峰填谷。

按多联机制冷时的冷却介质可分为风冷式和水冷式两类。风冷式系统是以空气为换热介质（空气作为单冷型系统的冷却介质，作为热泵型系统的热源与热汇），当室外天气恶劣时，对多联机系统性能的影响很大；水冷式系统是 2005 年日本大金工业株式会社推出的，它是以水作为换热介质，与风冷式系统相比，多一套水系统，相对复杂一些，但系统的性能系数较高。

3）多联机的控制

多联机空调系统的控制目的是通过一定的调节手段来实现系统功能，平衡各种扰动对系统运行状态的影响，按需分配制冷剂流量，实现系统的安全、稳定、节能运行。从功能的角度而言，多联式空调系统的室外机保证系统的运行状态，并提供各室内机需要的制冷量（或制热量），各室内机则是把室外机所提供的制冷量（或制热量）分配给不同的房间以满足其对冷（热）条件的需求。从调节和扰动因素的角度而言，室内机的调节手段为风阀和电子膨胀阀开度，而扰动因素则是由于室内冷负荷变化而引起的室内温、湿度的变化，人为调节室内机风量以及室内机启停等。室外机的调节因素主要为压缩机容量（频率、容量、台数以及其他变容量措施）和室外机换热器的容量（包括风量、换热器面积），而扰动因素主要为室外空气温、湿度变化。

5. 温湿度独立控制空调系统

温湿度独立控制空调系统中，采用温度与湿度两套独立的空调系统，分别控制、调节室内的温度与湿度，从而避免了常规空调系统中热湿联合处理所带来的损失。由于温度、湿度采用独立的控制系统，可以满足不同房间热湿比不断变化的要求，克服了常规空调系统中难以同时满足温、湿度参数的要求，避免了室内湿度过高（或过低）的现象。

温湿度独立控制空调系统由处理显热的系统与处理潜热的系统组成，两个系统独立调节，分别控制室内的温度与湿度，参见图 4-61。处理显热的系统包括高温冷源和余热消除末端装置，一般采用水作为输送媒介。由于除湿任务由处理潜热的系统承担，因而显热系统的冷水供水温度不再是常规冷凝除湿空调系统中的 7℃，可提高到 18℃左右，从而为天然冷源的使用提供了条件。即使采用机械制冷方式，制冷机的性能系数也有大幅度的提高。余热消除末端装置可以采用辐射板、干式风机盘管等多种形式，由于 18℃及以上的供水温度高于室内空气的露点温度，因而不存在结露的危险。处理潜热的系统由新风处理机组、送风末端装置组成，采用新风作为能量输送的媒介，稀释室内 CO_2 和异味，以保证室内空气质量。在处理潜热的系统中，由于不需要处理温度，因而湿度的处理可采用新的节能高效方法，例如溶液除湿、固体吸附除湿等。温湿度独立控制系统的典型配置模式为"辐射吊顶＋独立新风系统"CRCP（Ceiling Radiant Cooling Panel）＋DOAS（Dedicated Outdoor Air System）。

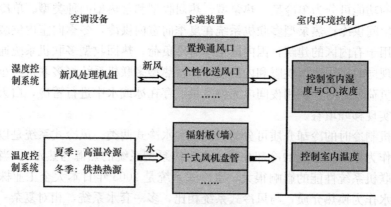

图 4-61　温湿度独立控制空调系统

辐射吊顶＋独立新风系统工作原理如图 4-62 所示。辐射冷却系统"干工况"运行，即表面温度控制在室内露点温度以上，这样室内的热环境控制和湿环境、空气品质的控制被分开。辐射冷却系统负责去除室内显热负荷、承担将室内温度维持在舒适范围内的任务。通风系统负责新鲜空气的输送、室内湿环境的调节以及污染物的稀释和排放任务。这样的独立控制策略，使得该复合系统对热、湿、新风的处理过程均能实现最优。其节能优势主要体现在以下几方面：一是送风量的减少降低了输送空气的能量消耗。与传统空调系统相比，其送风量减少约60％～80％，因此大大节省了风机耗能，降低了输送空气的能量消耗。二是用水代替空气来消除热负荷，可大幅度降低输送冷量的动力能耗。CRCP＋DOAS 系统中大部分的冷负荷由冷水系统承担，与空气相比，水具有高热值和高密度的特点，其热传输能力约是空气的 4000 倍左右。三是辐射供冷降低人体实感温度，减少了系统能耗。在达到相同 PMV（Predicted Mean Vote，表征人体冷热感的评价指标）的前提下，夏季室内空气温度可以提高 0.5～1.5℃，冬季室内空气温度可以降低 2℃左右，因而可进一步地减少总冷量或总热量。四是高冷水温允许采用天然冷源和在部分季节使用自然冷却直接供冷。

辐射吊顶常见的形式有混凝土板预埋管冷吊顶、毛细管网栅冷吊顶和金属辐射板冷吊顶三种类型。混凝土预制辐射板是将特制的塑料管或不锈钢管在楼板浇筑之前排布并固定在钢筋网上，浇筑混凝土后，就形成"水泥核心"结构，如图 4-63 所示。这种辐射板结构工艺较成熟，造价相对较低；毛细管网栅冷吊顶是将毛细管网栅水平敷设在房间的顶棚上，顶棚可做成石膏板吊顶或是直接用水泥砂浆抹平，也可做成金属吊顶，如图 4-64 所示。毛细管网栅为毛细管的模块化产品，网栅可以根据安装应用需求，做成相应的尺寸，安装灵活多变，既可用于新建建筑，也可用于既有建筑的改造，其材质为聚丙烯。金属辐射板冷吊顶单元是以金属为主要材料的模块化辐射板产品，如图 4-65 所示。金属冷吊顶适合安装于各种常用规格的金属顶棚板内，也可用于开放式系统或是与龙骨式吊顶相结合。金属冷板单元单位面积供冷量大，运行成本低，但金属冷板单元质量大，耗费金属多，初投资偏高，另外冷板表面温度不均匀。

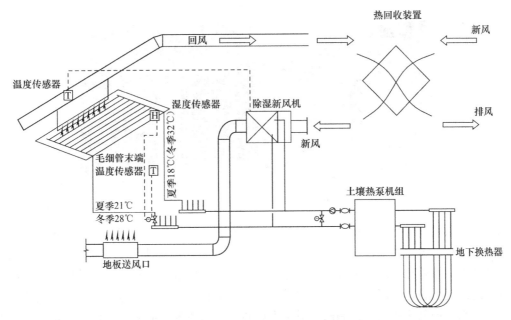

图 4-62　辐射吊顶＋独立新风系统工作原理

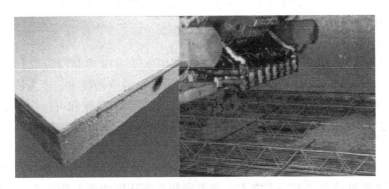

图 4-63　混凝土预埋管冷吊顶

（a）　　　　　　　　　　　（b）　　　　　　　　　　　（c）

图 4-64　毛细管网栅冷吊顶

（a）直接抹灰吊顶；（b）石膏板吊顶；（c）金属吊顶

　　水系统的合理设计与控制是 CRCP＋DOAS 系统设计的重要问题之一。合理的水系统设计需要兼顾整个空调系统的一次投资、能耗和运行费用。根据辐射吊顶和新风机组是否

图 4-65　金属辐射板冷吊顶

共用冷源，水系统可分为两种：一种是辐射吊顶和新风机组共用一组制冷机，采用一套水系统；另一种是各自独立使用制冷机，采用两套水系统。相关研究表明采用冷却吊顶水系统和新风水系统相独立的供水方式可以充分发挥冷却吊顶系统冷水温度高的优势，提高冷水机组的性能系数，节能效益显著。水系统控制方法有三种：变流量、定水温控制法，定流量、变水温控制法和联合控制法。对于大房间或多区系统，应采用变流量、定水温控制法，安装费用低。对于小房间或单区系统，应采用定流量、变水温控制法。对于多区建筑，宜采用两种方法结合的联合控制方法。

6. 蒸发冷却空调

蒸发冷却空调是一种使用水作为制冷剂，利用水蒸发吸热制冷以取代传统机械制冷（包括 CFCs，Chloro-fluoro-carbon，氯氟烃工质制冷）的空调技术。蒸发冷却空调可有效地减少 CFCs 对臭氧层的破坏，是一种真正意义上的节能、环保和可持续发展的制冷空调技术，被称为"零费用制冷技术"，也被称为"绿色空调"和"仿生空调"。一般来讲，蒸发冷却空调的能效比是机械制冷空调能效比的 2.5～5 倍。据有关文献对蒸发冷却空调在乌鲁木齐、西安、哈尔滨、北京的应用分析可知，其运行能耗约为常规空调设备的 1/5（机械制冷系统装机功率 $50\text{W}/\text{m}^2$ 左右，蒸发冷却系统装机功率 $10\text{W}/\text{m}^2$，节电 80%）。初投资约为常规空调设备的 3/5（机械制冷方式造价 400 元/m^2 左右，蒸发冷却系统造价 250 元/m^2 左右，节省投资 40%）。

蒸发冷却空调的主要形式有直接蒸发冷却（Direct Evaporative Cooling，DEC）、间接蒸发冷却（Indirect Evaporative Cooling，IEC）和直接—间接蒸发冷却。直接蒸发冷却是使空气和水直接接触，通过水的蒸发使空气温度下降，使用加湿后的空气对房间进行降温。最常用的方式是由单元式空气蒸发冷却器或只有蒸发冷却段的组合式空气处理机组所组成的蒸发冷却系统。间接蒸发冷却系统通常利用间接蒸发实现待处理空气的冷却甚至除湿，常采用板式或管式热交换器，亦有采用热管换热器。间接蒸发冷却可通过冷却塔实现供冷。直接—间接蒸发冷却器由二级组成，第一级为间接蒸发冷却器，经间接蒸发冷却后的一次空气再送入直接蒸发冷却器进行加湿冷却。因此直接—间接蒸发冷却亦称两级蒸发冷却。目前，直接—间接蒸发冷却器的应用较其他形式的蒸发冷却器更广泛，因为它可在相同的条件下实现比湿球温度更低的送风温度。某些地区，直接—间接蒸发冷却可满足过渡季节乃至夏季大部分时间设定工况下的空调需求。另外，将直接—间接蒸发冷却与机械式制冷组合在一起，按一定的方案实现可靠而又节能的运行。

蒸发冷却空调是一种被动式供冷技术，其节能和环保效益明显。蒸发冷却空调在美国和一些气候干燥炎热的地区已得到广泛应用。我国气候资源丰富多样，蒸发冷却空调具有广阔的应用前景。《全国民用建筑工程设计技术措施·节能专篇》明确指出：气候比较干燥的西部和北部地区如新疆，青海，西藏，甘肃，宁夏，内蒙古，黑龙江的全部，吉林省的大部分地区，陕西、山西的北部，四川、云南的西部等地，空气的冷却过程，应优先采用直接蒸发冷却、间接蒸发冷却或直接蒸发冷却与间接蒸发冷却相结合的二级冷却方式。

目前蒸发冷却技术在干燥地区的主要应用形式有可以代替机械制冷系统的直接蒸发冷却、单级或多级的间接蒸发冷却以及直接与间接蒸发冷却联用的空调机组；在非干燥地区可能的应用形式有新风预冷或排风的能量回收；在炎热季节利用 IEC 降温，改善热环境；利用 DEC 扩大传热温差，提高某些空调和制冷设备的性能；利用除湿剂对空气除湿，再借助蒸发冷却降温，实现除湿法供冷；蒸发冷却与夜间通风联合应用等。

蒸发冷却技术在中国的应用已有近 20 年，在公共建筑和工业建筑领域有大量的实际工程案例。近年来，随着互联网、大数据、云计算的热潮带动了数据中心行业的快速发展，各地蓬勃建设了大量的数据中心项目。数据中心的热负荷密度高、能耗大，对于节能技术的需求明显。作为一种节能效果突出的自然冷却技术，蒸发冷却技术近年来在国内外诸多数据中心项目中得到应用，有效降低了数据中心的能耗和运营成本，引起数据中心界极大的关注。图 4-66 为间接蒸发冷却空调用于数据中心机房温度控制的原理图。

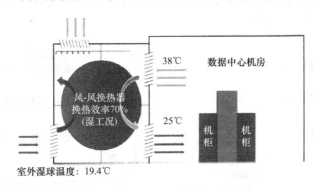

图 4-66　数据中心用间接蒸发冷却空调原理图

4.3.2　空调水系统的节能

空调水系统的能耗，主要包括冷水侧及冷却水侧循环泵的耗能，以及冷却水侧冷却塔的耗能。空调系统冷水循环泵的耗电量，一般约占空调系统总耗能量的 15%～20%。为了节省能耗，适应冷水系统供冷量随空调负荷的变化而改变的需求，冷水系统和冷水循环泵宜采用变流量调节方式。

1. 变流量空调水系统

在负荷侧变流量的前提下，变流量空调水系统可归纳为二次泵变流量系统（冷源侧定流量，负荷侧变流量，负荷侧采用变频泵）和一次泵变流量系统（冷源侧变流量，负荷侧变流量，冷源侧与负荷侧采用同一个变频泵）两种形式。

二次泵变流量系统（图 4-67），是在冷水机组蒸发器侧流量恒定的前提下，把传统的一次泵分解为两级，包括冷源侧和负荷侧两个水环路。一级泵设在冷源侧，流量不变；二级泵设在负荷侧，能根据末端负荷的需求调节流量。对于适应负荷变化能力较弱的一些冷水机组产品来说，保证流过蒸发器的流量不变是很重要的。只有这样才能防止蒸发器发生结冰事故，确保冷水机组出水温度稳定。由于二级泵能根据末端负荷需求调节流量，与一次泵定流量系统相比，能节约相当一部分水泵能耗。二次泵变流量系统中一级泵采用一机对一泵的形式，水泵和机组联动控制。在空调系统末端，冷却盘管回水管路上安装两通调节阀，使二次水系统在负荷变化时能进行流量调节。应根据系统的供回水压差控制二级泵转速和运行台数，控制调节循环水量适应空调负荷的变化，系统压差测定点设在最不利环路干管靠近末端处。平衡管起到平衡一次和二次水系统水量的作用。当末端负荷增大时，回水经旁通管流向供水总管；当末端水流量减小时，供水经旁通管流向回水总管。

一次泵变流量系统选择可变流量的冷水机组，使蒸发器侧流量随负荷侧流量的变化而改变，从而最大限度地降低水泵的能耗。与一次泵定流量系统相比，把定频水泵改为变频水泵，故水系统设计和运行调节方法不同，控制更复杂，但节能效果更明显。一次泵变流量系统的典型配置如图 4-68 所示。与二次泵变流量系统相比，一次侧配置变频泵，冷水机组配置自动截止阀，冷水机组和水泵的台数不必一一对应，启停可分开控制。旁通管上多了一个控制阀，当负荷侧冷水量小于单台冷水机组的最小允许流量时，旁通阀打开，使冷水机组的最小流量为负荷侧冷水量与旁通管流量之和，最小流量由流量计或压差传感器测得。负荷侧的二次泵取消，系统末端仍然安装两通调节阀。变频水泵的转速一般由最不利环路的末端压差变化来控制。

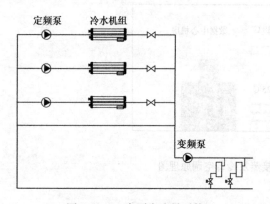 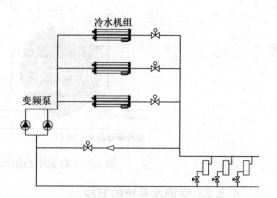

图 4-67　二次泵变流量系统　　　　　　图 4-68　一次泵变流量系统

对于可变流量的冷水机组，机组的流量变化范围和允许变化率是两项重要性能指标，机组的流量变化范围越大，越有利于冷水机组的加、减机控制，节能效果越明显；机组的允许流量变化率越大，则冷水机组变流量时出水温度波动越小。先进的冷水机组控制器，不仅具有反馈控制功能（常规功能），还具有前馈控制功能。因此不仅能根据冷水机组出水温度变化调节机组负荷，而且还能根据冷水机组进水温度变化来预测和补偿空调负荷变化对出水温度的影响。采用不同控制器的冷水机组的运行效果比较如图 4-69、图 4-70 所示。

2. 水泵的变频调速技术

变频调速是通过改变电动机定子供电频率以达到改变电动机转速的目的。只要在电动机的供电线路上跨接变频调速器即可按用户所需的某一控制量（如流量、阻力、温度等）的变化，自动地调整频率及定子供电电压，实现电动机无级调速。现代变频技术的发展，使之在许多需要电动机调速的场合得到了广泛的应用，其他的电动机调速方法已逐渐被变频调速所取代。水泵是空调系统中的重要组成设备，也是主要的用电设备。在空调水系统的设计中，可以采用变频调速装置对水泵实施变频调速控制，使其根据负荷的变化不断调节电动机的转速，减少耗电，起到节能效果。

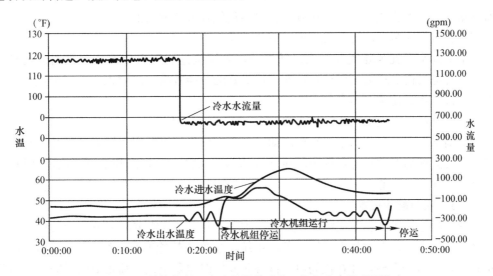

图 4-69　无前馈控制和变流量补偿功能，机组出水温度不稳定

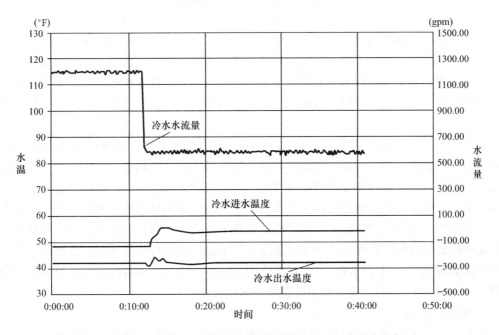

图 4-70　有前馈控制和变流量补偿功能，机组出水温度稳定

3. 冷却塔的节能

冷却塔广泛应用于制冷空调系统及工业设备的冷却水系统。对于空调用户而言，冷却塔的耗能在整个空调系统的能耗中也占有一定的比例。影响冷却塔冷却能力的主要因素有室外空气（湿球）温度、冷却水入口温度及冷却水量等。在运行过程中，当室外空气（湿

球）温度变化或冷却负荷发生变化时，应采用适当的措施使得冷却塔的冷却能力与冷却负荷相匹配，从而节省运行能耗。

（1）通过温度调节器控制风机的启停

当室外空气（湿球）温度降低时，冷却塔的冷却能力增加，出口水温降低，由温度调节器感知水温，停止风机运转，达到防止水温过低及节能的目的。

（2）通过调速装置改变风机用电动机的转速

由于室外空气湿球温度的变化是随机的，采用调速装置可以改变风机用电动机的转速，可以使电动机实现无级调速，从而获得更好的节能效果，同时也可以减少风机的启停次数，延长风机的使用寿命。

（3）控制风机用电动机的运转台数

当空调系统有几台冷却塔或每台冷却塔有几台风机用电动机时，随着冷却负荷的减少或室外空气湿球温度的降低，逐步减少冷却塔台数或减少每台冷却塔风机用电动机台数，从而节省冷却塔风机能耗。

4.3.3 空调蓄冷技术

将冷量以显热或潜热形式储存在某种介质中，并能够在需要时释放出冷量的空调系统称为蓄冷空调系统，简称蓄冷系统。蓄冷系统，也称"热能贮存系统"（Thermal Energy Storage System，TES），即在夜间电网低谷时间同时也是空调负荷很低的时间，制冷系统开机制冷，将冷量以冰、冷水或凝固状相变材料的形式储存起来，待白天电网高峰时间同时也是空调负荷高峰时间将冷能释放出来满足空调负荷的需要。蓄冷技术已成为我国今后进行电力负荷的"移峰填谷"和"需求侧管理"（Demand Side Management，DSM，引导电力用户优化用电方式，提高终端用电效率，优化资源配置，实现最小成本电力服务所进行的用电管理活动）以及改善电力供需矛盾的一个最主要的技术措施。空调蓄冷技术对电力负荷移峰填谷，提高了电网运行的稳定性和经济性，降低了发电能耗并减少了电厂对环境的污染。

图 4-71 给出了空调蓄冷系统的分类。蓄冷空调的蓄冷方式有两种：一种是显热蓄冷，即蓄冷介质的状态不改变，降低其温度蓄存冷量；另一种是潜热蓄冷，即蓄冷介质的温度不变，其状态变化，释放相变潜热蓄存冷量。根据蓄冷介质的不同，常用的蓄冷系统又可分为水蓄冷、冰蓄冷和共晶盐蓄冷三种类型。水蓄冷属于显热蓄冷，冰蓄冷和共晶盐蓄冷属于潜热蓄冷。水的热容量较大，冰的相变潜热很高，而且都是易于获得的廉价物质，是采用最多的蓄冷介质，因此水蓄冷和冰蓄冷是应用最广的两种蓄冷系统。水蓄冷方式的单位蓄冷能力较低（7～11.6 kWh/m³），蓄冷所占的容积较大。冰蓄冷方式的单位蓄冷能力较强（40～50 kWh/m³），蓄冷所占的容积较水蓄冷小。

1. 水蓄冷空调

水蓄冷系统是利用水的显热来储存冷量的蓄冷技术。水蓄冷空调以冷水机组为制冷设备，以保温槽为蓄冷设备，在电力非峰值期间冷水机组制取冷水后储存于蓄冷槽中，在电力峰值或空调负荷高峰期间供给空调用户。储存冷量的大小取决于蓄冷槽储存冷水的数量和蓄冷温差。所谓蓄冷温差是指空调末端回水与蓄冷槽供水之间的温度差。设计良好的蓄冷系统可以通过维持较大的蓄冷温差来储存较多的冷量。水蓄冷系统的典型蓄冷温度在4～7℃之间，此温度和大多数常规冷水机组相匹配。

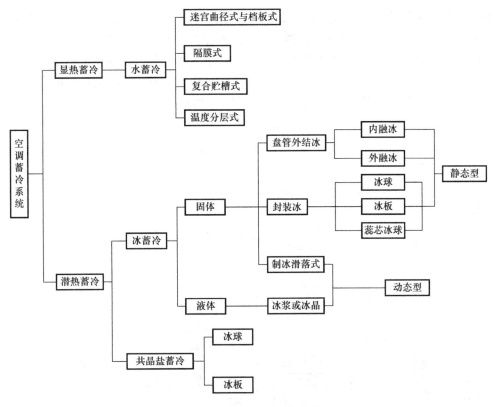

图 4-71　空调蓄冷系统分类

水蓄冷使用水作为蓄冷介质，具有传热性能好、性能稳定、价格低廉而且容易获取的特点。但水的比热远小于冰的溶解热，与冰蓄冷比起来，水蓄冷的蓄冷密度要低得多，单位蓄冷量较低，因此需要体积较大的蓄水池，而且冷损耗大，保温及防水处理麻烦，因而制约了水蓄冷技术的广泛应用。

水蓄冷的方式主要有四种：自然分层蓄冷、多罐式蓄冷、迷宫式蓄冷和隔膜式蓄冷。自然分层蓄冷是一种结构简单、蓄冷效率高、经济效益较好的蓄冷方法，目前应用较为广泛。

水的密度与其温度密切相关，在水温大于 4℃时，温度升高密度减小；而在 0～4℃范围内，温度升高密度增大，3.98℃时水的密度最大。密度大的水自然地聚集在蓄冷槽的下部，自然分层蓄冷就是依据这样的原理。在自然分层蓄冷中，温度为 4～6℃的冷水聚集在蓄冷槽下部，而温度为 10～18℃的温热水聚集在蓄冷槽的上部，形成冷热水的自然分层。自然分层水蓄冷槽的结构形式如图 4-72 所示。在蓄冷槽中设置了上下两个均匀分配水流散流器。为了实现自然分层的目的，要求在蓄冷和释冷过程中，热水始终是从上部散流器流入或流出，而冷水是从下部散流器流入或流出，应尽可能形成分层水的上下平移运动。温度分层型水蓄冷系统

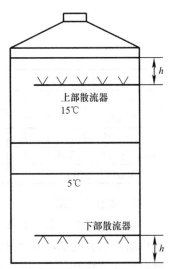

图 4-72　自然分层水蓄冷槽的构造

的流程如图 4-73 所示。在自然分层水蓄冷槽蓄冷循环中，冷水机组送来的冷水由下部散流器进入冷槽，而热水则从上部散流器流出，进入冷水机组降温。释冷循环中，水流动方向相反，冷水由下部散流器送至负荷处，而回流热水则从上部散流器进入蓄冷槽。温度分层型水蓄冷系统供冷有蓄冷槽供冷、冷水机组供冷、冷水机组与蓄冷槽联合供冷和冷水机组边供冷边蓄冷多种运行模式，其运行工况如表 4-7 所示。

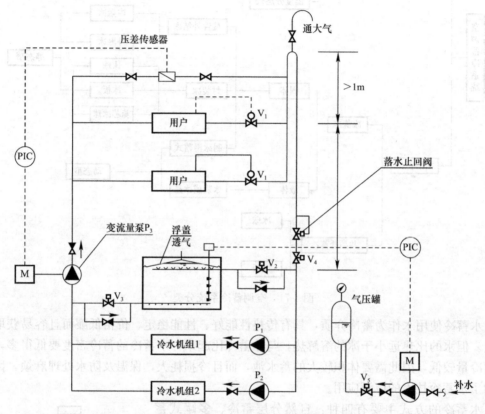

图 4-73　温度分层型水蓄冷系统

典型水蓄冷空调水系统的运行工况　　　　　　　　　表 4-7

工　况	机组 1	机组 2	泵 P_1	泵 P_2	泵 P_3	阀 V_2	阀 V_3	阀 V_4	阀 V_5
单蓄冷	开	开	开	开	停	关	开	关	与补水泵连锁
冷水机组供冷	开	开	开	开	调节	关	关	开	与补水泵连锁
蓄冷槽供冷	停	停	停	停	调节	开	开	开	与补水泵连锁
机组与蓄冷槽同时供冷	开	停	开	停	调节	开	开	开	与补水泵连锁
机组边供冷边蓄冷	开	开	开	开	调节	开	开	开	与补水泵连锁

2. 冰蓄冷空调

冰蓄冷是指用水作为蓄冷介质，利用其相变潜热来蓄存冷量。在电力非峰值期间用冷水机组把水制成冰，将冷量贮存在蓄冰装置中，在电力峰值或空调负荷高峰期间利用冰的溶解把冷量释放出来，满足用户的冷量需求。

蓄冰装置按制冰的方式分为静态制冰和动态制冰两类。静态制冰的形式有冰盘管式（内融冰、外融冰式），封装式（冰球、冰板式）等；动态制冰的形式有冰片滑落式、冰晶

（冰浆）式等。目前，我国工程中应用最多的是静态制冰的蓄冰装置。

根据蓄冰装置和制冷机的连接形式可分为并联系统和串联系统。并联系统管路简单，易充分发挥冷机和蓄冰装置的出力，但二者间冷负荷的分配和调节控制复杂，造成供液温度较难恒定，适用于供、回水温差不大的常规空调水系统。串联系统因取冷溶液经过冷机和蓄冰装置两次换热，故可获得较低的供液温度，适用于大温差的空调水系统，亦为降低空调水泵的输送能效比和采用低温送风的空调形式提供了充分的技术条件。

3. 蓄冷空调运行策略

蓄冷空调的运行策略主要是考虑制冷的一次能源的价格结构，合理安排制冷、蓄冷的容量以及释冷、供冷运行的优化，以达到投资和运行费用的最佳状态。运行策略通常有全负荷蓄冷和部分负荷蓄冷两种模式。

采用全负荷蓄冷模式时，蓄冷装置承担设计周期内全部空调冷负荷。制冷机在夜间非用电高峰期进行蓄冷，当蓄冷量达到周期内所需的全部冷负荷量时，关闭制冷机；在白天用电高峰期，制冷机不运行，由蓄冷系统将蓄存的冷量释放出来供给空调系统使用。此方式可以最大限度地转移高峰电力用电负荷（对于一次能源采用电而言）。由于蓄冷设备要承担空调系统的全部冷负荷，故蓄冷设备的容量较大，初投资较高，但运行费用省。全蓄冷一般适用于白天供冷时间较短或要求完全备用冷量以及峰、谷电价差特别大的情况。图 4-74 是典型的全蓄冷的负荷及系统运行图。

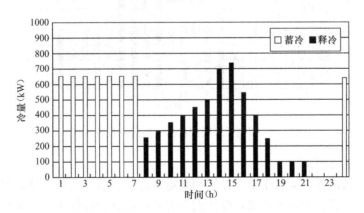

图 4-74　全蓄冷的负荷及系统运行图

采用部分负荷蓄冷模式时，蓄冷装置只承担设计周期内的部分空调冷负荷。制冷机在夜间非用电高峰期开启运行，并储存周期内空调冷负荷中所需释放部分的冷负荷量；白天空调冷负荷的一部分由蓄冷装置承担，另一部分则由制冷机直接提供。相对于全负荷蓄冷，部分负荷蓄冷是冰蓄冷系统经常采用的一种类型，这种类型由于空调冷负荷是由制冷主机和蓄冰装置共同承担，投资相对较低，经济有效，一般优先采用。部分蓄冷通常又可分为负荷均衡蓄冷和用电需求限制蓄冷。负荷均衡蓄冷模式中制冷机在设计周期内连续（蓄冷或供冷）运行，负荷高峰时蓄冷装置同时释冷提供冷量。此运行策略制冷机利用率高，蓄冷装置需要容量较小，系统初投资低，节省运行费用较少，适用于有合理分时峰、谷电价差地区的冰蓄冷空调系统。用电需求限制蓄冷模式中制冷机在限制用电或电价峰值期内停机或限量开，不足部分由蓄冷装置释冷提供。此运行策略制冷机利用效率较低，蓄冷装置通常容量较大，系统初投资较高，节省运行费用较多，适用于有严格限制用电（时间段和量）或分时峰、谷电价差特别大的地区。图 4-75 和图 4-76 分别表示负荷均衡蓄冷和用电需求限制蓄冷的负荷及系统运行图。

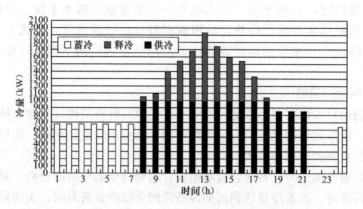

图 4-75　负荷均衡蓄冷的负荷及系统运行图

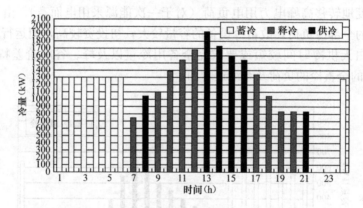

图 4-76　用电需求限制蓄冷的负荷及系统运行图

4. 蓄冷空调控制策略

蓄冷空调系统的控制策略主要是控制和设定制冷机、蓄冷装置、泵、阀门等的运行状态，满足某种运行模式的技术要求，以达到系统经济运行的最优化，主要是针对冰蓄冷空调部分负荷蓄冷的运行策略。

控制策略通常有制冷机优先运行（简称冷机优先）和蓄冰装置优先运行（简称释冷优先）两种形式。制冷机优先运行策略的特点是空调负荷主要由制冷机供冷，不足部分用蓄冰装置补足。在满足空调负荷的前提下，采用这种方法计算所得的双工况主机和蓄冰装置的容量相对较小，初投资较低，主机利用率较高，但"移峰填谷"的效果有限，未能充分发挥冰蓄冷节省运行费用的技术优势。蓄冰装置优先运行策略的特点是先以恒定的速度释放蓄冰装置冷量，不足部分由制冷主机补足，以满足空调负荷的需要。采用这种方法计算所得的双工况主机和蓄冰装置的容量相对较大，但"移峰填谷"的效果较好，运行费用也更省。为了降低蓄冷系统的初投资和最大限度地减少系统的运行费用，设计中通常采用冰蓄冷空调系统设计工况下冷机优先的控制策略和非设计工况下（即平时空调冷负荷小于设计日冷负荷的工况）释冷优先的控制策略。系统蓄冷时间的控制一般以整个低谷电价段作为制冷机蓄冷的工作时间。冰蓄冷空调系统常用的流程、布置及各工况的运行情况如图 4-77～图 4-83 所示。

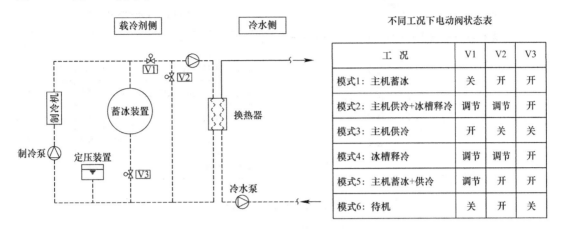

不同工况下电动阀状态表

工　况	V1	V2	V3
模式1：主机蓄冰	关	开	开
模式2：主机供冷+冰槽释冷	调节	调节	开
模式3：主机供冷	开	关	关
模式4：冰槽释冷	调节	调节	开
模式5：主机蓄冰+供冷	调节	开	开
模式6：待机	关	开	关

图 4-77　蓄冰装置与制冷机并联系统（一）

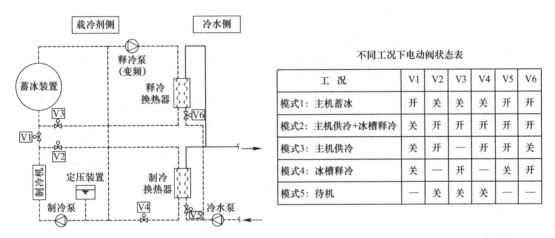

不同工况下电动阀状态表

工　况	V1	V2	V3	V4	V5	V6
模式1：主机蓄冰	开	关	关	关	开	开
模式2：主机供冷+冰槽释冷	关	开	开	开	开	开
模式3：主机供冷	关	开	—	开	开	关
模式4：冰槽释冷	关	—	开	—	关	开
模式5：待机	—	关	关	关	—	—

图 4-78　蓄冰装置与制冷机并联系统（二）

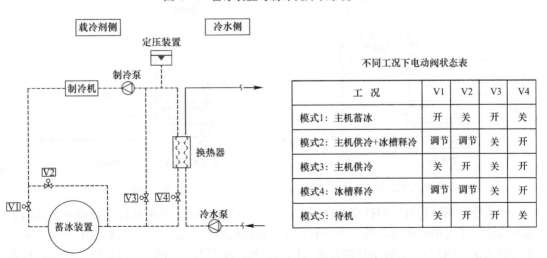

不同工况下电动阀状态表

工　况	V1	V2	V3	V4
模式1：主机蓄冰	开	关	开	关
模式2：主机供冷+冰槽释冷	调节	调节	关	开
模式3：主机供冷	关	开	关	开
模式4：冰槽释冷	调节	调节	关	开
模式5：待机	关	开	开	关

图 4-79　蓄冰装置与制冷机（上游）串联系统

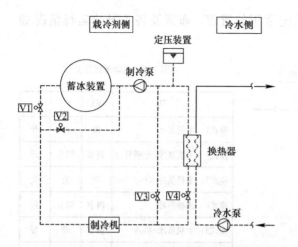

工 况	V1	V2	V3	V4
模式1：主机蓄冰	开	关	开	关
模式2：主机供冷+冰槽释冷	调节	调节	关	开
模式3：主机供冷	关	开	关	开
模式4：冰槽释冷	调节	调节	关	开
模式5：待机	关	开	开	关

不同工况下电动阀状态表

图 4-80　蓄冰装置与制冷机（下游）串联系统

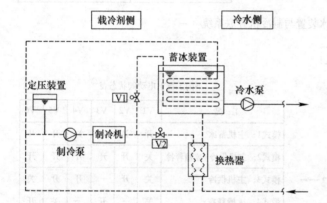

不同工况下电动阀状态表

工 况	V1	V2
模式1：主机蓄冰	开	关
模式2：主机供冷+冰槽释冷	关	开
模式3：主机供冷	关	开
模式4：冰槽释冷	关	关
模式5：待机	关	关

图 4-81　外融冰间接式蓄冷系统

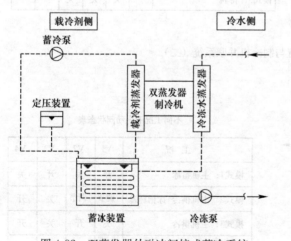

图 4-82　双蒸发器外融冰间接式蓄冷系统

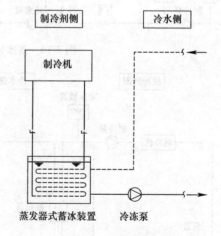

图 4-83　外融冰冷媒直接蒸发式蓄冷系统

　　冰蓄冷空调因其自身的特点对自控系统有一定的依赖性，要求自控系统能够实现两个基本功能：工况切换和设备的启停控制，融冰速度的控制。常见的自控系统形式有直接数字控制系统（DDC）、集散型控制系统（DCS）和现场总线控制系统（FCS）。三种自控系统结构形式比较见表 4-8。

三种自控系统结构形式及特点　　　　　　　　　　　　　　表 4-8

结构形式	描　述	特　点	适用范围
直接数字控制系统	由计算机直接进行控制，由计算机中的板卡实现检测和控制信号的模/数与数/模的转换	结构紧凑、造价低廉、功能相对较为简单	中小规模的机房控制系统
集散型控制系统	由下位机实现信息的采集，而上位机实现信息的处理和利用；由下位机构成底层的控制回路，而上位机实现各控制回路间的交互	上位机和下位机各司其职，从而减少硬件的冗余度，同时有利于释放系统的故障风险	中大规模的机房控制系统
现场总线控制系统	把集散的层面下降至 I/O 层，能真正实现分散控制的技术目标，并具备更好的开放性和扩展性	使系统的故障风险得到最彻底释放，同时又有很好的扩展特性，但在现阶段造价较高	适合中大规模的机房自控系统或较高级的应用场合

4.3.4　热泵技术

热泵是利用可再生能源的有效技术之一，是解决暖通空调的能源与环境问题的有效措施之一。所谓热泵，就是靠高位能拖动，迫使能量从低位热源向高位热源转移的制冷/制热装置。顾名思义，热泵也就是可以把不能直接利用的低品位热能（如空气、土壤、水、太阳能、工业废热等）转换为可利用的高位能，从而达到节约部分高位能（煤、石油、天然气、电能等）的目的。在矿物能源逐渐短缺的当今世界，利用低位能的热泵技术来解决暖通空调的冷热源问题已成为一条极重要的节能途径。近年来，空气源热泵、地源热泵、城市污水源热泵等得到了迅速的发展。

1. 空气源热泵

空气是自然界存在的取之不尽、用之不竭的免费能源。空气源热泵是通过机械做功将室外空气的能量从低位热源向高位热源转移的制冷/制热装置。其中一侧换热器为空气—制冷剂换热器。根据循环工质与环境换热介质的不同，空气源热泵可分为空气—空气热泵和空气—水热泵机组。空气—空气热泵的另一侧换热器为制冷剂—空气换热器，此类热泵机组主要包括家用空调器、多联式空调系统、屋顶式空调机组等。空气—水热泵机组的另一侧换热器为制冷剂—水换热器，将室外空气中的能量传递给水，也称为风冷热泵冷热水机组，简称风冷热泵。风冷热泵机组具有节能、冷热兼供、无需冷却水和锅炉等优点，特别适合用于我国夏热冬冷地区作为集中空调系统的冷热源。随着技术的进步，目前应用范围有向寒冷地区扩展的趋势。

与普通冷水机组相同，空气—水热泵机组也包括制冷压缩机、蒸发器、冷凝器、节流阀四大主要部件。图 4-84 给出了空气—水热泵空调系统示意图。夏季工况，以室外空气为冷源，利用室外空气侧换热器（此时作冷凝器用）向外排热，以水侧换热器（此时作蒸发器用）制备冷水作为供冷冷媒。冬季工况，利用室外空气作热源，依靠空气侧换热器（此时作蒸发器用）吸取室外空气的热量，把它传输至水侧换热器（此时做冷凝器），制备热水作为供热热媒。制冷/热所得冷/热量，通过水传输至较远的用冷/热设备。通过换向阀切换，改变制冷剂在制冷循环中的流动方向，实现冬、夏工况的转换。

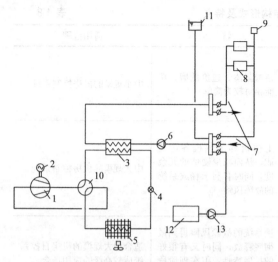

图 4-84　空气—水热泵空调系统示意图

1—压缩机；2—电动机；3—水侧换热器；4—节流机构；5—空气侧换热器；6—循环水泵；7—管网；8—空调用户；9—放气装置；10—四通换向阀；11—定压装置；12—补水箱；13—补水泵

空气源热泵冬季蒸发器结霜和除霜是影响机组在低温、高湿度工况下运行的关键问题，是影响其制热性能和广泛推广的重要因素之一。结霜增加了蒸发器的导热热阻，降低了蒸发器的换热系数，若霜层过厚，换热量将急剧减少，热泵甚至将难以正常运行。除霜是空气源热泵空调机组的关键技术之一，目前除霜方法主要有逆向除霜、变频空调快速除霜、蓄热变频空调除霜、超声波除霜等。除霜控制技术是实现机组有效除霜的重要手段。什么时候开始除霜，什么时候结束除霜，这个问题直接关系到空气源热泵系统的安全性能和节能特性。常见的除霜控制技术主要有定时控制法、最佳除霜时间控制法、时间—温度控制法、空气压差除霜控制法、最大平均供热量控制法和模糊智能控制法等。

2. 土壤源热泵

土壤源热泵（Ground Source Heat Pump，GSHP）是一种充分利用地下浅层地热资源，既可以供热又可以制冷的高效节能环保技术。地下浅层地热资源的温度一年四季相对稳定，冬季比环境空气温度高，夏季比环境空气温度低，清洁可再生，是一种十分理想的中央空调可利用的冷热源。而且，地温恒定的特点使得土壤源热泵比传统空调系统运行效率要高 40%。另外，地温稳定也使热泵机组运行更可靠、稳定，也保证了系统的高效性和经济性。据美国环保署（EPA）估计，设计安装良好的土壤源热泵平均可以节约用户 30%～40% 的供热制冷空调运行费用。高效的土壤源热泵机组平均产生 1 冷吨（3.52kW）的冷量需 0.88kWh 的电力消耗，其耗电量仅为普通冷水机组加锅炉系统的 30%～60%。

1）土壤源热泵的组成及工作原理

土壤源热泵的构成主要包括地下埋管换热系统、热泵工质循环系统和室内空调管路系统三套管路系统。地下埋管换热系统是由埋设于土壤中的聚乙烯塑料盘管构成。该盘管作为换热器，在冬季作为热源从土壤中取热，相当于常规空调系统的锅炉。在夏季作为冷源向土壤中放热，相当于常规空调系统中的冷却塔。

土壤源热泵把土壤换热器直接埋入地下，代替传统的冷却塔，使其与土壤进行热交换，或者通过中间介质（通常是水）作为热载体，并使中间介质在封闭环路中通过土壤循环流动，从而实现与土壤进行热交换的目的。冬季通过热泵将土壤中的低位热能提高品位对建筑供暖，同时贮存冷量，以备夏季使用；夏季通过热泵将建筑内的热量转移到地下，对建筑进行降温，同时贮存热量，以备冬季使用。土壤源热泵工作原理如图 4-85所示。

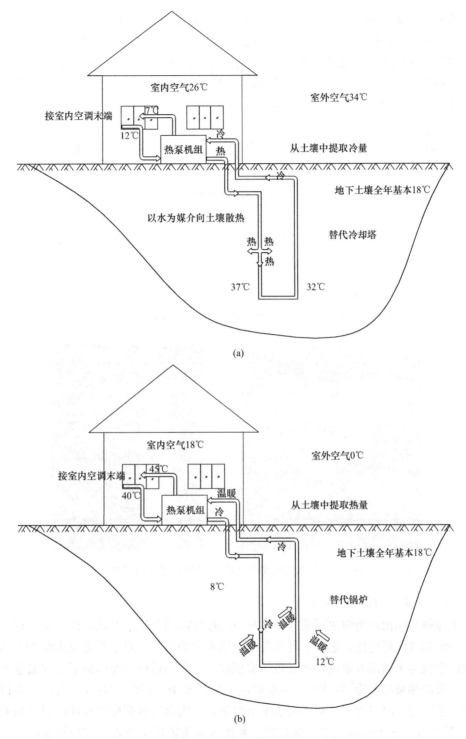

图 4-85　土壤源热泵原理

（a）夏季工况；（b）冬季工况

2）土壤源热泵的分类

土壤源热泵系统按照埋管的形式可分为垂直埋管系统、水平埋管系统和蛇形埋管系统，具体形式如图 4-86 所示。垂直埋管系统因其占地面积小而应用广泛。近年来随着技术的进步，在垂直埋管系统中又出现了桩基埋管，即在建筑已有的桩基内铺设管道。图 4-87 为桩基式地源热泵桩埋管热交换器示意图。桩基埋管的优势在于可以减少系统初投资，利用已有的桩基埋设换热管，减少了钻孔费用。桩基埋管的深度一般为 30m 左右，相对于传统垂直埋管，桩基埋管占地面积较多。

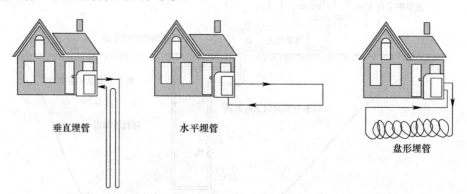

图 4-86　土壤源热泵系统地埋管换热器形式

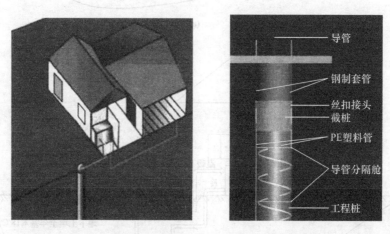

图 4-87　桩基式土壤源热泵桩埋管热交换器示意图

3）土壤热失衡问题及解决措施

土壤源热泵的出现为解决暖通空调冬夏季的能源问题奠定了基础，但土壤源热泵的应用具有一定的气候适应性，适合冬夏季负荷差别不大的地区。对于北方以供暖为主的严寒地区及以空调为主的南方地区，冬夏负荷差别较大，长期运行将使得地下土壤温度场失去热平衡，影响热泵的制冷/热效率。目前解决土壤热平衡问题的主要方法有：提高设计的准确性（系统设计时必须考虑到土壤热平衡问题，采用逐时负荷模拟软件计算负荷和确定系统）；采用复合式土壤源热泵（在北方严寒地区采用辅助加热式土壤源热泵，南方地区采用辅助冷却式土壤源热泵）；采用热回收式土壤源热泵；规范施工，条件合适时适当放大埋管间距；设置运行监测系统，加强运行管理。在埋管区土壤中心位置设置地温监测井，监测运行中的地温变化，通过温度监测调节系统运行模式，避免土壤热失衡。在地源侧水环路上设置能量计量装置，统计地埋管累计向土壤释放和吸取的热量，通过计算地下负荷不平衡率适时调整运行模式。

3. 地下水源热泵

地下水源热泵系统是指通过在地下打井建立井群，利用水泵直接抽取地下水，通过二次换热或直接送水至水源热泵机组与制冷剂进行热交换，经提取热量或释放热量后，在合适地点（一般设回灌井群）回灌或排放的系统，也被称为开式回路系统。它是国际上最早投入使用的地源热泵系统，2010 年左右在我国应用较多。但近年来，伴随着地下水的污染及地面塌陷问题的出现，政府加强了对地下水资源的监管，地下水源热泵的应用比例明显下降。

地下水源热泵系统一般由水源系统、水源热泵机房系统和末端用户系统三部分组成。其中，水源系统包括水源、取水构筑物、输水管网和水处理设备等。水源系统的水量、水温、水质和供水稳定性是影响水源热泵系统运行效果的重要因素。地下水源热泵空调系统的组成如图 4-88 所示。

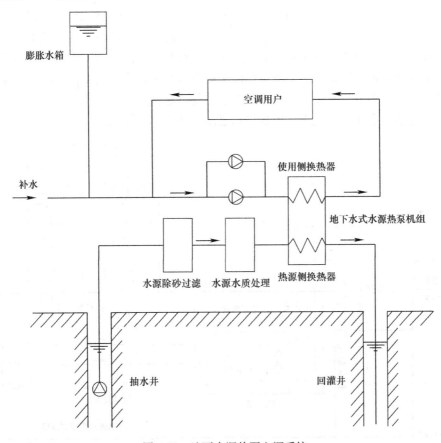

图 4-88　地下水源热泵空调系统

应用地下水源热泵系统时，要求水源系统水量充足（如水量不足，机组的制热量和制冷量将随之减少，达不到用户要求），水温适度（适合机组运行工况要求），水质适宜（适宜于系统机组、管道和阀门的材质，不至于产生严重的腐蚀损坏），供水稳定（能保证水源热泵中央空调系统长期和稳定运行），回灌顺畅（经热泵机组换热后的回水能够全部顺畅地回灌到地下含水层中，并确保回灌水不得对地下水造成污染）。

地下水源热泵的监测与控制要求如下：

1）供水系统宜采用变流量设计。单台机组时，应使机组与井水泵连锁，开泵—开机，停机—停泵。多台机组时，宜在机组水源进水管上安装电动阀门。井水泵采用变频控制，停机阀—停部分井水泵，达到节水、节电的目的。

2）为确保地下水源热泵系统长期稳定运行，地下水的持续出水量应满足地下水地源热泵系统最大放热量或吸热量的要求，因而抽水管和回灌管上应设置计量装置，并且对地下水的抽水量、回灌量及其水质定期进行检测。

3）地下水取水过量，只抽取不回灌，多取少灌等可能造成地面沉降和诱发地震。严格控制地下水的开采量，合理制定开采方案以及有效的回灌措施是地下水源热泵设计的重点。为更加合理地利用地下水资源，应设置观测孔，对地下水井的动态变化进行实时监测，其数据可以用来分析地下水资源，对保护和合理开发地热资源具有重要意义。

4. 地表水源热泵

地表水源热泵（Surface Water Heat Pump，SWHP）是以江河湖海等地球表面的水体作为热源进行制冷/制热循环的一种热泵系统。地球表面水源是一个巨大的集热器，地表水源热泵技术利用储存于地表水源的太阳能供热或将地表水源看做一个冷源进行制冷。地表水源热泵也是一种利用低品位、可再生能源的节能技术。当建筑物的周围有大量的地表水域可以利用时，可通过水泵和输配管路将水体的热量传递给热泵机组，或将热泵机组的热量释放到地表蓄水体中，地表水源热泵示意图如图 4-89 所示。

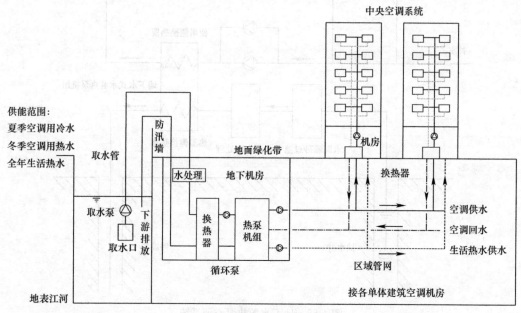

图 4-89　地表水源热泵示意图

地表水源热泵与其他热泵技术的主要区别是地表水换热系统。地表水换热系统分为开式地表水换热系统和闭式地表水换热系统（见图 4-90）。开式地表水换热系统是地表水在循环泵的驱动下，处理后直接流经水源热泵机组或通过中间换热器进行热交换的系统；闭式地表水换热系统是将封闭的换热盘管按照特定的排列方法放入具有一定深度的地表水体中，传热介质通过换热管管壁与地表水进行热交换的系统。

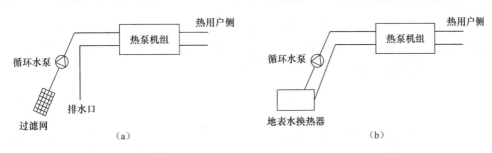

图 4-90　地表水源闭式系统和开式系统

(a) 开式系统；(b) 闭式系统

目前，江水源热泵、湖水源热泵已在重庆、南京等地表水充足的城市得到良好的应用。我国有 11 万多公里的海岸线，很多大中城市位于沿海地带，而且国内沿海城市发展很快，建筑物分布密集度高，对环保技术及节能技术的要求很高。一些沿海城市已开始设计利用海水源热泵空调系统为建筑提供冷、热源，以节约能源，减小污染，服务于生态城市的建设。我国北方一些沿海城市，如大连、青岛、天津等，在海水资源利用方面具备非常便利的条件。根据当地地理条件，结合热泵技术，进行大规模的整体开发，能带来巨大的经济效益和社会效益。

5. 污水源热泵

污水源热泵是一种以污水作为冷、热源的热泵系统。从城市污水处理厂或污水干渠排放的污水量大，数量相对稳定，温度冬暖夏凉，且一年四季变化较小，是理想的取冷、取热源。据有关文献介绍，与空气源热泵相比，该系统可降低约 30% 左右的能耗。当今，全世界范围内特别是中国水资源日益短缺，节能、环保要求日益提高，大力发展污水源热泵系统符合可持续发展的要求，具有广阔的发展前景。将水源热泵系统技术和城市污水相结合，在扩大污水利用范围、拓展城市污水治理效益方面均具有深远意义。目前在哈尔滨、大庆、石家庄、青岛、大连、秦皇岛等地均有污水源热泵系统在运行。

污水源热泵按照不同的分类依据，分类形式也较多。按照水源热泵系统使用的污水处理状态，可分为以未处理过的污水作为热源/热汇的污水源热泵系统、以二级出水或中水作为热源/热汇的污水源热泵系统。以未处理污水作为热源/热汇的污水源热泵系统可就近利用城市污水泵站的污水，把未处理污水中的冷/热量传递到热泵系统中，并能就近输送给城市的用户，可以显著增加污水用于区域供热供冷的范围，但由于未处理污水中含有大量杂质，水处理和换热装置比较复杂。以二级出水或中水作为热源/热汇的污水源热泵系统因为水质较好，所以处理过程比较简单，系统可能仅需要一级过滤器，或者有时根本不需要过滤器。但污水处理厂一般位于市区边缘，距空调用户较远。如在污水处理厂内设立机房，回收污水中的冷/热量，则供热供冷管线较长，费用较大。如果有中水系统，则可利用中水管线将水输送到用户处，采取半集中式系统进行供冷供热。水中的能量利用完之后，还可继续作为中水使用。在此情况下，不需要复杂的处理系统，所以系统与一般的水源热泵系统较为相似。另外，根据污水源热泵系统是否直接从污水中取热量，可分为间接利用系统和直接利用系统两种，如图 4-91 所示。间接式污水源热泵和直接式污水源热泵二者主要的区别在于前者的热泵低位热源环路与污水热量抽取环路之间设有中间换热器，或热泵低位热源环路通过水—污水浸没式换热器在污水池中直接吸取污水中的热量；而后者是城市污水可以直接通过热泵，或热泵的蒸发器直接设置在污水池中，通过制冷剂气化吸取污水中的热量。二者相比，在同样的污水温度条件下，直接式污水源热泵的蒸发温度要比间接式高 2～3℃，因此在供冷能力相同的情况下，直接式污水源热泵要比间接式节能 7% 左右。

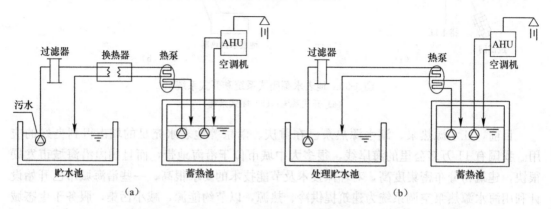

图 4-91　城市污水源热泵系统简图
(a) 污水间接利用空调系统；(b) 污水直接利用空调系统

污水源热泵系统的监测与控制的特殊要求如下：

1）监测水的供回水温度及其流量、载冷剂的供回水温度、浓度及流量；

2）监测各类水过滤器的前后压差；

3）所有与添加防冻剂换热介质接触的传感器和仪表，其接触部位的材质均不应含有金属锌；

4）系统控制应考虑冬、夏季及过渡季节的运行模式切换；

5）污水源热泵系统的空调末端宜采用水泵变频调节的变流量系统。

6. 水环热泵

闭式水环路热泵（Water Loop Heat Pump）空气调节系统简称水环热泵空调系统（WLHP），是水—空气热泵的一种应用形式。它通过一个双管制封闭的水环路将众多的水—空气热泵并联在一起，热泵机组将系统中的循环水作为吸热（热泵工况）的"热源"或排热（制冷工况）的"热汇"，形成一个以回收建筑物内部余热为主要特征的空调系统。

对于有余热且大部分时间有同时供热与供冷要求的场合，采用水环热泵空调系统可把能量从有余热的地方（如建筑物内区、朝南房间等）转移到需要热量的地方（如建筑物周边区、朝北房间等），实现建筑物内部的热回收，节能效益显著。

图 4-92 是一个典型的水环热泵系统。水环热泵空调系统由室内水源热泵机组（水/空气热泵机组）、水循环环路、辅助设备（冷却塔、加热设备、蓄热装置等）、新风与排风系统四部分组成。室内水源热泵机组由全封闭压缩机、制冷剂/空气热交换器、制冷剂/水热交换换热器、四通换向阀、毛细管、风机和空气过滤器等部件组成，其工作原理如图 4-93 所示。水循环环路为一个双管制封闭的用来连接热泵机组的水环路，所有室内水源热泵机组通过水循环环路并联起来。为维持系统循环水温度在一定范围内（一般为 15～35℃），水环热泵系统内通常需连接辅助加热装置和冷却装置。辅助加热装置一般采用锅炉、换热器等加热源，冷却装置一般采用开式或闭式冷却塔，也可采用太阳能、工业废水、地下水或者土壤换热器等作为辅助冷、热源。为了保证室内空气品质，水环热泵空调系统中要设置

新风系统。同时，为了维持室内空气平衡，还要设置必要的排风系统。在条件允许的情况下，应尽量考虑回收排风中的能量。

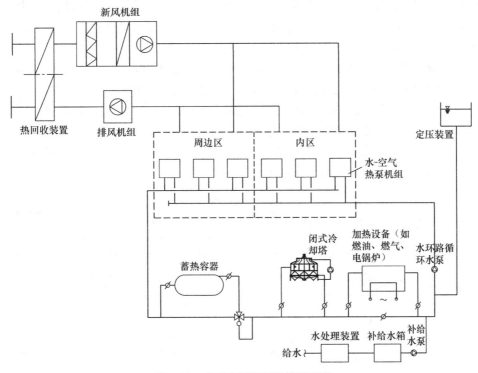

图 4-92　典型水环热泵系统原理图

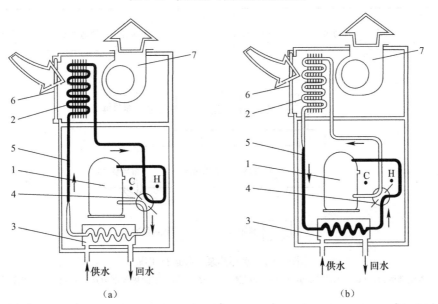

图 4-93　水-空气热泵机组工作原理
（a）制冷方式运行；（b）供热方式运行

1—全封闭压缩机；2—制冷剂/空气热交换器；3—制冷剂/水热交换器；
4—四通换向阀；5—毛细管；6—过滤器；7—风机

　　根据空调场所的需要，水环热泵可能按供热工况运行，也可能按供冷工况运行。这样，水环路供、回水温度可能出现如图 4-94 所示的 5 种运行工况：（1）夏季各热泵机组都处于制冷工况，向环路中释放热量，冷却塔全部运行，将冷凝热量释放到大气中，使水温下降到 35℃以下。（2）大部分热泵机组制冷使循环水温度上升并达到 32℃时，部分循环水流经冷却塔。（3）在一些大型建筑中，建筑内区往往有全年性冷负荷。因此，在过渡季节甚至冬季，当周边区的热负荷与内区的冷负荷比例适当时，排入水环路中的热量与从环路中提取的热量相当，水温维持在 15～35℃范围内，冷却塔和辅助加热装置停止运行。由于从内区向周边区转移的热量不可能每时每刻都平衡，系统中还设有蓄热容器，暂存多余的热量。（4）大部分机组制热使循环水温度下降并达到 15℃时，投入部分辅助加热器。（5）在冬季可能所有的水源热泵机组均处于制热工况，从环路循环水中吸取热量，这时全部辅助加热器投入运行，使循环水水温不低于 15℃。

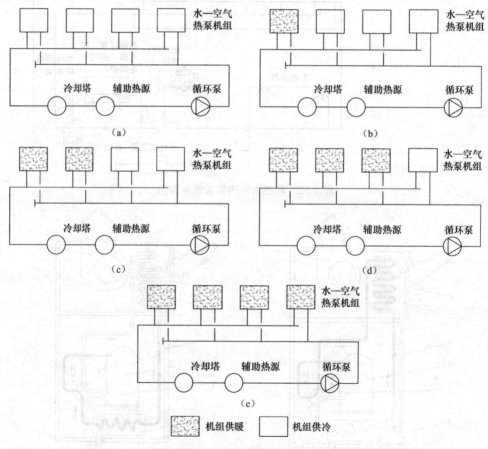

图 4-94　水环热泵 5 种运行工况

（a）冷却塔全部运行；（b）冷却塔部分运行；（c）热收支平衡；（d）辅助热源部分运行；（e）辅助热源全部运行

　　水环热泵系统的控制包括热泵机组控制和水系统的集中控制两部分。热泵机组的运行一般由机组配置的壁挂式室温控制器进行控制，其基本的控制功能为温度控制。水系统控制的主要目的是保证环路的水温在 15～35℃范围内和流量的连续且稳定，是通过温度传感器和水流开关来实现的，其原理如图 4-95 所示。

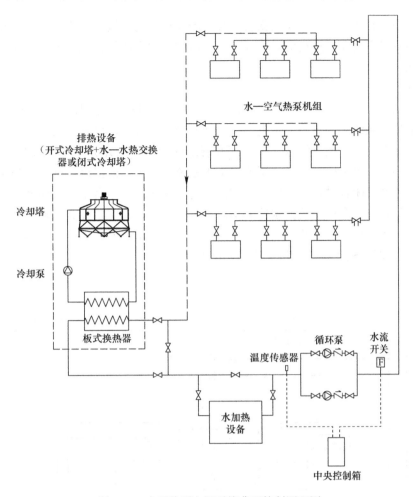

图 4-95　水环热泵空调系统典型控制原理图

水系统控制主要包括以下几方面：

1）温度控制

温度控制一般在循环水泵进口处设温度传感器，并与锅炉或换热器保持一定的距离。温度传感器探测冷却塔出水温度或锅炉（换热器）后环路的混合水温，由控制系统根据设定值对冷却塔风机、水泵或锅炉的运行及换热器热媒的供给进行控制。表 4-9 为一个采用闭式冷却塔的水环热泵系统的水温控制实例。当采用开式冷却塔时，温度传感器检测板式换热器循环水侧出水温度，随水温升高，依次启动第一台冷却水泵、第一台冷却塔风机、第二台冷却水泵、第二台冷却塔风机。冷却塔控制与普通空调水系统相同。

水温控制实例　　　　　　　　　　　　　　　表 4-9

水温（℃）	14	15～20	24	28	31	32	34	40
控制要点	报警	加热设备开启	中点	阀门开启	淋水泵开启	第一台冷却塔风机开启	第二台冷却塔风机开启	报警
				冷却设备运行				

2）水泵控制

循环泵的控制主要指主水泵与备用泵的自动切换。当系统水流开关检测到缺水时，自动由主水泵切换到备用泵，并发出报警信号。若几秒钟内水流不能恢复正常，将会使系统停机。当系统采用变流量运行时，循环泵应采取相应的变流量措施，如变频调速等，与常规系统相同。

3）水电连锁控制

水电连锁控制分为定流量系统和变流量系统，其控制原理分别如图 4-96 和图 4-97 所示。对于定流量系统，在对应的水电连锁区域的回水总管上，设置靶式水流开关。对于变流量系统，在对应的水电连锁区域的供回水管之间设置压差开关。设置水电连锁的区域，可以是整个系统，也可以是一个楼层或一个水系统分区等，根据设计确定。当水系统的水流开关或压差开关闭合时，对应区域的空调总电源才能供电，否则自动切断空调电源。一些厂家的产品，在每台机组的控制器上均设有水流开关（或压差开关）输入接口，当此开关闭合时机组才能启动；当此开关断开时，机组自动关闭或无法启动。当不安装水流开关（或压差开关）时，输入接口短接，连锁功能取消。

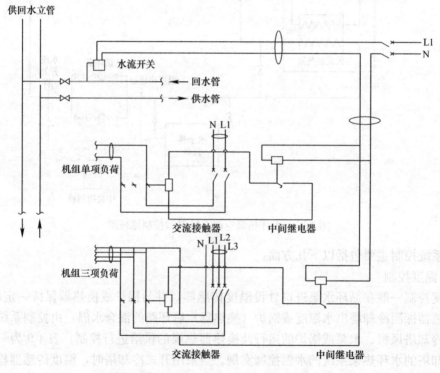

图 4-96　定流量系统水电连锁控制原理图

4.3.5　冷水机组热回收技术

常规空调在运行中要把大量的冷凝热量排放到大气中，造成了对周围大气的热污染。将排放的冷凝热加以回收制备生活热水，既可以减少冷凝热的排放，又能减少生产生活用热水的能源消耗，具有良好的社会效益和经济效益。冷水机组热回收可分为单冷凝器热回收和双冷凝器热回收。

1. 单冷凝器热回收

单冷凝器热回收是通过在冷却水出水管路加装一个热交换器来实现的。这样，可以确

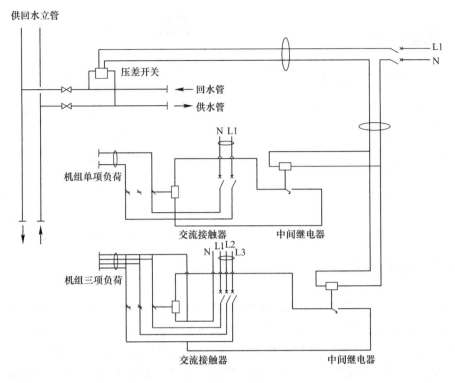

图 4-97　变流量系统水电连锁控制原理图

保热负荷回路（被加热水）的水质不会被冷却水污染。当冷却水的供热量始终小于该项目的热负荷时，则可以取消冷却塔的回路，并增加辅助加热器。

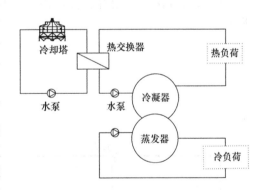

图 4-98　单冷凝器热回收冷水机组的系统图一

　　根据冷却塔回路是否与冷凝器直接相连，可分为如图 4-98 和图 4-99 两种系统结构形式。图 4-98 所示的系统中，热负荷的进水温度较高，但要求冷凝器的承压能力大；图 4-99 所示的系统中，热负荷的进水温度较低，但所需冷凝器的承压能力小，原因是热交换器造成热量损失和传热温差，通常热负荷的水压降高于开式冷却塔的水压降，水回路所需水泵的扬程高。

　　2. 双冷凝器热回收

　　双冷凝器热回收冷水机组的系统结构如图 4-100 所示，通常是通过在冷凝器中增加热回收管束和在排气管上增加换热器的方法来实现的。它利用从压缩机排出的高温气态制冷剂向低温处散热的原理，提高标准冷凝器的水温，促使高温气态制冷剂流向热回收冷凝器，将压缩机的产热量传递给热回收冷凝器。通过控制标准冷凝器的冷却水温度或冷却塔供回水流量，可以调节热回收量的大小。两个冷凝器可以保证热回收水管路与冷却水管路彼此独立，避免热回收侧增加热交换器，隔离受冷却塔污染的冷却水。

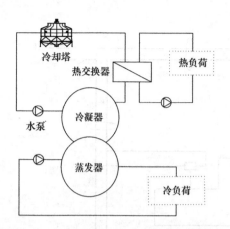
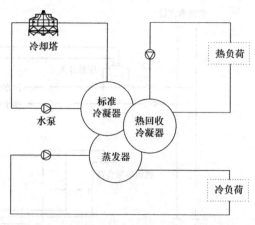

图 4-99　单冷凝器热回收冷水机组的系统图二　　　图 4-100　双冷凝器热回收冷水机组的系统图

4.3.6　免费供冷技术

1. 冷却塔免费供冷

免费供冷（Free Cooling）是指冷水机组不运行，仅仅利用冷却塔的冷却作用，将冷却水直接或间接地输送到空调末端，用于房间供冷的冷源运行模式。由于干燥地区和许多地区的过渡季节，空气湿球温度比较低，使冷却塔出水温度低于 18℃ 的时间比较长，采用免费供冷方式可以大大缩短冷水机组的运行时间，达到节能的目的。在长江以北地区利用冷却塔供冷，节能效果十分明显，节能率可达到 10%～25% 左右。利用冷却塔为空调系统提供冷水的方法，一般有直接供冷和间接供冷两种模式，其系统如图 4-101、图 4-102 所示。

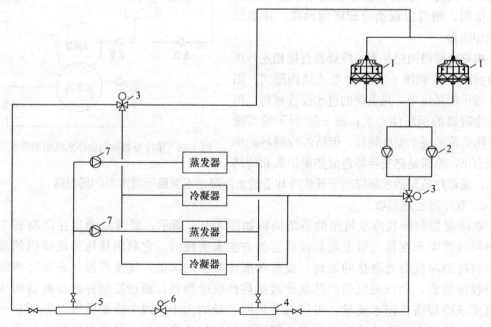

图 4-101　冷却塔直接供冷系统

1—冷却塔；2—冷却水泵；3—电动三通调节阀；4—分水器；5—集水器；6—压差控制器；7—冷水循环泵

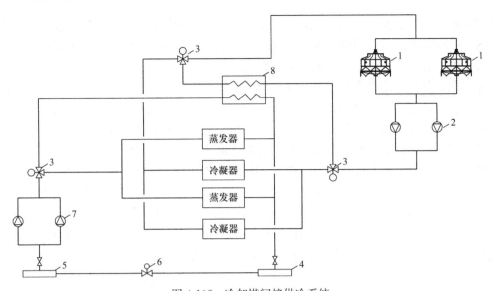

图 4-102　冷却塔间接供冷系统

1—冷却塔；2—冷却水泵；3—电动三通调节阀；4—分水器；5—集水器；6—压差控制器；

7—冷水循环泵；8—板式换热器

2. 土壤源/水源换热器免费供冷

在使用土壤源或水源热泵作为空调系统冷热源时，许多地区在过渡季节建筑冷负荷较小，可以直接利用土壤、深井水、江河湖海水等天然冷源去除室内负荷，不必开启热泵。图 4-103 为土壤源换热器直接供冷原理图。采用水源换热器也是同样的原理。

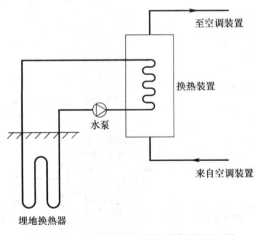

图 4-103　土壤源换热器直接供冷原理图

4.3.7　冷源群控技术

空调冷源系统能耗占据了整个空调系统运行的大部分能耗，对中央空调冷源群控系统进行有效的节能控制设计在节能和管理方面具有重大意义。

冷源设备包括冷水机组、冷水泵、冷却泵和冷却塔等。这几种设备之间的能耗是相互耦合的。例如：降低冷却水流量（通过变频调速、关小阀门等措施），可以降低冷却泵电耗，却会造成冷水机组冷凝温度上升，对冷水机组效率有不利影响；增开冷却塔风机，虽然会增加冷却塔风机电耗，却会使冷水机组冷凝温度下降，提高冷水机组运行效率。因此，对各设备单独进行节能调节并不能实现冷源全局效率最优。理想的方法是在系统中内置各设备模型，在每个控制周期内，根据实时工况，从中选择最优方式，实现冷源全局效率最大化，节约能耗。

冷源群控技术就是通过有效的逻辑关系把冷水机组、水泵、阀门、冷却塔等单一的设备联系起来，使整个冷源系统随着末端负荷的变化而变化，实现按需供冷，达到节能降耗和优化设备管理的目的。冷源群控系统基于丰富的传感器数据、强大的数据分析处理能力，控制系统内设备按最佳匹配状态运行，是物联网技术和大数据分析技术在节能控制系统中的典型应用，在诸多公共建筑工程中已有越来越多的应用实例。

图 4-104 为某轨道交通工程的冷源群控系统构成图。冷源群控系统一般由布置在冷站的冷源集中控制柜、根据冷站规模配置的下位辅机智能控制柜、实现水系统变流量控制所需的全部传感器以及控制线缆等组成。水系统设备均为三级负荷，由变电所 0.4kV 开关柜室每段三级负荷总母线下各引一回路至环控电控室，水泵、冷却塔由单回路至就地负荷开关箱后直接配电，阀门由电控柜直接配电，冷水机组由变电所直接配电。

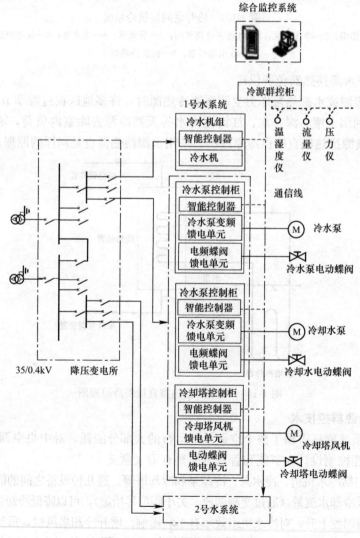

图 4-104　冷源群控系统构成图

冷源群控柜是实现冷源群控功能的核心主体，基于实时负荷需求自动控制，包括对冷水机组、冷水泵、冷却泵、冷却塔、电动阀门等设备的启停控制和运行监视，以及对设备之间的联动、连锁保护，实现对冷源系统的"一键启停"、无人值守功能。群控柜直接采集冷水供水温度、回水温度、流量、供回水压差以及冷却水供水温度、回水温度、流量等实时参数，按程序预设控制冷源系统设备的启动、停止，使系统安全可靠运行并保持运行费用最低。

自动控制主要包括以下几种模式：1）时序控制。一种基于预设时间表对设备进行启停控制和优化运行的模式。在此模式下，节能控制装置自动按照由用户设置的设备运行时间表对设备进行启停操作和优化运行控制；2）主机联动。一种水系统设备与冷水机组进行组合联动和优化运行的控制模式。在此模式下，与冷水机组联动（包括冷水泵、热水泵、冷却水泵、冷却塔风机和水阀等），将自动按照设定的顺序启停并自动优化运行；3）主机群控。一种既满足当前空调负荷需求又使冷水机组维持高效运行的控制方式。在有多台冷水机组并联运行的情况下，实现主机运行台数的优化控制，使主机尽可能在高效状态下运行。

智能控制柜对冷水机组的所有下位辅机（包括冷水泵、冷却水泵、冷却塔、电动蝶阀、电子水处理仪等）馈电及控制，为强弱电一体化设备。智能控制器安装于冷源群控柜及下位辅机智能控制柜中，实现群控系统与被控对象间模拟量或数字量的数据交换。在通信中断时，能独立控制被控对象的电路功能组合。群控系统的控制软件根据通风空调系统设备的配置，以组态方式灵活添加或修改受控设备对象，并设置其属性，确保控制系统的通用性和可扩展性，无需进行二次编程。

本 章 小 结

本章主要介绍了供暖、通风与空气调节三个分支的节能技术。供暖节能技术从热源、热网、热用户三个方面分别介绍了供热热源节能技术、室外供热管网的节能措施、分户计量技术、辐射供暖技术及智慧供热技术。通风节能技术分析了自然通风技术、置换通风技术及排风热回收技术。空调节能技术讲述了空气处理系统与风系统及水系统的节能技术，以及冷热源节能技术，着重阐述了蓄冷技术、热泵技术、冷水机组热回收技术及免费供冷技术。通过本章的学习，应了解暖通空调各种节能技术的特点及应用，熟悉各节能技术的实施手段及措施，掌握各种节能技术的运行调节控制特性及原理。

思 考 题

1. 如何通过锅炉的自动控制来实现节能？
2. 简述气候补偿器的工作原理。
3. 分布式变频泵供热输配系统的节能性体现在哪里？
4. 简述分户计量是如何实现的？
5. 智慧供热如何促进建筑供暖节能？
6. 变风量空调系统的控制方式主要有哪几种？各自的特点及适用场合是什么？

7. 与传统空调相比，温湿度独立控制系统的节能性主要体现在哪里？

8. 蒸发冷却空调的工作原理是什么？主要有哪几种形式？

9. 空调水系统的设计中，实现变流量调节的技术措施主要有哪几种？

10. 简述蓄冷空调的运行策略和控制策略。

11. 简述水环热泵空调系统的工作原理，它在什么情况下能体现出最好的节能性？

12. 为什么说冷水机组热回收技术是一种具有良好的社会效益和经济效益的技术？热回收是如何实现的？

第5章　建筑供配电与照明节能

建筑电气节能是建筑节能的重要内容，一项完善的建筑电气节能设计为建筑长期低能耗运行打下良好的基础，对于促进能源合理利用、有效节约能源、加快发展循环经济、实现我国国民经济可持续高速发展有十分重要的意义。

5.1　电气照明系统节能

照明节能是建筑节能的一个重要组成部分。据统计全球照明用电占到总用电量的19％，我国照明用电占全社会用电量的13％左右。住房和城乡建设部和国家发改委联合颁布的《关于加强城市照明管理促进节约用电工作意见》及我国制定和实施的"绿色照明工程"计划，已将照明节能提高到影响能源、经济、环境协调发展的高度。

电气照明系统的节能主要从以下几个方面实现：1.合理选用电光源和灯具；2.智能照明控制系统的应用；3.光源与灯具的科学配置；4.自然光的充分利用。以下将从这四个方面阐述电气照明系统的节能措施。

5.1.1　合理选用电光源和灯具

建筑电气照明设计可分为室外照明设计和室内照明设计，本节主要讨论室内照明。良好的室内照明能为人们提供舒适的视觉条件，营造出特定的气氛和意境，并辅助建筑实现其使用功能，而照明器具的选用是室内照明设计的关键环节。因此，在不牺牲照明效果和功能的条件下实现节能，照明器具的合理选用尤为重要。

照明器具的选择是照明节能设计最直接的手段，它包括电光源、灯具及其附件三部分的合理选用，其关键在于明确照明器具的技术指标以及是否具有节能潜力。以下将从电光源、灯具及其附件的选用分别进行叙述。

1. 常见电光源及节能

1）光源及其特性

光源是指可以将其他形式的能量转换成光能，从而提供光通量的设备、器具，其中可以将电能转换为光能，从而提供光通量的设备、器具称为电光源。电光源是照明用电的核心，也是照明节能的根本。光源的选择应以绿色照明为宗旨，在营造一个良好的人工视觉环境的前提下，充分考虑照明节能，依据光源特性和不同光照环境需求进行选择。

电光源按发光形式分为热辐射光源、气体放电光源和其他发光光源，不同类别电光源的发光效率有较大差别。热辐射发光光源也可称为固体发光光源，是利用灯丝通过电流时被加热而发光的一种光源。白炽灯和卤钨灯都是以钨丝作为辐射体，钨丝被电流加热到白炽程度时产生热辐射。气体放电光源的工作原理是电流流经气体或金属蒸气，使之产生气体放电而发光。气体放电有弧光放电和辉光放电两种，常用的弧光放电灯有荧光灯、钠灯、汞灯和金属卤化物等；辉光放电灯有霓虹灯、氖灯。气体放电光源工作时需要很高的电压，其特点是具有发光效率高、表面亮度低、亮度分布均匀、热辐射小、寿命长等诸多优点，目前已成为市场销量最大的光源之一。

其他发光光源常见的有场致发光灯（屏）和 LED 发光二极管。场致发光灯（屏）是利用场致发光现象制成的发光灯（屏），可用于指示照明、广告等。LED 发光二极管是一种能够将电能转化为可见光的半导体，采用电致发光的原理，让足够多的电子和空穴在电场作用下复合而产生光子。LED 的特点是寿命长、光效高、无辐射、功耗低。LED 光谱几乎全部集中于可见光谱段，其发光效率可达 80%～90%，是国家倡导的绿色光源，具有广阔的发展前景。

选择光源时，应根据不同光照环境要求，综合考虑光源的发光效率、使用寿命、色温、显色性、光源表面亮度、启辉时间、频闪效应、眩光效应等因素。光源的发光效率是指光源将单位电能转化为光能的数值，即光源发出的总光通量（流明）与该光源所消耗的总功率（瓦）之比。光源的发光效率越高，说明照明器将电能转化为光能的能力越强，即在同等光照效果下节能性更优，在同等功率下照明性更好。

各种常见光源的特性见表 5-1。

各种常见光源的特性 表 5-1

光源名称	功率范围 (W)	发光效能 (lm/W)	色温范围 (K)	显色指数 (Ra)	使用寿命 (h)	功率因数	镇流器功率损耗系数
白炽灯	10～1000	10～15	2400～2950	95～99	800～1000	1.0	—
卤钨灯	500～2000	15～20	2970～3050	95～99	1000～1500	1.0	—
荧光高压汞灯	5～1000（外镇式）250～750（自镇式）	30～50（外镇式）22～30（自镇式）	5500（外镇式）4400（自镇式）	40～45	5000～7000	0.45～0.65	0.05～0.25
金属卤化物灯	400～1000	60～80	5000～6500	65～80	5000～7000	0.45（NYI）	0.14
氙灯	1000～50000	20～50	5500～6000	90～94	500～1000	—	—
高压钠灯	35～1000	60～100	2100	20～25	5000～10000	0.14（外镇式）	0.18（外镇式）
低压钠灯		100～150		差	5000～7000	0.6	0.20
荧光灯	4～100	20～60	3000～6500	50～80	30000～50000	电感式：0.42～0.53 电子式：0.9～0.95	电感式（管型）：0.2～0.27；电子式：0.05～0.1（管型）；0.15～0.3（紧凑型）
LED灯	3～300	50～200	4000～7000	≥80	5000～10000	0.95～1	—

2）常用的光源及其应用

（1）白炽灯

白炽灯泡是利用钨丝通过电流时被加热而发光的一种热辐射光源，由于工作时的灯丝温度很高，大部分的能量以红外辐射的形式浪费掉了。

优点：结构简单、使用方便、易于安装维护、色温为暖色、显色性能好。

缺点：发光时产生大量热辐射，其中不可见光高达 80%～90%，可见光部分只占 20%～10%，发光效率低、使用寿命短。

目前，白炽灯已被各种发光效率高、光色柔和、显色性能良好的新型光源所代替。白炽灯的结构如图 5-1 所示。

（2）卤钨灯

卤钨灯是在白炽灯充填的惰性气体中加入微量卤素或卤化物所制成的一种改进型白炽灯。普通白炽灯在使用过程中，由于从灯丝散发的钨沉积在灯泡内壁上，导致玻璃壳体黑化，降低了透光性，致使发光效率下降，缩短了钨丝使用寿命。卤钨灯除在灯体内填充惰性气体外，还充入少量卤素，如氟、溴、碘等，或与其相应的卤化物，使其在灯体内形成卤素循环，有效地抑制了钨的蒸发，防止钨沉淀在灯泡内壁上，降低灯丝的老化速度。卤钨灯与普通白炽灯相比，具有体积小、输出功率大、光能量稳定、光色好、光效高和寿命长的特点，特别是发光效率与白炽灯相比可提高 30％左右，高质量的卤钨灯寿命可提高至白炽灯寿命 3 倍左右。

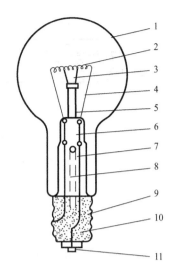

图 5-1　白炽灯
1—玻壳；2—灯丝（钨丝）；3—支架（钼丝）；4—电极（镍丝）；5—玻璃芯柱；6—杜美丝（铜铁镍合金丝）；7—引入线（铜丝）；8——抽气管；9—灯头；10—封端胶泥；11—锡焊接触端

卤钨灯按用途分照明型（广泛用于商店、橱窗、展厅等照明场所）、汽车型（用于汽车前灯、近光灯、转弯灯、刹车灯等）、辐射灯（用于红外线辐射加热设备或复印机）、摄影型（用于舞台、影视、新闻、摄影）和仪用型（用于显微镜、投影仪、彩照扩印等）。

卤钨灯的结构如图 5-2 所示。

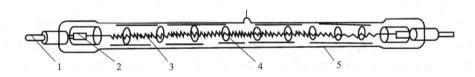

图 5-2　卤钨灯
1—灯脚；2—钼箔；3—灯丝（钨丝）；4—支架；5—石英玻管（内充微量卤素）

（3）荧光灯

荧光灯是低压气体放电光源，其工作原理是利用汞蒸气在外加电压作用下发出大量紫外线，紫外线激发管内壁上荧光粉发出可见光。由于发光机理不同，其发光效率是白炽灯的 5 倍，使用寿命最高可达 5000h。荧光灯光线柔和、显色性能良好、色温为冷色，广泛用于民用建筑照明，如商场、写字楼、机场候车室、医院、车间、图书馆、阅览室、设计室、办公楼、教学楼等。

荧光灯管的结构如图 5-3 所示。

荧光灯的接线图如图 5-4 所示。

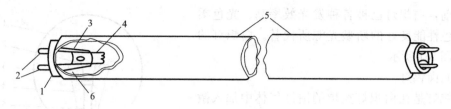

图 5-3 荧光灯管

1—灯头；2—灯脚；3—玻璃芯柱；4—灯丝（钨丝，电极）；
5—玻管（内壁涂荧光粉，充惰性气体）；6—汞（少量）

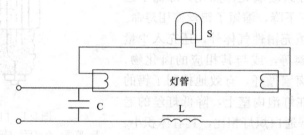

图 5-4 荧光灯的接线图

1979 年荷兰 Philips 公司推出紧凑型荧光灯（Compact Fluorescent Lamps，CFL），CFL 由节能灯灯管、PCB 板、塑料外壳外加灯头和包装组成，它的发光效率高，节能效果明显，故又称为节能灯。节能灯不仅发光效率高，而且具有使用寿命长，体积小，灯头、镇流器、灯管一体化等优点，受到世界各国的重视和欢迎，我国已经把它作为国家重点发展的节能产品（绿色照明产品）推广和使用。节能灯的工作原理是通过镇流器给灯管灯丝加热，大约在 1160K 温度时，灯丝就开始发射电子（因为在灯丝上涂了一些电子粉），电子碰撞氩原子产生非弹性碰撞，氩原子碰撞后获得了能量又撞击汞原子，汞原子在吸收能量后跃迁产生电离，发出 253.7nm 的紫外线，紫外线激发荧光粉发光，由于荧光灯工作时灯丝的温度在 1160K 左右，比白炽灯工作的温度 2200-2700K 低很多，所以它的寿命也大大提高，达到 5000h 以上，由于它不存在白炽灯那样的电流热效应，荧光粉的能量转换效率也很高，达到每瓦 60lm 以上。节能灯除了白色（冷光）的外，现在还有黄色（暖光）的。一般来说，同一瓦数的节能灯比白炽灯节能 80%，平均寿命延长 8 倍，热辐射仅 20%。一般情况下，一盏 5W 的节能灯光照约等于 25W 的白炽灯，7W 的节能灯光照约等于 40W 的白炽灯，9W 的节能灯光照约等于 60W 白炽灯。

根据灯管类型的不同，紧凑型荧光灯分为直管型、U 管型、双 U 管、双 D 管、螺旋型、莲花型等。直管型用 T 代表灯管直径，每一个 T 就是 0.125 英寸，一英寸为 25.4mm。T8 灯管直径为 25.4mm，T5 灯管直径为 16mm，T4 灯管直径为 12.7mm。灯管越细，发光效率越高，即相同瓦数产生的光能量越大，直管型节能灯广泛应用于民用建筑、工业建筑及商业照明中。U 型管节能灯分为 2U、3U、4U、5U、6U、8U（每一个 U 就是一个灯管，2U 就是 2 根灯管，3U 就是 3 根灯管），功率包括 3W～240W 多种规格。2U、3U 节能灯管径 9mm～14mm，功率一般为 3W～36W，主要用于民用建筑和一般商业照明，可直接代替白炽灯与普通荧光灯。4U、5U、6U、8U 节能灯管径 12mm～21mm，功率一般为 45W～240W，主要用于工业建筑及商业照明，用来代替高压汞灯、高压钠灯及荧光灯。紧凑型荧光灯的主要技术参数见表 5-2。

紧凑型荧光灯的主要技术参数　　　　　　　　　　表 5-2

功率（W）	电源电压（V）	光通量（lm）	显色指数（Ra）	平均寿命（h）	色温（K）
5	110/220	350	80	8000	2700～6400
11	110/220	750	80	8000	2700～6400
23	110/220	1560	80	8000	2700～6400
36	220	2450	80	8000	2700～6400
65	220	4500	80	8000	2700～6400
85	220	6500	80	8000	2700～6400
100	220	7000	80	8000	2700～6400
125	220	8000	80	8000	2700～6400

（4）高压汞灯

高压汞灯由高压汞蒸气放电获得高发光效率，具有寿命长、光效高、光线柔和等优点，适用于工业照明、广场照明，以及车站、码头、公路、体育馆等场所的照明。同时由于高压汞灯光谱成分中青绿较多，故多用于与绿色相关的夜景照明。荧光高压汞灯分为荧光高压汞灯（GGY 型）、反射型荧光高压汞灯（GYZ 型）和自镇流高压汞灯（GYF 型）三种。

GGY 型荧光高压汞灯的结构如图 5-5 所示。

高压汞灯的接线图如图 5-6 所示。

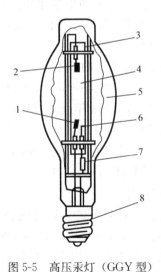

图 5-5　高压汞灯（GGY 型）

1—第一主电极；2—第二主电极；3—金属支架；
4—内层石英玻壳（内充适量汞和氩）；5—外层石英
玻壳（内涂荧光粉，内外玻壳间充氮）；6—辅助电
极（触发极）；7—限流电阻；8—灯头

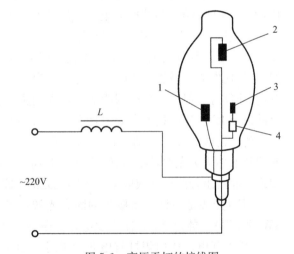

图 5-6　高压汞灯的接线图

1—第一主电极；2—第二主电极；
3—辅助电极（触发极）；4—限流电阻

（5）高压钠灯

高压钠灯是利用高压钠蒸气放电的高压气体放电光源，工作时发出金白色光，光谱成分基本集中在 555nm 左右，故发光时既无长波红外线也无短波紫外线的损耗，所以发光效率高于所有高压气体放电光源。高压钠灯的另一优点是由于其波长原因，在白天引起的视角灵敏度是所有光源中最好的，而且透雾性好。由于其光效高、透雾性好，故大量用于机场、码

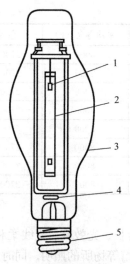

图 5-7 高压钠灯结构图

1—主电极；2—半透明陶瓷放电管（内充钠、汞及氙或氖氩混合气体）；3—外玻壳（内外壳间充氮）；4—消气剂；5—灯头

头、桥梁、车站、高速公路等场所。高压钠灯的使用寿命也是所有高压气体放电光源中最长的，最高可达12000h。基于以上优点，室外高大照明场所使用高压钠灯，既符合绿色照明宗旨，又可达到节能效果。

高压钠灯的结构图如图 5-7 所示。

（6）金属卤化物灯

为了尝试对高压汞灯的光色及显色性能进行改进，在汞电弧中加入其他金属或金属卤化物，从而改进发光效率，可达高压汞灯的 1.5 倍，同时色温与显色性均有所改善。由于金属卤化物灯具有良好的显色性，多应用于美术馆、展厅、印刷车间、油画室等高大照明场所。

（7）LED 新型光源

LED 是英文 light emitting diode（发光二极管）的缩写，它的基本结构是一块电致发光的半导体晶片，晶片由两部分组成，一部分是 P 型半导体（其中主要是空穴），另一部分是 N 型半导体（其中主要是电子），两种半导体相连接处形成 PN 结。在 PN 结的两端加上正向偏置电压（P 区加正向电压，N 区加负向电压），空穴和电子将克服 PN 结处的势垒，分别向 N 区和 P 区相互移动，当空穴和电子复合时其能量将以光子的形式释放出来，发出可见光，LED 发光的颜色由所使用的基本材料决定。20 世纪 60 年代发光二极管发明时，首先研制出的是红色 LED 灯，继而研制出绿色 LED 灯和蓝色 LED 灯。但对于一般照明而言，人们更需要白色光源，1998 年成功开发白光 LED。目前白光 LED 生产技术主要有两种，一种是利用荧光粉将蓝光 LED 或紫外 UV-LED 所产生的蓝光或紫外光分别转换为二基色（Dichromatic）或三基色（Trichromatic）白光，此项技术称为荧光粉转换白光 LED（Phosphor Converted-LED）；另一种为多芯片型白光 LED，经由组合两种（或以上）不同色光的 LED 以形成白光。

LED 光源是一种全新概念的固态光源，其主要优点是高效节能，以相同亮度比较，3W 的 LED 节能灯 333h 耗 1 度电，而普通 60W 白炽灯 17h 耗 1 度电，普通 5W 节能灯 200h 耗 1 度电，比白炽灯省电 80% 以上，比汞灯、钠灯节电 60% 以上。另外 LED 光源还具有超长寿命（半导体芯片发光，无灯丝，无玻璃泡，不怕震动，不易破碎，使用寿命可达五万小时，普通白炽灯使用寿命仅有一千小时，普通节能灯使用寿命也只有八千小时）、健康（光线中含紫外线和红外线少，产生辐射少，普通灯的光线中含有紫外线和红外线）、绿色环保（不含汞和氙等有害元素，利于回收，普通灯管中含有汞和铅等元素）、保护视力（直流驱动，无频闪，普通灯都是交流驱动，就必然产生频闪）、光效率高、安全系数高（所需电压、电流较小，安全隐患小，适用于矿场等危险场所）、市场潜力大（低压、直流供电，电池、太阳能供电，适用于边远山区及野外照明等场所）等特性。

LED 节能灯作为新一代固体冷光源，已成为全球最具发展前景的第四代照明光源如图 5-8 所示。

LED室内照明天花灯火通明

LED室内照明日光灯

室内照明筒灯

LED室外照明投光灯

图 5-8　LED 照明灯举例

3）电光源的选用

选择电光源时应综合考虑其各项技术指标（光通量、光效、使用寿命、色温以及显色指数等）、电光源综合能效以及经济性。从照明节能的角度出发，应选用高光效、高综合能效、低单位照明成本的电光源。

① 选用高光效的电光源

结合利用系数法计算照度的公式 $E_{av} = \dfrac{N \cdot \Phi \cdot K_1 \cdot K_j \cdot \eta_D}{S}$，电光源光效计算公式 $\eta_D = \dfrac{\Phi_1}{\Phi}$，照明功率密度计算公式 $LPD = \dfrac{\sum P}{S}$，我们可以得到：

$$LPD = \dfrac{E_{av}}{\eta_1 \times k_1 \times k_j \times \eta_D} \tag{5-1}$$

由式（5-1）可知，电光源光效 η_1 与功率密度值 LPD 成反比，在提升电光源光效 η_1 时，能达到降低功率密度实现照明节能的目的，因此，照明设计中应选择高光效的电光源。表 5-3 和表 5-4 即列出了高光效电光源的节电效果。

LED 荧光灯代替普通荧光灯的效果　　　　　　　　　表 5-3

TLD-T8 普通荧光灯				T8LED 荧光灯				节能（％）
功率（W）	光通量（lm）	光效（lm/W）	单位照明成本［元/(kh·lm)］	功率（W）	光通量（lm）	光效（lm/W）	单位照明成本［元/(kh·lm)］	
18	1250	70	0.017	12	1250	105	0.012	33.3
30	2175	70	0.019	22	2200	100	0.012	26.7

细管荧光灯取代粗管荧光灯　　　　　表 5-4

管径	镇流管	功率（W）	光通量（lm）	光效（lm/W）	替换方式	照度提高（%）	节能（%）
T12	电感式	40	2850	72			
T8	电子式	36	3350	93	T12→T8	17.54	10
T8	电感式	32	3200	100	T12→T8	12.28	20
T5	电子式	28	2900	104	T12→T5	1.75	30

②　选用综合能效高的电光源

然而，在实际工程中，由于对长远利益的考虑，仅仅依据高光效的原则选择电光源是不够全面的。此时可采用综合能效评级方法，由综合能效的计算式 $\eta_{zh} = \eta_l \cdot T$ 可以看出，选择高光效且使用寿命长的电光源能提高电光源的综合能效，除了能节约电能，还避免了生产、运输和销售等额外的资源损耗从而节约了经济投入。

③　选用单位照明成本低的电光源

各种光源节电效果差异和成本带来的不同经济效益也能纳入照明节能的考虑范围，为了更加全面的衡量电光源的各项参数，选择经济性好的电光源，可进一步利用公式 $U = \dfrac{l}{\varPhi} \left(\dfrac{C_L}{T_L} + PR \right)$ 计算电光源的单位照明成本。

表 5-3 和表 5-4 给出了 LED 日光灯代替普通荧光灯，细管荧光灯取代粗管荧光灯的节电效果和四种荧光的单位照明成本。

综上，电光源应首先选择光效高者，其次还应要求高综合能效和低单位照明成本。在实际中，应对备选电光源的光效、综合能效、单位照明成本进行比较选择，采用节能且投资回报较快的方案。

2. 灯具节能

灯具是光源与灯罩、装饰附件、工作附件（镇流器、启辉器等）、安装附件、防护附件等组成的有机整体又叫照明器。其主要作用是将光源产生的光通量在空间合理分布，为人们营造优质的照明环境，提高灯具空间配光合理性及灯具附件的节能质量，增加灯罩的反射能力及被照环境对光的利用能力，可综合提高灯具的利用效率，实现节能。

（1）选用效率高、流明利用率高、流明维持率高的灯具

从照明节能的角度出发，灯具的选用应要求效率高，流明利用率高，流明维持率高。

从式（5-1）中灯具效率 η_D 与功率密度 LPD 的反比关系很容易得出选择高效率灯具有助于节能的结论。因此，从照明节能的角度出发，灯具选用的首要原则就是灯具效率高。对于不同灯具，其效率有所不同，一般情况下，不带光学附件的灯具效率较高，如表 5-5 所示。在满足眩光限制条件下，应优先考虑出光口形式为开敞式的灯具，而不宜采用带有保护罩的包合式灯具或装有栅格的灯具。

荧光灯的灯具出口形式与灯具效率对比　　　　　表 5-5

灯具出光口形式	带保护罩的包合式		栅格式	开敞式
	棱镜、磨砂	透明		
灯具效率 η_D	55%	65%	60%	75%

灯具所发出的流明利用率要高，就是灯具利用系数要高，它反映了灯具对光源发出的光通量的利用程度，是灯具性能的重要参数。流明利用率与灯罩的材料和形状以及配光形

状有关，同时也与灯具的应用方式，使用场所的室形指数以及房间各表面的颜色与材质有关，即与光源与灯具的科学配置有关。

选用灯具流明维持率要高。流明维持率也称光通量维持率，由灯具在其使用寿命内某一特定使用时间的光通量与灯具初始光通量的比值来表征。国内标准的要求是灯具流明维持率 2000h 时不少于 78%，国外先进水平能达到 2000h 不少于 90%。

（2）合理利用反射罩提高灯具效率

灯具的发光效率为灯具本身发出的光通量与光源发出的光通量之比，给光源加合适形状与材料的反射罩是提高灯具发光效率的一项重要措施。优质的反射罩可以减小灯罩对光能量的吸收，增加灯罩对光能量的反射能力。同时让光束在反射罩限定的角度内传输，减小光能量在空间传输中的损耗，最大限度地提高光源发出的光通量在被照面或被照区域的利用效率。

在使用中应选用配光合理、效率高的灯具，在满足眩光限制的条件下，优先选用开敞式直接照明灯具（效率不低于 75%），一般室内的灯具效率应不低于 70%，并且灯具的反射罩应具有较高的反射比。

（3）增大被照环境中各个面的反射能力

在民用建筑中，通常采用利用系数法来计算被照面的照度。公式如下：

$$E = \frac{N\phi K_1 K_j \eta_D}{S} \tag{5-2}$$

式中　E——被照面平均照度，lx；

$\quad K_1$——利用系数（通过计算室空比 RCR 及反射系数查表得到）；

$\quad K_j$——减光系数；

$\quad \eta_D$——灯具效率；

$\quad N$——发光体个数；

$\quad \phi$——每个发光体产生的光通量，lm；

$\quad S$——被照面面积，m^2。

由上述公式可以看出，要提高被照面照度，可以增加 K_1（利用系数）。灯具的利用系数是指灯具发出的光通量在被照面的利用效率。利用系数与室空比（RCR）及室内各个面的反射率有关。房间的室空比在房子盖好后就无法改变，但改变房间各个面装饰建筑材料的反射率是可行的。通过选择不同类型的装饰建筑材料，提高室内墙面的反射能力，进而改善灯具发出的光通量在被照面的光照效果，提高被照面的照度。

（4）灯具附件的选用

从照明节能的角度出发，对灯具附件的要求是电器损耗量低。所谓灯具附件主要指镇流器，有些灯具还会有调光器和传感器等部分，在此仅讨论镇流器的损耗量。

灯具的镇流器主要有普通电感镇流器、节能型电感镇流器和电子镇流器。普通电感镇流器价格低、寿命长，但同时也具有自身功耗也大、系统功率因数低、启动电流大、温度高、在市电电源下有频闪效应等缺点。由表 5-6 给出各类型镇流器的功耗对比，节能式电感镇流器和电子镇流器的自身功耗比普通电感镇流器小，有很大优越性，其价格虽稍高，但寿命长和可靠性好，因此，为了降低电器损耗量应尽量选择节能式电感镇流器或电子镇流器。

各类型镇流器的功耗对比　　　　　　　　　　表 5-6

灯功率（W）	镇流器功耗在灯具总功率中的占比（%）		
	普通电感镇流器	节能式电感镇流器	电子流镇流器
20 以下	45～50	20～30	＜10
30	30～40	＜15	＜10
40	22～25	＜12	＜10
100	15～20	＜11	＜10
150	15～18	＜12	＜10
250	14～18	＜10	＜10
400	12～14	＜9	5～10
1000 以上	10～11	＜8	5～10

5.1.2　光源与灯具的科学配置

在照明设计中，光源与灯具的科学配置也是实现照明节能的手段之一。所谓光源与灯具的科学配置主要包括以下几点：

（1）采取措施提高减光系数、灯具利用系数。

（2）提供恰当的亮度对比。

（3）提供对视觉作业舒适的照度。

（4）提供恰当的色温和满足使用条件的显色效果。

（5）将眩光控制在合理的范围之内。

（6）提供较高的照度均匀度。

（7）灯具排布合理。

（8）应对不同环境和需求选择恰当的照明方式。

（9）避免不恰当的阴影。

归纳起来，提高减光系数和灯具利用系数，依据照度原理，有助于提高平均照度；提供恰当的亮度对比，较高的照度均匀度，合适的色温、显色性以及眩光抑制有助于提高照明质量以降低照明效果对灯具照度值的依赖；灯具的合理排布和照明方式的选择是依据具体情况实现照明效果和提高照明质量的手段；另外利用照明仿真软件也是实现光源与灯具科学配置的高效方法。因此，下文将从以上四个方面阐述利用光源与灯具的科学配置体现照明节能的具体措施。

1. 利用照度计算原理合理配置光源

由公式 $E_{av} = \dfrac{N \cdot \Phi \cdot K_l \cdot K_j \cdot \eta_D}{S}$ 得知，在其他参数一定的前提下，提高减光系数 K_j 和灯具利用系数 K_l 都可以增加平均照度达到照明节能的目的。

减光系数也称维护系数，是指照明设备使用一定期限后产生的平均照度与该设备装设初期统一条件下产生的照度之比。提升减光系数最直接的方法就是选用高光通量维持率的灯具，另外还有减轻房间污染、改善房间卫生状况、定期除尘等维护方式。

灯具利用系数与室形指数 RI 以及地板、顶棚、墙面反射比息息相关，增大室形指数 RI 或者增大地板、顶棚、墙面反射比就能提高灯具利用系数。一般情况下，室形指数 RI 越大，即房间矮而宽，光的利用系数越大，也越节能。以某办公室的照明设计为例，表 5-7 列出了不同室形下的设计数据，这也证实了增大室形指数 RI 与降低 LPD 值的关系。

办公室室形指数与设计 LPD 值得关系　　　　表 5-7

房间号	室形指数 RI	计算照度（lx）	安装功率密度（W/m²）	照度标准（lx）	折算后的 LPD 值（W/m²）
办公室 1	0.93	302.7	10.3	300	10.2
办公室 2	1.85	290.4	7.8	300	8.0
办公室 3	3.24	324.0	7.8	300	7.2

　　反射比可以通过改变墙面饰面材料加以提高，采用合适的饰面材料，采取恰当的施工工艺，增大建筑物内各表面的反射能力，不仅能够提高视觉舒适度，营造最优照明场景，还能达到照明节能的目的。当然，此处提及的反射比只是针对漫反射。表 5-8 列出了常用饰面材料的反射系数，在照明节能设计时可以加以参考。

常用饰面材料的反射系数　　　　表 5-8

饰面材料	反射系数	饰面材料	反射系数	饰面材料		反射系数
白水泥	0.75	普通玻璃	0.08	调和	中黄色	0.57
白灰抹面	0.55～0.75	压花玻璃	0.15～0.25	漆	白色及米黄色	0.7
石膏	0.91	磨砂玻璃	0.15～0.25	大理石	白色	0.6
白色乳胶漆	0.84	乳白色玻璃	0.6～0.7		乳白色间绿色	0.19
红砖	0.33	镜面玻璃	0.88～0.99		红色	0.32
胶合板	0.58	瓷白色	0.8		黑色	0.08
混凝土地面	0.2	釉黄绿色	0.62	水磨石	白色	0.7
沥青路面	0.1	面粉红色	0.65		白色夹杂色	0.52～0.66
水泥砂浆抹面	0.32	砖天蓝色	0.55		黑灰色	0.1

　　2. 合理选择灯具排布方式和照明方式

　　照明效果的实现非常依赖于灯具的排布和照明方式的选择，它也是实现上节中提高照明质量、降低功率密度的实际手段之一。

　　（1）灯具排布方式

　　灯具在房间均匀布置时，一般可采用正方形、矩形、菱形的布置形式。其均匀布置形式的两个重要参数是灯具的布置间距 L 和灯具的悬挂高度 h（灯具安装高度与工作面的高度之差），具体可见表 5-9 中的简图。L/h 值是影响照度均匀度的关键因素，为提高照度均匀度，灯具的安装间距不可大于所选灯具的最大允许距离，且 L/h 值越小，照度均匀度越好，但灯多、耗电大、不经济。为达到照度均匀度与节能的平衡关系，灯具的距高比 L/h 也需要根据所选灯具类型控制在合理范围内，表 5-9 给出了一般灯具的距高比。

各类灯具的一般距高比　　　　表 5-9

灯具类型	L/h	简图
窄配光	约 0.5	
中配光	0.7～0.5	
宽配光	1.0～1.5	
	L/h_e	
半间接型	2.0～3.0	
间接型	3.0～5.0	

为了使整个房间具有良好的亮度分布，当我们采用均匀漫射配光的灯具时，灯具与顶棚的距离和顶棚与工作面的距离之比宜在 0.2～0.5 之间；当靠墙处有工作面，靠墙的灯具距墙不应超过 0.75m；靠墙处没有工作面，灯具与墙的距离应控制在 (0.4～0.6)L(灯间距) 之间。

（2）照明方式的选择

照明设计时应根据需求选择恰当的照明方式，为实现照明节能再提出以下几点措施：

当照明场所要求高照度，宜选择混合照明的方式形成合理的亮度分布，少量电能用在一般照明，设在工作面旁边的局部照明可以较低的功率消耗达到高照度的要求，此方法较一般照明节约大量电能。

当各个工作面分布密集时，则可采用单独的一般照明方式，但宜根据规范和实际需求选择恰当的目标照度进行设计。

如果整个室内的工作面分布的密集度不同，即可明显区分工作区和非工作区时，可采用分区一般照明，对于工作区采用较高的照度，交通区等非工作区采用较低照度。另外，工作区与非工作区照度之比不宜大于 3∶1，否则可能引起视觉疲劳。

为达到同样的照度要求，间接照明往往比直接照明方式的电能消耗量大，在对照明质量要求不高的场所不宜使用。

（3）利用专业仿真计算软件

随着照明产品的不断更新，以及项目复杂程度的不断提高，查表和手工计算的准确度越来越低。幸运的是，计算机技术的发展给照明软件的开发和应用提供了有利条件，专业的照明软件更具有针对性，能够更加高效、准确、便捷地提供我们所需的数据，合理的运用这些软件也能帮助我们用科学的数据计算达到照明节能的目的。

利用专业照明仿真软件进行光源和灯具的合理配置，原理上与上述几种方式相同，但它可帮助设计者更加全面、细致地设计，将照明效果生动展示给设计委托方，生成详细的报表，达到远远超越传统人工计算的细致程度。按照用途划分，照明软件可分为专业照明设计软件和照明工程设计软件两类。

利用专业仿真软件，除了基本的设计，我们也可以通过对各个参数的调整和对比，优化照明设计，使其往节能方向发展，如稍微调整一下灯具的安装高度或仅仅将灯具旋转一定角度常常就能将照度提高。

5.1.3 智能照明控制系统的应用

智能照明控制系统的应用能明显降低照明系统的耗电量，是照明节能的重要措施之一。下文将介绍智能照明控制系统的构成、节能控制策略、智能照明控制系统设计步骤。

1. 智能照明控制系统

智能照明控制系统是采用有线或无线的通信技术，将各类照明控制元件连接起来进行可寻址的设置，并通过一定的逻辑分析完成灯光控制的方式。智能照明控制系统能够充分利用天然光实现恒照度控制，避免电能浪费，能够提高照明系统功率因素，且集中控制便于照明管理，延长照明器具的使用寿命，减少系统维护成本，系统还有助于提高经济性并实现照明节能。智能照明控制系统的应用往往能使照明系统节电率高达 20%～40%。

智能控制系统采用模块化分布式结构，一般包括输入单元、系统单元及输出单元三部分，在某些复杂的智能照明控制系统中，还需要有辅助单元和系统软件，其一般结构如图 5-9 所示。

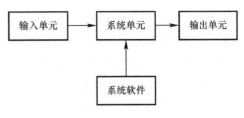

图 5-9　智能照明控制系统结构

2. 智能照明节能控制策略

照明控制策略是进行智能照明控制系统方案设计的基础，照明控制策略分为两大类，一类讲求艺术效果，另一类讲求节能效果，即智能照明节能效果控制策略，总结起来，节能效果策略的种类如表 5-10。

智能照明控制系统节能效果控制策略分类　　　　表 5-10

控制策略	实现方式	动作原理	优点	应用场所
可预知时间表控制	时钟控制器	按固定的时间表，规则地配合上下班、午餐、周末和节假日的变化	便于照明管理，并起到时间表提醒作用，节能效果显著	普通办公室、百货商场、餐厅、按时上下班的工厂等
不可预知时间表控制	人体活动感应传感器	检测人体活动时，将灯具调亮或调暗	灵活且节能效果显著	会议室、档案室、休息室等
自然采光控制	照度传感器	检测天然光提供的工作面照度，与设定值比较，决定人工光的补偿程度	最大限度利用天然光，有利于节能	办公建筑、机场、集市、大型廉价商场等
亮度平衡控制	亮度传感器	利用明暗适应，平衡相邻区域亮度水平	减少眩光阴影，减少人眼的光适应范围	多用于隧道照明
维持光通量控制	照度传感器	根据照度标准，降低光源的初始光通量，在维护周期末达到最大电力供应	减少每个光源在整个寿命期间的电能消耗	大空间的照明
作业调整控制	局部调光面板无线遥控器等	根据实际作业需求有针对性地调节局部照明	给予工作人员调节自身周围环境的权利，提高生产效率、节能	大型办公楼
平衡照明日负荷控制	时钟控制器	电能需求高峰时段，电价高，降低非关键区域的照度	降低电费支出、节能	企业办公楼非关键区域

采用预知时间表控制可以便于照明系统管理，同时还具有时间表提醒作用，如果策划恰当，其节能效果可达 40%。对于会议室、档案室、休息室等场所，照明时间不固定也无较大规律性，可采用不可预知时间控制，即应用人体活动感应传感器采集信息控制照明，节能高达 60%。利用自然采光控制策略实现恒照度控制的办公室照明往往能节电 17%。维持光通量控制能在系统使用初期节省大量电能，作业调整控制、平衡照明日负荷控制在室内照明中的应用也效果优良，只要应对实际需求选择了恰当的节能型智能控制策略都能实现减少耗电量的节能效果。

在实际运用中，往往不局限于以上某一种控制策略，设计时可根据需求采用有针对性的控制方案，或将几种控制策略相结合设计出效果最佳，最节能的控制方案。

3. 智能照明控制系统设计原则和步骤

我国目前没有专门的智能照明控制系统的设计规范，但《建筑照明设计规范》GB

50034—2013、《智能建筑设计标准》GB 50314—2015 和《建筑照明防火规范》GB 50016—2014 中应急照明设计部分都对照明控制有所规定。设计中，我们要贯彻国家法律、法规和技术经济政策，符合建筑功能，做到技术先进、经济合理、使用安全、维护管理方便，并有利于节能减排。智能照明控制系统项目的基本设计步骤如下：

（1）明确用户需求、现场状况、技术应用要求；

（2）选择适当的节能效果控制策略；

（3）确定光源种类；

（4）确定照明回路的配置和数量；选择照明控制单元；

（5）绘制相应图表；

（6）安装和调试照明控制系统。

5.1.4 天然光在建筑上的应用

将天然光应用到建筑照明上能减轻一部分照明对于电能的依赖，达到照明节能的目的。最传统的利用天然光的方式是采光口的合理设计，天然光在新型建筑上的应用则主要有膜结构建筑、导光管系统、光伏发电技术以及导光管与光伏照明系统的结合。

1. 采光口

为了获取天然光，人们在建筑外围结构上（如墙和屋顶等部位）开出形式各异的洞口，设置各种透光材料，使得室内明亮又能免受自然界风雨雪的侵袭，这些设有透明材料的孔洞即称为采光口。采光口采光方式分为侧窗采光、天窗采光以及混合采光。

从墙面的垂直窗采光的方式为侧窗采光，有单侧和双侧之分。从建筑物顶部开窗的方式叫天窗采光，其形式多样，多用于公共建筑、工业建筑、独栋居民屋等。《建筑采光设计标准》GB/T 50033—2013 是建筑采光设计的主要依据，而照明设计中，对于有采光口的建筑，设计时要注意将采光口附近的照明灯具设置为单回路控制。

2. ETFE 膜结构建筑

膜结构建筑所具有的特性主要取决于其具有艺术感和设计感的独特形态及膜本身的性能。用膜结构可以创造出传统建筑体系无法实现的设计方案，而且不同的膜材料具有不同艺术效果和实用功能，如表 5-11 所示，膜结构建筑在照明节能上的优异表现主要归功于ETFE 薄膜。ETFE 膜材具有耐腐蚀性、耐热性、难燃性、电气绝缘性、自洁性、高机械特性以及非常重要的高透光性和光透过波长的选择可能性。

ETFE 膜在建筑领域用途的优势（与其他材料比较）　　　　　　表 5-11

特性	膜材料		其他透明材料	
	ETFE	PTFE	PC 板	玻璃
重量	非常轻	轻	比较重	重
密度（g/cm²）	1.75	1.6	1.2	2.5
厚（mm）	0.1～0.3	0.7～0.9	2～15	3～19
光线透光率	约 95%	约 12%	约 85%	约 80%
抗冲击性	良好	极为良好	极为良好	易破裂
抗变形性	极为良好	极为良好	比较好	不好
防火性能	防火	不燃	防火	不燃

经过 2008 年国家游泳中心（水立方）和国家体育场（鸟巢）对 ETFE 膜结构的完美应用，膜结构建筑在国内也渐渐被大家熟知，ETFE 膜材料的生产是技术难点，长期以来我国主要还是依赖于向从日本、德国等发达国家的企业进口，因此，ETFE 膜结构建筑在国内并没有蓬勃发展。然而，近几年来，不断涌现出一批 ETFE 膜结构建筑设计公司，为照明节能提供了又一个新的途径。

3. 导光管系统在建筑的应用

导光管系统主要分为三个部分：阳光采集、阳光传送和阳光照射，对应构件分别是：采光罩、导光管、漫射器。

导光管照明系统应用十分广泛，厂房、地下车库、步行通道、大型公共建筑、独栋住宅等都能利用导光管照明系统取得良好的照明和节能效果，当然导光管系统需要辅以人工照明以弥补其严重依赖日光的缺憾。

我国的天然导光技术起步比较晚，2008 年以前，国内非常缺乏此类工程应用案例，北京新奥集团有限公司委托设计出了一套地下车库的大型导光系统，这套系统取得了突出的节能成效，每年可节电 25760kWh，中国建筑科学院在六月中午对其进行了照度测试，远远超过所需实际照度。此后，照明效果与节电效果的双重优势使得光导照明系统在国内快速发展起来，其中在地下车库和厂房对导光管系统应用最多。

4. 光伏照明系统在建筑照明上的应用

光伏照明系统的应用其实是天然光主动式间接采光法的一种，它是利用太阳能电池的光特性，先将太阳能转化为电能，再将电能转化为光能进行照明。光伏照明是一种直接从电源上实现照明节能的手段。太阳能光伏照明系统主要分为三类。

（1）独立使用的太阳能光伏照明

独立使用的太阳能光伏照明系统仅以太阳能为能源，其构成包括以下几个部分：太阳能电池板、储能装置、照明器具、控制器、电源变换装置以及机械结构等部件，它是离网、独立使用的照明系统。该系统考虑连续阴雨天的情况往往需要配用较大容量的太阳能电池板和蓄电池。

（2）风/光互补的太阳能照明

此类系统以太阳能和风能为能源，其系统构成包括以下几个部分：风力发电装置、太阳能电池板、储能装置、照明器具、控制器、电源变换装置以及机械结构等部件，即在独立使用的太阳能光伏照明系统装置上增设风力发电机，从而降低太阳能电池板的设计容量。

（3）太阳能与市电互补照明

太阳能与市电互补照明是以太阳能为主要能源，同时引入市电，在太阳能电池储能不足或太阳能发电系统故障时，由市电供电的照明系统。其系统构成主要包括：太阳能电池板、储能装置、照明器具、控制器、直流/交流系统控制板以及机械结构等部件，市电的引入可减小太阳能电池板以及储能装置的设计容量，从而缩减前期投资，有利于此类系统的推广使用。

太阳能光伏照明系统节能设计要点为：首先，太阳能电池板的安装角度和位置选择需要依据实际情况加以设计。倾斜角应考虑与当地全年太阳辐射量的月平均值，并兼顾冬夏两季太阳辐射量的均衡性，以求最大限度地获取太阳的辐射量。其次，发光器件应选择高光效的电源和相应电气附件；系统的元器件选择，应选用损耗低的控制元器件；也可采取其他方式，如在电池前加聚光板或加跟踪装置，以求最大限度地吸收太阳能辐射能量，提高系统能源利用率。

5.2 建筑供配电系统节能

建筑供配电与人们的工作生活密切相关，建筑供配电节能是建筑电气节能的重要组成部分。

建筑供配电节能主要体现在以下四个方面。一是提高功率因数，对于大量感性负载需要用电容器进行无功补偿，进而提高个体设备或整体系统的电能转换效率，提高系统电源的利用效率，减小无功功率在线路传输时对应产生的线路损耗，进而提高电网输送效率。二是抑制谐波，实际供配电系统存在大量谐波源，如气体放电光源、感应电动机、电焊机、变压器、各种整流器、逆变器、斩波器、开关电源以及不间断电源等。正弦波电压施加在这些非线性元件上时，产生大量谐波，使电器设备发热、绝缘老化、损耗增加、负荷能力下降、系统二次计量及继电保护出现误差及误动、干扰通信系统、引起系统谐振，所以治理谐波非常重要。三是实现变压器经济运行，选择节能型变压器，减小变压器空载损耗（铁损）及运行损耗（铜损），将变压器的负荷率调整至合理区间，提高系统功率因数，治理系统谐波，进而实现变压器经济科学运行。四是提高需用系数的科学性与合理性，实际工程中利用需用系数法统计一组系统理论数据（工程中叫计算数据）参与系统设计，保证系统安全稳定运行，而需用系数是需用系数法中关键系数。需用系数与系统电气系统设备工作的同时率、系统电气设备的负荷情况、系统电气设备的工作效率、系统电网传输效率有关。它的实质是表征某用电场所对电能的需求程度，所以综合考虑系统电气设备工作的同时率、系统电气设备的负荷情况、系统电气设备的工作效率、系统电网传输效率几种因素，认真分析找到同时满足安全、科学、经济、合理等条件的需用系数取值，在满足系统安全、稳定运行条件下做到安全、科学、经济、合理、节能。五是降低照明配电线路导体的电能损耗。

5.2.1 提高功率因数

在交流供配电系统中，有三种功率，即有功功率、无功功率、视在功率。

有功功率是指用电设备将电能转化为其他能，如电动机将电能转化为机械能、电光源将电能转化为光能、微波炉将电能转化为热能等对应消耗的功率。这是我们用电的目的，用 P 表示，单位为瓦（W）。

无功功率是感性用电设备工作时必须取用的一种电路内电场与磁场的交换功率，它不对外做功，并非用电目的，是为了达到用电目的必须付出的辅助功率。如荧光灯的工作目的是将电能转化为光能，但为了保证其正常启辉，且在运行时限流，就必须使用镇流器，而镇流器要向系统电源索取用来建立交变磁场用的无功功率。无功功率用 Q 表示，单位为乏（Var）。

视在功率是用电设备向电源取用的总功率，用 S 表示，单位为伏安（VA）。在实际应用中，交流供配电系统向电源取用的总功率即为视在功率，它由有功功率和无功功率两部分组成。有功功率是将电能转化为其他能的对应功率，是用电的目的；无功功率是我们为了保证系统正常工作而必须付出的交换功率，并非用电的目的。实际工程中，我们希望有功功率在视在功率中占的比例越大越好，而无功功率在视在功率中占的比例越小越好。它们三者关系符合功率三角形，如图 5-10 所示：

为了表达电源的利用效率，我们将有功功率与视在功率之比定义为功率因数，用 $\cos\varphi$，即功率三角形中的阻抗角余弦来表示。

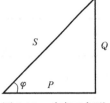

图 5-10　功率三角形

$$\cos\varphi = \frac{P}{S} \tag{5-3}$$

显然，$\cos\varphi$ 越大，说明总视在功率中有功成分越大，电源的利用效率就越高。也就是说，功率因数的大小直接表征了电源利用效率的高低。

在实际工程中，由于系统感性负荷较多，$\cos\varphi$ 小，对应电源在输电线路上产生感性无功电流分量，引起对应较大的电网线路输送损耗。致使系统运行缺乏经济性、科学性和合理性，电力系统管理不到位且利用效率较低。提高功率因数可以提高发电机与变压器的电能供给能力。

例如，一台 100kVA 的变压器，同样带 $P=10$kW 电动机，若 $\cos\varphi=0.5$ 可带 5 台，若将 $\cos\varphi$ 提高为 0.9，则可带 9 台。计算过程如下：

若 $\cos\varphi=0.5$，则：

$$S_{单台} = \frac{P}{\cos\varphi} = \frac{10\text{kVA}}{0.5} = 20\text{kVA}$$

$$N = \frac{S_T}{S_{单台}} = \frac{100\text{kVA}}{20\text{kVA}} = 5 \text{ 台}$$

若 $\cos\varphi=0.9$，则：

$$S_{单台} = \frac{P}{\cos\varphi} = \frac{10\text{kVA}}{0.9} = 11\text{kVA}$$

$$N = \frac{S_T}{S_{单台}} = \frac{100\text{kVA}}{11\text{kVA}} = 9 \text{ 台}$$

可见，提高功率因数可充分挖掘电源的利用效率。另外，由 $P=IU\cos\varphi$ 公式可以看出，在发电机发出功率一定、输电网电压一定的情况下，功率因数 $\cos\varphi$ 增大，输电网电流减小，这样可以减小输电网有色金属投入量，相应减小输电网的线路输电损耗，同时输电网的线路输送压降减小，进而保证受电端用户的电能质量。

5.2.2　提高电能质量

电能质量是影响照明质量的重要因素，电能质量的主要指标为：电压质量中的电压偏移、电压波动和闪变，频率偏差以及谐波等。现就提高电压质量和谐波抑制提出措施，以实现照明配电系统的节能。

1. 提高电压质量

（1）电压质量对照明系统的影响

灯具端电压相较于额定电压发生偏差时，将会导致灯具的输入功率、输出光通量以及光效的变化，同时也可能减少光源的使用寿命。表 5-12 则给出了端电压变化对荧光灯、金属卤化物灯、高压钠灯的影响。

电压变化对灯功率、光通量、光效的影响　　　　表 5-12

电压变化（%）	灯功率变化（%）			光通量变化（%）			光效变化（%）		
	荧光灯	金属卤化物灯	高压钠灯	荧光灯	金属卤化物灯	高压钠灯	荧光灯	金属卤化物灯	高压钠灯
85	78	73.5	66	85	60	59	109	81.6	89.4
90	87	84	76	91	72	72	104.6	85.7	94.7
95	94	92.5	87	97	85	85	103.2	91.9	97.7
100	100	100	100	100	100	100	100	100	100
105	107	110	114	104	118	116	97.2	107.3	101.7
110	114	121	128	108	138	132	94.7	114	103.1
115	123	133	140	112	155	146	91.1	116.5	104.3

根据上表内容，可以得出电压变化对照明系统有以下三个方面的影响：

① 电压升高，使灯具输出光通量增加，高于所需照度，但耗电量也增大，造成不必要的电能浪费，不利于节能；

② 电压波动与闪变或电压偏差过大将导致光源输出光通量的变化，使得工作面照度不稳定，影响视觉舒适度；

③ 电压偏差过大会减少气体放电灯的使用寿命，对于热辐射光源，电压过高将使灯泡寿命大大减小，LED 灯的使用寿命也会受电压过高的影响。

（2）提高电压质量的措施

提高电压质量的措施有：

① 对于照明负荷量大，视觉条件要求较高的场所，应为照明系统配备专用的配电变压器；

② 照明负荷与电力负荷由同一变电所供电，且有两台及以上变压器时，照明负荷应与吊车、电焊、空压机等冲击性负荷分接自不同变压器；

③ 当照明负荷与电力负荷共用配电变压器时，照明负荷应有专用的馈电干线；

④ 对于电压侧电压偏差较大，视觉舒适度要求较高的场所，宜采用自动有载调压变压器；

⑤ 对视觉舒适度要求较高场所亦可在配电回路或配电箱装设自动稳压装置。

2. 治理谐波

谐波是指对周期性非正弦交流量进行傅里叶级数分解，所得到的大于基波频率整数倍的各次分量。电网谐波的产生，主要在于系统中存在大量非线性元件，如气体放电光源、感应电动机、电焊机、变压器、各种整流器、逆变器、斩波器、开关电源以及不间断电源等，它们是电网中的主要谐波源。当正弦波电压施加在这些非线性元件上时，电流就变为非正弦波，非正弦电流在电网阻抗上产生压降，会使电压波形也变成非正弦波。

1）谐波对电气设备的危害

谐波电流通过变压器，可使变压器铁芯损耗明显增加，进而使变压器发热，降低其过载能力，缩短其使用寿命。谐波电流通过电动机，不仅会使电动机铁心损耗增加，严重时还会使电动机转子发生振动现象，影响机械加工产品的质量。谐波对电容器影响更为突出，由于容抗与频率成反比，电容器对谐波阻抗很小，因此电容器容易发生过负荷甚至烧坏。谐波电流可使电力系统电能损耗与电压损耗增加，可能使二次计量出现误差，二次继电保护装置发生误动作。在三相四线制系统中，零线会由于流过大量的 3 次及其倍数次谐波电流，造成零线过热。谐波会产生额外的热效应，从而引起用电设备发热，使绝缘老化，降低设备的使用寿命。谐波容易使电网与补偿电容器之间发生并联谐振或串联谐振，使谐波电流放大几倍甚至数十倍，造成过电流，引起电容器和与之相连的电抗器、电阻器的损坏。谐波会对附近的通信系统产生干扰，轻者引入噪声，降低通话质量，重者导致信号丢失，使通信系统无法正常工作。

2）谐波治理的措施

（1）三相整流变压器采用 Y·d 或 D·y 接线

由于 3 次及 3 的整数倍次谐波电流在三角形连接的绕组内形成环流，而星形连接的绕组内不可能产生 3 次及 3 的整数倍次谐波电流，因此采用 Y·d 或 D·y 接线的三相整流变压器可消除注入电网的 3 次及 3 的整数倍次谐波电流。另外，因电力系统中非正弦交流电压与电流通常是正负两半波，对时间轴是对称的，不含直流分量和偶次谐波分量，因此采用 Y·d 或 D·y 接线的三相整流变压器后，注入电网的谐波只有 5、7、11 等次谐波，这是抑制谐波最基本的方法。

（2）增加整流变压器二次侧的相数

整流变压器二次侧的相数越多，则谐波被消去的也越多。例如整流相数为 6 相时，出现的 5 次谐波电流为基波电流的 18.5%，7 次谐波电流为基波电流的 12%。如果整流增加到 12 相时，则出现的 5 次谐波电流为基波电流的 4.5%，7 次谐波的电流降为基波电流的 3%。由此可见，增加整流相数对高次谐波抑制的效果相当显著。

（3）使各台整流变压器的二次侧互有相位差

多台相数相同的整流装置并列运行，使它们的二次侧互有适当的相位差。与增加二次侧的相数类似，也可大大减小注入电网的高次谐波。

（4）设置滤波或隔离谐波的装置

省级及以上政府机关、银行总行及同等金融机构的办公大楼、三级甲等医院医技楼、大型计算机中心以及有大容量谐波源设备的公共建筑，均要求在易产生谐波和对谐波骚扰敏感的医疗设备、计算机网络等设备附近或其专用干线末端（或首端）设置滤波或隔离谐波的装置。当采用无源滤波装置时，应合理选择滤波装置的参数，避免电网发生局部谐振。

（5）选用无源/有源滤波器

当配电系统中具有相对集中的、长期稳定运行的大容量（如 200kVA 或以上）非线性谐波源，且谐波电流超标，或设备电磁兼容水平不能满足要求时，宜选用无源滤波器。当无源滤波器不能满足要求时，宜选用有源滤波器，或有源和无源组合型滤波器，或设置隔离变压器抑制谐波。

（6）产品自带滤波设备

大容量的谐波源设备，应要求其产品自带滤波设备，将谐波电流含量限制在允许范围内。大容量非线性负荷，除进行必要的谐波治理外，应尽量将其接入配电系统的上游，使其尽量靠近变配电室布置，并以专用回路供电。

（7）选用 D·yn11 连接配电变压器

由于 D·yn11 连接配电变压器时，高压绕组为三角形连接，3 次及 3 的整数倍次谐波可在其中形成环流，而不致注入高压电网，从而抑制了高次谐波。

（8）串联适当参数的电抗器

谐波严重场所的无功补偿电容器组，宜串联适当参数的电抗器，以避免谐振，同时限制电容器回路的谐振电流。

谐波电压限值及谐波电流允许值分别见表 5-13 和表 5-14。

谐波电压（相电压）限值　　　　　　　　　　表 5-13

电网标称电压（kV）	电压总谐波畸变率（%）	各次谐波电压含有率（%）	
		奇　次	偶　次
0.38	5.0	4.0	2.0
6	4.0	3.2	1.6
10			
35	3.0	2.4	1.2

注：本表引自《电能质量公用电网谐波》GB/T 14549—93。

注入次数连接点谐波电流允许值　　　　　　　表 5-14

标准电压（kV）	基准短路容量（MVA）	谐波次数及谐波电流允许值（A）																							
		2	3	4	5	6	7	8	9	10	11	12	13	14	15	16	17	18	19	20	21	22	23	24	25
0.38	10	78	62	39	62	26	44	19	21	16	28	13	24	11	12	9.7	18	8.6	16	7.8	8.9	7.1	14	6.5	12
6	100	43	34	21	34	14	24	11	11	8.5	16	7.1	13	6.1	6.8	5.3	10	4.7	9	4.3	4.9	3.9	7.4	3.6	6.8
10	100	26	20	13	20	8.5	15	6.4	6.4	5.1	9.3	4.3	7.9	3.7	4.1	3.2	6.0	2.8	5.4	2.6	2.9	2.3	4.5	2.1	4.1
35	250	15	12	7.7	12	5.1	8.8	3.8	3.8	3.1	5.6	2.6	4.7	2.2	2.5	1.9	3.6	1.7	3.2	1.5	1.8	1.4	2.7	1.3	2.5
66	500	16	13	8.1	13	5.4	9.3	4.1	4.3	3.3	5.9	2.7	5.0	2.3	2.6	2.0	3.8	1.8	3.4	1.6	1.9	1.5	2.8	1.4	2.6
110	750	12	9.6	6.0	9.6	4.0	6.8	3.0	3.2	2.4	4.3	2.0	3.9	1.7	1.9	1.5	2.8	1.3	2.5	1.2	1.4	1.1	2.1	1.0	1.9

注：1. 本表引自《电能质量公用电网谐波》GB/T 14549—93。
2. 当公共连接点处最小运行方式的短路容量与本表中相应的基准短路容量不同时，谐波电流允许值应按正比进行换算。
3. 同一公共连接点的每个用户向电网注入的谐波电流允许值，按此用户在该点的协议容量与其公共连接点的供电设备的总容量之比进行分配。

5.2.3　变压器节能

1. 减少变压器的有功损耗

变压器的有功损耗按下式计算：

$$\Delta P = P_0 + \beta^2 P_K \qquad (5-4)$$

式中　ΔP——变压器的有功损耗，kW；

P_0——变压器的空载损耗，kW；

P_K——变压器的短路损耗，kW；

β——变压器的负载率。

由式（5-4）可见，要减小变压器的有功损耗，应减小变压器的空载损耗，降低负载损耗，选择适宜的变压器负载率。

P_0 作为变压器的空载损耗，又称铁损，它是由铁芯涡流损耗及漏磁损耗组成，其值与铁芯材料及制造工艺有关，与负荷大小无关。所以在选用变压器时，最好选择节能型变压器，如 S9、SL9、SC8 等。它们采用优质冷轧取向硅钢片，由于"取向"处理，使硅钢片的磁畴方向接近一致，减少铁芯涡流损耗，45°全斜度接缝结构，使接缝密合性好，减少了漏磁损耗。

P_K 是变压器的短路损耗（kW），即变压器额定负载传输的损耗又称变压器线损，多称为铜损，它取决于变压器绕组的电阻及流过绕组电流的大小，并与负荷率平方成正比。因此在选择变压器时，应选用阻值较小的绕组，如铜芯变压器。

β 是变压器的负载率，计算公式如下：

$$\beta = S/S_n \tag{5-5}$$

式中　S_n——变压器额定容量；

　　　S——变压器运行中的实际容量。

由于变压器在运行过程中，外界负荷经常变化，所以应采取一段时间内的平均负荷率。从理论而言，用微分求极值，在 $\beta=50\%$ 负载率时变压器的能耗最小。但在 $\beta=50\%$ 负载率时，仅减少变压器的线损，并未减少变压器的铁损，因此也不是最节能的。综合考虑变压器初装费、高低压柜、土建投资及各项运行费用，并使变压器在使用期内预留适当的容量，变压器最经济的节能运行负载率一般在 $75\%\sim85\%$ 之间。

2. 实施电容器组无功补偿

对变压器所在系统实施电容器组无功补偿，提高系统功率因数，在变压器容量一定的情况下，提高其利用效率。

由以上分析可见，要实现变压器节能，应积极治理系统谐波，减小变压器铁损与铜损，合理选择变压器负荷率，减小变压器输出端不平衡电流，提高变压器过载能力，延长其使用寿命，实现变压器经济、合理、科学运行。

5.2.4　提高需用系数取值的科学性与合理性

1. 需用系数法

在实际建筑供配电工程中，电气设备铭牌数据不能参与系统设计，为了完成系统设计必须根据实际建筑功能中电气设备的布置情况统计负荷量。统计电力负荷的目的是为供电系统设计提供必要的正常状态下系统理论数据（又叫计算数据），以这些数据为依据来选择设计一、二次系统，即选设备、导线、进行二次系统整定。统计电力负荷是将设备铭牌数据科学地转化为系统理论数据，并包括系统损耗与尖峰电流的计算。用系统计算数据选择的导线、设备，不仅科学、经济、合理，而且能够承受系统电流产生的最大热效应，保证系统正常的使用寿命，使系统安全稳定运行。

实际工程中统计负荷量的方法有多种，需用系数法是其中一种，在民用建筑中应用广泛。需用系数法是以设备容量为基本量，以需用系数为关键系数，以发热安全为依据，综合考虑安全、科学、经济、合理等诸多因素的一种统计负荷量的方法。

2. 需用系数的物理意义

供配电系统在实际运行中的负荷容量往往小于其铭牌容量，这是由于系统设备工作的同时率是随机变化的，且设备的负荷情况及工作方式也不同，所以考虑到上述三种情况及系统、设备的工作效率，在统计系统负荷量时引入科学的计算系数 K_x，称为需用系数，其定义为：

$$K_x = \frac{P_{js}}{P_s} \tag{5-6}$$

式中　P_{js}——系统实际运行最大有功负荷，W；

P_s——系统设备容量，W；

K_x——系统需用系数。

因为设备实际运行中，不是用电设备组所有设备都同时运行，而运行的这些设备也不一定都是满负荷工作，另外在运行过程中，设备本身有功率损耗，而供电线路上也有功率损耗，把诸多因素都考虑进去，即为需用系数的物理意义：

$$K_X = \frac{K_\Sigma K_L}{\eta_L \eta_N}$$ (5-7)

式中　K_Σ——系统用电设备同时系数；

　　　K_L——负荷系数，运行设备并非全满载，设备组在系统出现最大负荷时运行设备实际功率与设备组总 P_S 之比，一般情况下 $K_L < 1$；

　　　η_L——供电线路传输效率；

　　　η_N——电气设备额定效率。

3. 提高需用系数的科学性与合理性

由需用系数的计算公式可知，需用系数与系统电气系统设备工作的同时率、系统电气设备的负荷情况、系统电气设备的工作效率和系统电网传输效率有关。它的实质是表征某用电场所对电能的需求程度。

在实际工程设计中应充分考虑到需用系数取值因不同建筑功能间的用电同时率而不同，如相同的一栋楼做职工宿舍或做旅店显然用电同时率不同，需用系数取值就不同。而同样是酒店，客房数不同需用系数也不同，房间数多的显然同时用电率小于房间数少的，需用系数前者取值应相对小。民用建筑电气设计规范中，住宅的需用系数是随着户数的递增而减小的。

在不同的用电场所如建筑工地电气设备群、车间的电气设备群、酒店与办公楼空调等，应对电气设备的负荷率给予着重考虑。这样对需用系数取值就会更科学合理。

实际工程中力求提高电气设备的工作效率。例如提高电气设备功率因数、减小电气设备损耗、减小系统谐波、提高电气设备的制造工艺等，均可改善电气设备的电能与其他能之间的转换效率，从而减小系统需用系数取值，实现节能目的。

实际工程设计中，由系统负荷实际分布情况确定系统供电负荷中心，即系统电源位置，选择最佳供电路径，力求在保证电网正常运行条件下减小电网总长度，使用电阻率小的铜芯输电导线，减小电网输电损耗，减小系统需用系数取值，实现系统节能。

5.2.5　降低照明配电线路导体的电能损耗

1. 照明线路导体与节能

负荷电流在照明配电线路中将产生电能损耗，减低照明线路导体电能损耗的方法可由配电线路的年有功功率损耗的计算得出。通常应用的三相四线制照明配电线路的年有功功率损耗计算公式为：

$$\Delta W_1 = 3 \cdot I_c^2 \cdot R \cdot T_n \cdot 10^{-3}$$ (5-8)

$$R = R_0 \cdot L = \frac{\rho L}{S}$$ (5-9)

式中　I_c——照明线路计算电流，A；

　　　R——每相线路导体电阻，Ω；

T_n——年实际工作小时数，h；

R_0——每相单位长度电阻值，Ω；

　L——导线长度，m；

　ρ——导体的电阻率，Ω·m。

从式（5-8）和式（5-9）可知，线路电能损耗 ΔW_1 与导体电阻 R 成正比，即与电阻率 ρ 和导线长度 L 成正比，与导线面积成反比。因此我们可以总结出以下降低线损的节能措施：

（1）铜导体比铝导体电阻小（铜电阻率是铝的 60%），在条件允许的情况下优先选用铜导体；

（2）将电源设置在负荷中心，减少线路长度以降低照明线路损耗；

（3）适当加大导体截面，可降低照明线路损耗。

2. 按电压损失选择导体截面

合理降低线路电压损失是保证电压质量、实现高照明质量的需要，也是照明节能的需要。电压损失是指从配电变压器出线端到照明灯端之间各级配电线路的电压损失之和。

对于三相平衡负荷的线路按式（5-10）计算，对于单项负荷的线路按式（5-11）计算：

$$\Delta U_1\% = \frac{1}{10U_n}(R_0\cos\phi + X_0'\sin\phi) \cdot I \cdot l = \Delta U_n\% \cdot I \cdot l \tag{5-10}$$

$$\Delta U_2\% = \frac{2}{10U_n}(R_0\cos\phi + X_0''\sin\varphi) \cdot I \cdot l = 2\Delta U_n\% \cdot I \cdot l \tag{5-11}$$

式中　$\Delta U_1\%$——线路电压损失百分比，%；

　　　$\Delta U_2\%$——三相线路每 1km 电压损失百分数，%/((A·km))；

　　　U_n——标称相电压，kV，对 0.22/0.38kv 线路，$U_n = 0.22$kV；

　　　I——线路计算电流，A；

　　　l——线路长度，km；

　　　R_0——每千米线路的电阻，Ω/km；

　　　X_0'——每千米三相线路长度的电阻，Ω/km；

　　　X_0''——每千米三相线路长度的电阻，Ω/km；可近似认为 $X_0'' = X_0'$。

在设计中，选择恰当的导体截面可以降低电压损失实现节能。

本　章　小　结

本章介绍了电气照明系统节能与建筑供配电系统节能。电气照明系统节能要以绿色照明为宗旨，合理选择光源和灯具，综合考虑光源的发光效率与使用寿命，最大效率地节省能耗；同时科学配置光源和灯具、充分发挥智能照明控制系统的作用，充分利用自然光。建筑供配电节能主要体现在提高功率因数、抑制谐波、实现变压器经济运行、提高需用系数取值的科学性与合理性降低照明配电线路导体的电能损耗等四个方面。通过本章学习应明确电气照明系统节能与建筑供配电系统节能的意义，掌握电气照明系统节能与建筑供配电系统节能的途径和方法。

思 考 题

1. 电气照明系统节能措施主要包括哪些内容？
2. 如何通过优化电气照明系统设计方案实现节能？
3. 试说明提高系统功率因数的意义？
4. 说明谐波对供电系统的危害及治理谐波的方法？
5. 需用系数在实际工程中的作用？如何实现需用系数合理取值？

第6章 可再生能源利用技术

6.1 可再生能源及利用

6.1.1 可再生能源的定义及其种类

可再生能源，是指那些随着人类的大规模开发和长期利用，总的数量不会逐渐减少和趋于枯竭，甚至可以不断得以补充，即不断"再生"的能源资源，如太阳能、地热、风能、水能、海洋能、潮汐能等。而非可再生能源，是指那些随着人类的大规模开发和长期利用，总的数量会逐渐减少而趋于枯竭的一次能源，如煤、石油、天然气等。

6.1.2 可再生能源利用现状

由于不可再生能源大量消耗造成的能源和环境危机，可再生能源在许多国家的能源计划中受到重视。可再生能源的环境效益明显，而且与传统的化石燃料不同的是可再生能源将会持续发展下去。

我国风能资源总量为 7 亿～12 亿 kW，陆地技术可开发风能资源储量大于海上，年发电量可达 1.4 万亿～2.4 万亿 kWh；太阳能资源丰富地区的面积占国土面积 96% 以上，每年地表吸收的太阳能大约相当于 1.7 万亿 t 标准煤的能量；当前可利用生物质资源约为 2.9 亿 t，主要是农业有机废弃物；可开发的水能资源总量非常丰富，约为 6 亿 kWh，全国水能技术开发量至少也在 5 亿 kW 以上，年可提供电量 2.5 万亿 kWh。

据我国《可再生能源发展"十三五"规划》介绍，我国可再生能源产业已进入了大范围增量替代和区域性存量替代的发展阶段。 是可再生能源在推动能源结构调整方面的作用不断增强。2015 年，我国商品化可再生能源利用量为 4.36 亿 t 标准煤，占一次能源消费总量的 10.1%；如将太阳能热利用等非商品化可再生能源考虑在内，全部可再生能源年利用量达到 5.0 亿 t 标准煤；计入核电的贡献，全部非化石能源利用量占到一次能源消费总量 12%，比 2010 年提高 2.6 个百分点。到 2015 年底，全国水电装机为 3.2 亿 kW，风电、光伏并网装机分别为 1.29 亿 kW、4318 万 kW，太阳能热利用面积超过 4.0 亿 m²，应用规模都位居全球首位。全部可再生能源发电量 1.38 万亿 kWh，约占全社会用电量的 25%，其中非水可再生能源发电量占 5%。生物质能继续向多元化发展，各类生物质能年利用量约 3500 万 t 标准煤。二是可再生能源技术装备水平显著提升。随着开发利用规模逐步扩大，我国已逐步从可再生能源利用大国向可再生能源技术产业强国迈进。我国已具备成熟的大型水电设计、施工和管理运行能力，自主制造投运了单机容量 80 万 kW 的混流式水轮发电机组，掌握了 500m 级水头、35 万 kW 级抽水蓄能机组成套设备制造技术。风电制造业集中度显著提高，整机制造企业由"十二五"初期的 80 多家逐步减少至 20 多家。风电技术水平明显提升，关键零部件基本国产化，5～6MW 大型风电设备已经试运行，特别是低风速风电技术取得突破性进展，并广泛应用于中东部和南方地区。光伏电池技术创新能力大幅提升，创造了晶硅等新型电池技术转换效率的世界纪录。建立了具有国际竞争力的光伏发电全产业链，突破了多晶硅生产技术封锁，多晶硅产量已占全球总产量的 40％左右，光伏组件产量达到全球总产量的 70％左右。技术进步及生产规模扩大使"十二五"时期光伏组件价格下降了 60％以上，显著提高了光伏发电的经济性。各类生物质能、地热能、海洋能和可再生能源配套储能技术也有了长足进步。三是可再生能源发展支持政策体系逐步完善。"十二五"期间，我国陆续出台了光伏发电、垃圾焚烧发电、海上风电电价政策，并根据技术进步和成本下降情况适时调整了陆上风电和光伏发电上网电价，明确了分布式光伏发电补贴政策，公布了太阳能热发电示范电站电价，完善了可再生能源发电并网管理体系。根据《可再生能源法》要求，结合行业发展需要三次调整了可再生能源电价附加征收标准，扩大了支持可再生能源发展的资金规模，完善了资金征收和发放管理流程。建立完善了可再生能源标准体系，产品检测和认证能力不断增强，可再生能源设备质量稳步提高，有效促进了各类可再生能源发展。

随着可再生能源技术进步和产业化步伐的加快，我国可再生能源已具备规模化开发应用的产业基础，展现出良好的发展前景，但由于以传统能源为主的电力系统尚不能完全满足风电、光伏发电等波动性可再生能源的并网运行要求，另外可再生能源未能得到有效利用，致使可再生能源占一次能源消费的比重与先进国家相比仍较低。

6.1.3 我国可再生能源发展的战略规划与发展目标

为实现 2020 年和 2030 年非化石能源分别占一次能源消费比重 15％和 20％的目标，加快建立清洁低碳的现代能源体系，促进可再生能源产业持续健康发展，我国《可再生能源发展"十三五"规划》提出主要指标如下：

1. 可再生能源总量指标。到 2020 年，全部可再生能源年利用量 7.3 亿 tce。其中，商品化可再生能源利用量 5.8 亿 tce。

2. 可再生能源发电指标。到 2020 年，全部可再生能源发电装机 6.8 亿 kW，发电量 1.9 万亿 kWh，占全部发电量的 27％。

3. 可再生能源供热和燃料利用指标。到 2020 年，各类可再生能源供热和民用燃料总计约替代化石能源 1.5 亿 tce。

4. 可再生能源经济性指标。到 2020 年，风电项目电价可与当地燃煤发电同平台竞争，光伏项目电价可与电网销售电价相当。

5. 可再生能源并网运行和消纳指标。结合电力市场化改革，到 2020 年，基本解决水电弃水问题，限电地区的风电、太阳能发电年度利用小时数全面达到全额保障性收购的要求。

6. 可再生能源指标考核约束机制指标。建立各省（自治区、直辖市）一次能源消费总量中可再生能源比重及全社会用电量中消纳可再生能源电力比重的指标管理体系。到 2020 年，各发电企业的非水电可再生能源发电量与燃煤发电量的比重应显著提高。

6.2 太阳能利用技术

6.2.1 太阳能资源及其开发利用

1. 太阳能及其辐射

太阳是距离地球最近的恒星，也是太阳系的中心天体，从化学组成来看，太阳质量中氢约四分之三，剩下的几乎都是氦，氧、碳、氖、铁和其他的重元素，质量不足 2%。

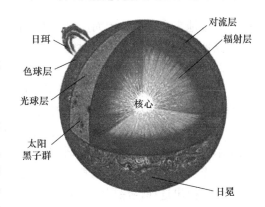

图 6-1　太阳内部结构图

根据科学家的探索和研究，太阳分为内部和大气两大部分，其内部结构如图 6-1 所示，内部从中心向外分为核反应区、辐射区和对流区。核反应区的区域半径是太阳半径的 25%（即 $0.25R$），集中了太阳一半以上的质量。核心反应区温度极高，达到 1500 万℃，压力极大，约为 2500 亿大气压（340 多亿 MPa），使氢聚变为氦的热核反应得以发生，从而释放出巨大的能量，并以辐射的形式向外传递。在太阳核反应区之外即为辐射区，辐射区的范围从 0.25～0.8R，这里的温度、密度和压力都是从内向外递减。从体积来说，辐射区占整个太阳体积的绝大部分，在太阳核心产生的能量通过这个区域辐射传输出去。太阳内部能量向外传播除辐射之外，还有对流过程。在辐射区的外面是对流区（对流层），所属范围从 0.8～1.0R，这一层气体性质变化很大，很不稳定，形成明显的上下对流运动，它是太阳内部结构的最外层，能量主要靠对流传播。太阳的大气层，像地球的大气层一样，可按不同的高度和不同的性质分成各个圈层，即从内向外分为光球、色球和日冕三层。光球是太阳大气的最底层，太阳的全部光能几乎全从这个层次发出，当我们用肉眼观察太阳时，看到的明亮日轮就是这个球层，它非常醒目地呈现在我们面前，所以把它称为"光球"。色球是太阳大气的中层，是光球向外的延伸。太阳大气的最外层称为日冕，是包围太阳的一层发光的高温稀薄气体，亮度很微弱，只有在日全食时或用日冕仪才能看到。

太阳辐射是地球表层能量的主要来源，到达地球大气上界的太阳辐射能量称为天文太阳辐射量。除太阳本身的变化外，天文辐射能量主要决定于日地距离、太阳高度角和昼长。在地球位于日地平均距离处时，地球大气上界垂直于太阳光线的单位面积在单位时间内所受到的太阳辐射的全谱总能量，称为太阳常数，世界气象组织（WMO）1981 年公布的太阳常数值是 $1368W/m^2$。如果将太阳常数乘上以日地平均距离作半径的球面面积，则得到太阳在单位时间发出的总能量，这个能量约为每秒钟 $3.865×10^{26}J$，而地球上仅接收到这些能量的 22 亿分之一。

太阳辐射通过地球大气层，一部分到达地面，称为直接太阳辐射；另一部分被大气分子、大气中的微尘、水汽等吸收、散射和反射。被散射的太阳辐射一部分返回宇宙空间，另一部分到达地面，到达地面的这部分称为散射太阳辐射。到达地面的散射太阳辐射和直接太阳辐射之和称为总辐射，到达地面的太阳总辐射能量比大气上界小得多，只占到达大气上界太阳辐射的 45%。

太阳辐射能直接为地球提供光热资源，保证地球上生物的生长发育，维持地表温度，是促进地球上的水、大气运行和生物活动的主要动力。太阳能资源除了直接投射到地球表面上的太阳辐射能之外，还包括像水能、风能和海洋能等间接的太阳能资源，以及通过绿色植物的光合作用所固定下来的能量（生物质能），即使是现在广泛开采并使用的石油、天然气和煤炭等矿物燃料，也都是古老的太阳能资源的产物，那是由千百万年前动植物所吸收的太阳辐射能，经过长时期的沉积转换而成的。可见，人类所需能量的绝大部分都直接或间接地来自太阳，因而广义的太阳能所包括的范围非常大，狭义的太阳能则限于直接投射到地球表面上的太阳辐射能。

2. 太阳能的开发利用

人类利用太阳能已有3000多年的历史，但真正意识到太阳能是不可再生能源的补充能源，是未来能源结构的基础，则起始于20世纪中叶。

在第二次世界大战结束后，人们注意到石油和天然气资源正在迅速减少，开始有太阳能学术组织成立并开展太阳能研究工作。1945年美国贝尔实验室研制成实用型硅太阳电池，为光伏发电大规模应用奠定了基础；1955年，以色列泰伯等在第一次国际太阳热科学会议上提出选择性涂层的基础理论，并研制成实用的黑镍等选择性涂层，为太阳能高效集热器的发展创造了条件；1973年10月爆发中东战争，石油输出国组织因不满西方国家支持以色列而采取石油禁运，使从中东地区进口石油的国家，在经济上遭到沉重打击，导致了"能源危机"（或称"石油危机"）。这次"危机"使人们认识到现有的能源结构必须彻底改变，应加速向未来能源结构过渡，在世界上再次兴起了开发利用太阳能热潮。各国加强了太阳能研究工作的计划性，不少国家制定了近期和远期阳光计划，开发利用太阳能成为政府行为，国际的合作十分活跃，一些第三世界国家开始积极参与太阳能开发利用工作。20世纪末，由于大量燃烧矿物能源，造成了全球性的环境污染和生态破坏，对人类的生存和发展构成威胁；1992年联合国在巴西召开"世界环境与发展大会"，会议通过了《里约热内卢环境与发展宣言》《21世纪议程》和《联合国气候变化框架公约》等一系列重要文件，把环境与发展纳入统一的框架，确立了经济社会走可持续发展之路的模式。这次会议之后，世界各国加强了清洁能源技术的开发，将利用太阳能与环境保护结合在一起，使太阳能利用工作逐渐得到加强。

世界环境与发展大会之后，我国政府对环境与发展十分重视，国务院批准了《中国环境发展十大对策》，明确提出要"因地制宜地开发和推广太阳能、风能、地热能、潮汐能、生物质能等清洁能源"，1995年国家计委、国家科委和国家经贸委制定了《新能源和可再生能源发展纲要（1996—2010年）》明确提出我国在1996～2010年新能源和可再生能源的发展目标、任务以及相应的对策和措施。这些文件的制定和实施，对进一步推动我国太阳能事业发挥了重要作用。

3. 中国的太阳能资源

我国幅员辽阔，有着十分丰富的太阳能资源。全国各地太阳辐射总量为3340～8400MJ/cm^2，中值为5852MJ/cm^2。按照各地接受太阳总辐射量的多少，全国太阳能分布大致可划分为五类地区，见表6-1。

我国太阳能分布状况　　　　　　　　　　　　　　　　　表6-1

	年日照时数（h）	年辐射总量（MJ/cm^2）	主要地区
一类地区（丰富区）	3200～3300	6690～8360	青藏高原、甘肃北部、宁夏北部和新疆南部
二类地区（较丰富区）	3000～3200	5852～6690	河北西北部、山西北部、内蒙古南部、宁夏南部、甘肃中部、青海东部、西藏东南部和新疆南部
三类地区（中等区）	2200～3000	5016～5852	山东、河南、河北东南部、山西南部、新疆北部、吉林、辽宁、云南、陕西北部、甘肃南部、广东南部、福建南部、江苏北部、安徽北部、天津、北京和台湾西南部

续表

	年日照时数（h）	年辐射总量（MJ/cm²）	主要地区
四类地区（较差区）	1400～2200	4190～5016	长江中下游、福建、浙江和广东的一部分地区
五类地区（最差区）	1000～1400	3344～4190	四川、贵州、重庆等地

一、二、三类地区的年日照时数大于 2000h，辐射总量高于 5852MJ/cm²，是我国太阳能资源丰富或较丰富的地区，面积较大，约占全国总面积的 2/3 以上，具有利用太阳能的良好条件。四、五类地区，虽然太阳能资源条件较差，但仍有一定的利用价值。由此可见，中国蕴藏着丰富的太阳能资源，太阳能利用前景广阔。

目前太阳能在建筑中的应用主要有光电利用和光热利用两种形式。太阳能光电利用是指通过光电器件直接将太阳能转换成电能，即太阳能光伏发电。太阳能光热利用的基本原理是将太阳辐射能收集起来，通过物质的相互作用转换成热能加以利用。

6.2.2　太阳能光电利用技术

太阳能光电利用技术是指通过转换装置把太阳辐射能转换成电能利用，光电转换装置通常是利用半导体器件的光伏效应原理进行光电转换的，因此又称太阳能光伏发电。

太阳能光伏发电系统（photovoltaic power system）是利用半导体器件的光生伏打效应原理直接将太阳光辐射能转换为电能的发电系统，由太阳能电池方阵、蓄电池组、充放电控制器、逆变器等设备组成，有独立运行和并网运行两种运行方式。

1. 太阳能光伏发电系统的组成

太阳能光伏发电系统组成如图 6-2 所示。

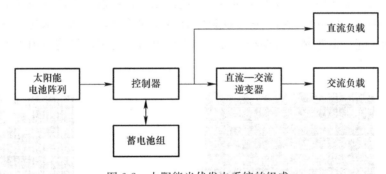

图 6-2　太阳能光伏发电系统的组成

1）太阳能电池

太阳能电池利用光生伏打效应把光能转换为电能，是太阳能光伏发电的最基本元件。

物质吸收光能产生电动势的现象，称为光生伏打效应，这种现象在液体和固体中都会发生，但是只有在固体中，特别是在半导体中，才有较高的能量转换效率。太阳能电池的原理基于半导体 P-N 结的光生伏打效应，即太阳光照射到半导体的 P-N 结上，会在其两端产生光生电压，若在外部将 P-N 结短路，就会产生光电流，如图 6-3 所示。在 PN 结交界面处，存在有一个空间电荷

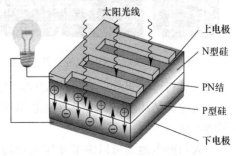

图 6-3　太阳能电池发电原理图

区，N区一侧带正电荷，P区一侧带负电荷，空间电荷区中自建电场的方向自N区指向P区。给PN结加光照，在空间电荷区内部产生电子-空穴对，它们分别被自建电场扫向N区和P区，形成光致电流。在空间电荷区附近一定范围内产生的电子—空穴对，只要它们能通过扩散运动到达空间电荷区，同样可以形成光致电流。光致电流使N区和P区分别积累了负电荷和正电荷，在PN结上形成电势差，引起方向与光致电流相反的PN结正向电流。当电势差增长到正向电流恰好抵消光致电流的时候，便达到稳定情况，这时的电势差称为开路电压。如果PN结两端用外电路连接起来，则有电流流过，在外电路负载电阻很低的情况，这电流就等于光致电流，称为短路电流。光伏电池正是利用半导体材料的光伏效应，把光能直接转化成为电能。所以，人们常常将太阳能电池称为半导体太阳能电池。

在光伏发电过程中，光伏电池本身不发生任何化学变化，也没有机械磨损，因而在使用中无噪声、无气味，对环境无污染，适用于建筑中使用。

太阳能电池板是太阳能光伏系统的关键设备，多为半导体材料制造，发展至今，已种类繁多，形式各样。

从晶体结构来分，有单晶硅太阳能电池、多晶硅太阳能电池和非晶硅太阳能电池。单晶硅太阳能电池是由圆柱形单晶硅锭修掉部分圆边，然后切片而成的，所以单晶硅太阳能电池成准正方形（四个角呈圆弧状）。因制造商不同，其发电效率为14%～17%。图6-4所示为单晶硅太阳能电池片及电池组件；多晶硅太阳能电池是由方形或矩形的硅锭切片而成的，四个角为方角，表面有类似冰花一样的花纹。其电池效率只有约12%，但是制造所需能量较单晶硅太阳能电池低约30%。图6-5所示为多晶硅太阳能电池片及电池组件；非晶硅薄膜太阳能电池是由硅直接沉积到铝、玻璃甚至塑料衬板上生成薄膜光电材料后，再加工制作而成的，如图6-6所示。它可以制作成连续的长卷，可以与木瓦、屋面材料，甚至书包结合到一起。但非晶硅材料经长时间阳光照射后不稳定，目前多用于手表和计算器等小型电子产品中。

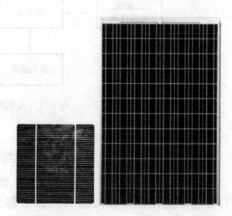

图6-4　单晶硅太阳能电池片及电池组件　　　图6-5　多晶硅太阳能电池片及电池组件

从材料体型来分，有晶片太阳能电池和薄膜太阳能电池。

从内部结构的P-N结多少或层数来分，有单节太阳能电池、多节太阳能电池或多层太阳能电池。

太阳能电池还可以由半导体化合物制作，如砷化镓太阳能电池、镓铟铜太阳能电池、硫化镉太阳能电池、碲化镉太阳能电池和镓铟磷太阳能电池等。

图 6-6 非晶硅薄膜太阳能电池

太阳能电池单体是光电转换的最小单元，尺寸为 $4\sim100cm^2$。太阳能电池单体的工作电压约为 $0.45\sim0.5V$，工作电流约为 $20\sim25mA/cm^2$，一般不能单独作为电源使用，需要将太阳能电池单体进行串、并联并封装组成光伏电池组件，其功率一般为几瓦至几十瓦、几百瓦，即成为可单独作为电源使用的最小单元。将若干个光伏电池组件根据负载需求，再次串、并联组成较大功率的实际供电装置，称之为光伏阵列。图 6-7 所示为太阳能电池单体、组件和阵列。

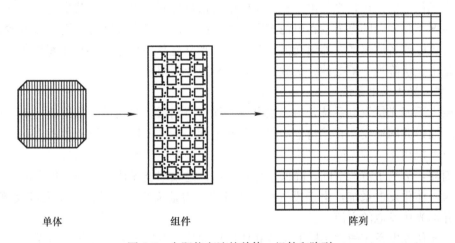

单体　　　　　　　组件　　　　　　　阵列

图 6-7 太阳能电池的单体、组件和阵列

2）蓄电池组

蓄电池组的作用是储存太阳能电池阵列受光照时所发的电能，并可随时向负载供电，满足用电负载的需求。在光伏发电系统中，蓄电池处于浮充放电状态，即将蓄电池和充电装置并联，负荷由充电装置供给，同时以较小的电流向蓄电池充电，使蓄电池经常处于充满电状态。白天太阳能电池方阵给负载供电的同时给蓄电池充电，晚上负载用电由蓄电池供给。

3）逆变器

逆变器是将直流电转换成交流电的设备。由于太阳能电池和蓄电池是直流电源，如果负载是交流负载，则需要用逆变器将直流电转换为交流电。按运行方式不同，光伏发电系统逆变器分为独立光伏系统逆变器和并网光伏系统逆变器。独立光伏系统的逆变器不依赖公共电力网络，利用内部的频率发生器输出同步的 50/60Hz 的交流电，供系统中的交流用电设备使用；并网光伏系统逆变器不仅将太阳能电池阵列发出的直流电转换为交流电，并且还对转换的交流电的频率、电压、电流、相位、有功与无功等进行控制，产生并向电网输送与公共电网上输配的电压与频率特性相一致的交流电。

4）充放电控制器

光伏发电系统中的充放电控制器是对太阳能光伏发电系统进行控制与管理的设备，由于控制器可以采用多种技术方式实行控制，同时实际应用对控制器的要求也不尽相同，因而控制器所完成的功能也不完全相同。其实现的主要功能一是将所发的电能送往直流负载或交流负载，将多余的能量送往蓄电池储存；二是当光伏发电系统所发的电能不能满足负载需要时，将蓄电池的电能送往负载；三是保护蓄电池，当蓄电池充满电后，控制器要控制蓄电池不被过充，当蓄电池所储存的电能放完时，太阳能控制器要控制蓄电池不被过放电。

2. 光伏发电系统的分类及其工作原理

光伏发电系统根据是否接入公共电网分为独立光伏发电系统、并网光伏发电系统和混合供电系统。

1）独立光伏发电系统

独立光伏发电系统将光伏电池板产生的电能通过控制器直接给负载供电，在满足负载需求的情况下将多余的电力给蓄电池充电；当日照不足或者在夜间时，则由蓄电池直接给直流负载供电或者通过逆变器给交流负载供电。独立光伏发电系统结构示意图如图 6-2 所示，它是由光伏阵列、蓄电池、负载、控制器和逆变器组成。

2）并网光伏发电系统

并网太阳能光伏发电系统是由光伏电池方阵、控制器、并网逆变器组成，不经过蓄电池储能，通过并网逆变器直接将电能输入公共电网，图 6-8 是其结构示意图。并网太阳能光伏发电系统相比离网太阳能光伏发电系统省掉了蓄电池储能和释放的过程，减少了其中的能量消耗，节约了占地空间，降低了配置成本，是太阳能光伏发电的发展方向。特别是光伏建筑一体化发电系统，由于投资小、建设快、占地面积小、政策支持力度大等优点，是目前并网光伏发电的主流。

并网光伏发电系统根据不同的构成和使用目的分为有逆流并网光伏发电系统、无逆流并网光伏发电系统、切换型并网光伏发电系统和有储能装置的并网光伏发电系统。

有逆流并网光伏发电系统的工作机理是当太阳能光伏系统发出的电能充裕时，将剩余电能馈入公共电网，向电网供电（卖电），当太阳能光伏系统提供的电力不足时，由电网向负载供电（买电），由于向电网供电与电网供电的方向相反，所以称为有逆流光伏发电系统，其结构示意图如图 6-8 所示；而无逆流并网光伏发电系统工作时，即使太阳能光伏发电系统发电充裕也不向公共电网供电，但当太阳能光伏系统供电不足时，则由公共电网向负载供电；切换型并网光伏发电系统具有自动运行双向切换的功能，当光伏发电系统因多云、阴雨天及自身故障等导致发电量不足时，切换器能自动切换到电网供电一侧，由电网向负载供电；当电网因为某种原因突然停电时，光伏系统可以自动切换使电网与光伏系统分离，成为独立光伏发电系统工作状态，一般切换型并网发电系统都带有储能装置；有储能装置的并网光伏发电系统是在上述几类光伏发电系统中根据需要配置储能装置，带有储能装置的光伏系统主动性较强，当电网出现停电、限电及故障时，可独立运行，正常向负载供电。因此带有储能装置的并网光伏发电系统可以作为紧急通信电源、医疗设备、加油站、避难场所指示及照明等重要或应急负载的供电系统。

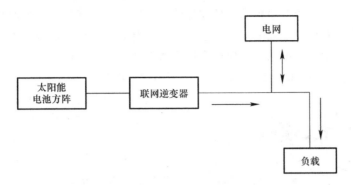

图 6-8　并网光伏发电系统结构示意图

3）混合供电系统

混合供电系统可以是光伏发电系统、风力发电系统或者生物质能系统等相互组合，或者共同组合而成，图 6-9 所示为光伏发电系统和风力发电系统组合而成的混合供电系统，由风力发电机组、太阳能光伏电池组、控制器、蓄电池、逆变器、交流直流负载等部分组成。

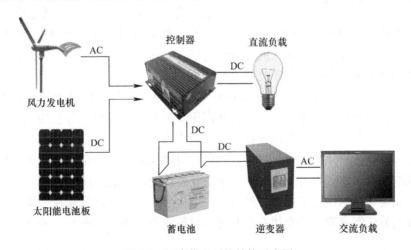

图 6-9　混合供电系统结构示意图

风力发电部分是利用风力机将风能转换为机械能，通过风力发电机将机械能转换为电能，再通过控制器对蓄电池充电，经过逆变器对负载供电；光伏发电部分利用太阳能电池板的光伏效应将光能转换为电能，然后对蓄电池充电，通过逆变器将直流电转换为交流电对交流负载供电，保证交流电负载设备的正常使用；控制部分根据日照强度、风力大小及负载的变化，不断对蓄电池组的工作状态进行切换和调节，一方面把调整后的电能直接送往直流或交流负载。另一方面把多余的电能送往蓄电池组存储，当发电量不能满足负载需要时，控制器把蓄电池的电能送往负载，保证整个系统工作的连续性和稳定性。风光互补发电系统根据风力和太阳辐射变化情况，可以在以下三种模式下运行：风力发电机组单独向负载供电；光伏发电系统单独向负载供电；风力发电机组和光伏发电系统联合向负载供电。

3. 建筑一体化光伏发电系统

建筑一体化光伏发电系统是利用建筑物的光照面积实现分布式发电，由于光伏发电系统装设在建筑物上，接近电力负荷，无需额外的输电投资，也减少了输电过程的电能损失。另外，安装了太阳能电池板的屋顶和外墙，直接降低了建筑物外围结构的温升，减少了室内空调负荷，而且光照强度与负荷强度吻合，有调峰的功效，因而很有发展前景。

建筑一体化光伏系统可以分为建筑附加光伏系统（Building Attached PV，BAPV）和建筑集成光伏系统（Building Integrated PV，BIPV）两种。

建筑附加光伏系统（BAPV）把光伏系统安装在建筑的屋顶或外墙上，建筑物作为光伏组件的载体，起到支撑作用，其应用如图 6-10 所示。光伏本身并不作为建筑的构成，也就是说，如果拆除光伏系统后，建筑物仍能正常使用。

建筑集成光伏系统（BIPV）是指将光伏系统与建筑物集成在一起，光伏组件成为建筑结构不可分割的一部分，如光伏组件与屋面一体化、光伏组件与幕墙一体化、光伏瓦、光伏与遮阳装置一体化等；如果拆除光伏系统则建筑本身就不能正常使用。把光伏组件做成建

图 6-10 建筑附加光伏的应用

材，必须具备建材所要求的坚固耐用、保温隔热、防水防尘、适当的强度和刚度等性能。建筑集成光伏系统是建筑光伏系统的更高级应用，光伏组件既作为建材又能够发电，可以部分抵消光伏系统的成本，有利于光伏系统的推广。

光伏组件与屋顶一体化的应用如图 6-11 所示，由于建筑屋顶是太阳光直射区域，日照时间最长、太阳能辐射强度最大，因此在屋顶安装光伏组件能充分利用太阳能，而且光伏组件与屋顶一体化设计，可以减少在高层建筑中风对光伏组件的影响，另外由于光伏组件材料吸收太阳能，屋顶无需隔热材料，因此，与建筑屋顶一体化的大面积光伏组件的使用，节约成本，美观建筑，有效的利用屋顶的复合功能，节能环保。

太阳能瓦是光伏组件与屋顶的另外一种一体化形式，它可以像瓦片一样直接铺在屋面上，不需要安装任何支架，使光伏系统和建筑屋顶成为一体，如图 6-12 所示。

图 6-11 光伏系统与建筑屋面一体化应用　　　图 6-12 太阳能瓦的应用

除了屋顶之外，建筑物（尤其是高层建筑）与太阳光接触最多的就是外墙，采用各种墙体构造和材料，将光伏组件布置在建筑物的外墙上，合理的利用外墙接收的太阳光，这样不但可以利用太阳能发电，而且还能有效降低建筑墙体的温度，从而降低建筑室内空调冷负荷。图 6-13 是光伏组件与墙体一体化的应用实例。

光伏幕墙将光伏组件集成到玻璃幕墙之中，突破了传统玻璃幕墙的单一维护功能，把以前被当作有害因素而屏蔽在建筑物表面外的太阳光，转化为电能被人类利用，同时这种复合材料不多占用建筑面积，特殊的装饰效果使建筑物更显美观。图 6-14 是光伏幕墙的应用实例。

光伏组件与遮阳装置一体化在遮阳的同时又合理地利用太阳能发电，实现了建筑节能、环保的设计理念，图 6-15 为光伏组件与遮阳装置一体化的应用实例。

图 6-13　光伏系统与建筑墙体一体化的应用

图 6-14　光伏幕墙的应用

6.2.3　太阳能光热利用技术

太阳能光热利用的基本原理是通过太阳能集热器将太阳辐射能收集起来，通过与物质的相互作用转换成热能加以利用。

1. 太阳能集热器

太阳能集热器是吸收太阳辐射并将产生的热能传递到传热工质的装置，是组成各种太阳能热利用系统的关键部件，目前使用最多的太阳能收集装置主要有平板型集热器、真空管集热器，其图例及内部结构分别如图 6-16 和图 6-17 所示。

平板型集热器是太阳能低温（小于 200℃）热利用的基本部件，广泛应用于生活/工业用水加热、

图 6-15　光伏组件与遮阳装置
一体化的应用

建筑物供暖与空调等领域。平板型集热器由吸热板、透明盖板、隔热层和外壳等几部分组成。当平板型集热器工作时，太阳辐射穿过透明盖板后，投射在吸热板上，被吸热板吸收并转换成热能，然后将热量传递给吸热板内的传热工质，使传热工质的温度升高，作为集热器的有用能量输出；与此同时，温度升高后的吸热板不可避免地要通过传导、对流和辐射等方式向四周散热，造成集热器的热量损失。

（a）　　　　　　　　　　　　　　　　（b）

图 6-16　太阳能集热器图例

（a）平板型集热器；（b）真空管集热器

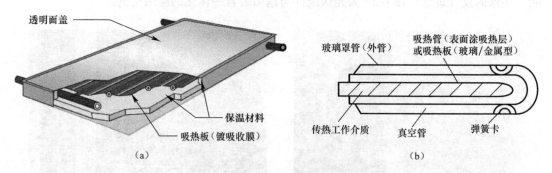

（a）　　　　　　　　　　　　　　　　（b）

图 6-17　太阳能集热器内部结构图

（a）平板型集热器；（b）全玻璃真空管集热器

为了减少集热器的热损失，人们将吸热板与透明盖板之间的空间抽成真空，做成真空集热器，但由于平板形状的透明盖板很难承受因内部真空而造成外部空气如此巨大的压力，另外由于方盒形状的集热器很难抽成并保持真空，因而将太阳能集热器的基本单元做成圆管形状这就是真空管集热器。一台真空管集热器通常由若干只真空集热管组成，真空集热管的外壳是玻璃圆管，吸热体可以是圆管状、平板状或其他形状，吸热体放置在玻璃圆管内，吸热体与玻璃圆管之间抽成真空。按吸热体的材料不同，真空管集热器分为全玻璃真空管集热器和金属吸热体真空管集热器。

2. 太阳能热水系统

太阳能热水系统是利用太阳能集热器收集太阳辐射能把水加热的一种装置，是目前太阳热能应用发展中最具经济价值、技术最成熟且已商业化的一项应用产品。使用太阳能热水系统不仅节约不可再生能源，而且相对使用燃气和使用电力更加安全，相对于使用化石燃料制造热水，能减少对环境的污染及温室气体 CO_2 的产生，具有环保效益。

太阳能热水系统通常由太阳能集热器、传热工质、贮热水箱、补给水箱和连接管路等组成，如图 6-15 所示。其工作过程如下：在太阳辐照下，集热器吸收太阳能并转换成热能传递给集热器内的传热工质，传热工质受热后通过自然循环或强迫循环（如泵循环）方式将贮水箱中的水加热。有些太阳能热水系统还有辅助加热装置（如电热器），保证整个系统在阴雨天或冬季光照强度弱时仍能正常使用，保证用户使用热水或供暖的要求。

太阳能热水系统根据加热循环方式的不同可分为自然循环系统、强制循环系统和直流式循环系统三类。

1）自然循环系统

自然循环系统蓄水箱必须置于集热器上方，如图 6-18 所示，水在集热器中被太阳辐射加热后，温度升高；由于集热器与蓄水箱中的水温不同，因而产生密度差，形成热虹吸压力，使热水由上循环管进入水箱的上部，同时水箱底部的冷水由下循环管进入集热器，形成循环流动。这种热水器的循环不需要外加动力，故称为自然循环。在运行过程中，系统的水温逐渐升高，经过一段时间后，水箱上部的热水即可使用。在用水的同时，由补给水箱向蓄水箱补充冷水。自然循环太阳能热水系统结构简单、运行安全可靠、不需要循环水泵、管理方便，但为了防止系统中热水倒流及维持一定的热虹吸压力，蓄水箱必须置于集热器的上方，不利于与建筑结合，适用于中小型太阳能热水系统。

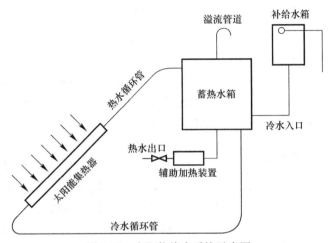

图 6-18　太阳能热水系统示意图

2）强制循环系统

强制循环系统中，水是靠泵来循环的，系统中装有控制装置，当集热器顶部的水温与蓄水箱底部水温的差值达到某一限定值的时候，控制装置就会自动启动水泵；反之，当集热器顶部的水温和蓄水箱底部水温的差值小于某一限定值的时候，控制装置就会自动关闭水泵，停止循环。因此，强制循环系统中蓄水箱的位置不一定要高于集热器，整个系统布置比较灵活，适用于大型热水系统。根据循环管道内循环介质不同，强制循环系统可分为直接强迫循环系统和间接强迫循环系统，如图 6-19 和图 6-20 所示。

直接强迫循环系统循环管道内流动的是用户所要使用的水，冷水直接通过集热器交换热量，温度升高后供用户使用；间接强迫循环系统蓄水箱内放置有换热器，系统循环管道内是防冻液，集热器将防冻液加热后循环至水箱，与水箱内的冷水交换热量，使水箱内的水温升高，以供用户使用。

3）直流式循环系统

直流式系统如图 6-21 所示，这一系统是在自然循环和强制循环的基础上发展起来的。为了得到温度符合用户要求的热水，系统采用定温放水的方法。集热器进口管与自来水管连接，集热器内的水受太阳辐射能加热后，温度逐步升高。在集热器出口处安装测温元件，通过温度控制器，控制安装在集热器进口管上电动阀的开度，根据集热器出口温度来调节集热器进口水流量，使出口水温始终保持恒定。这种系统运行的可靠性取决于变流量电动阀和控制器的工作质量。

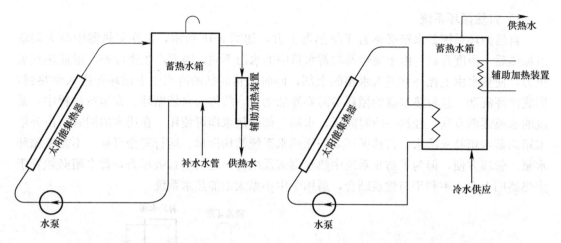

图 6-19　直接强迫循环系统

图 6-20　间接强迫内置辅助加热热水系统

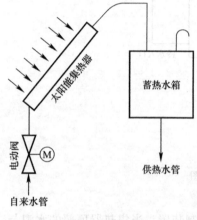

图 6-21　直流式热水系统示意图

在我国，家用太阳能热水器和小型太阳能热水器多采用自然循环式，而大中型太阳能热水器系统多采用强制循环式。

3. 太阳能供暖

太阳能供暖分为被动式太阳能供暖和主动式太阳能供暖。被动式太阳能供暖依靠建筑物的方位、本身结构和材料的热工性能，吸收和贮存太阳辐射的能量，以达到供暖的目的，也称为太阳能自然供暖，详见本书第 2 章被动式太阳房。主动式太阳能供暖系统与常规能源供暖系统的区别在于它是以太阳能集热器作为热源代替以煤、石油、天然气等常规能源作燃料的锅炉。本节主要介绍主动式太阳能供暖系统。

主动式太阳能供暖系统由太阳能集热器、贮热器、辅助热源以及管道、阀门、风机、水泵、控制系统等组成。太阳能集热器获取太阳的热量，通过配热系统送至室内进行供暖。过剩热量储存在贮热器内，当收集的热量小于供暖负荷时，由储存的热量来补充，热量不足时，由备用的辅助热源提供。

太阳能供暖系统按其集热工质（或介质）分为空气加热供暖系统和水加热供暖系统，另外还有利用太阳能与热泵联合运行作为供暖热源的太阳能热泵系统。

1）空气加热供暖系统

以空气为集热介质的太阳能供暖系统如图 6-22 所示。当集热介质为空气时，贮热器一般使用砾石固定床，砾石堆表面积大且有曲折的缝隙，当热空气流通时，砾石堆就储存了由热空气所放出的热量。通入冷空气就能把储存的热量带走。在此砾石固定床既是贮热器又是换热器，不仅降低了系统的造价，而且这种直接换热器具有换热面积大、空气流通阻力小及换热效率高的优点。在图 6-22 中，风机 1 驱动空气在集热器与贮热器之间不断的循环，让空气与集热器中的供暖板发生热接触，将集热器所吸收的太阳热量通过空气传递给贮热器存放起来，或直接送往建筑物。风机 2 的作用是驱动建筑物中的空气循环，建筑物内的冷空气通过风机 2 输送到贮热器中与贮热器中的介质进行热交换，加热空气，然后将暖空气送往建筑物进行供暖。若空气温度较低，需使用辅助加热装置。这种系统的优点是集热器不会出现冻坏和过热情况，可直接用于热风供暖，控制使用方便。

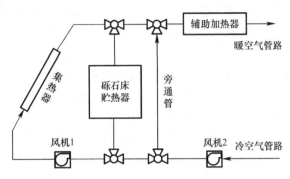

图 6-22　太阳能空气加热系统图

2）水加热供暖系统

太阳能水加热供暖是指通过集热器先太阳能转换成热水，再将热水输送到发热末端（如：地板供暖系统、散热器系统等）提供房间供暖的系统，简称太阳能供暖。

图 6-23 是以水为集热介质的太阳能供暖系统图。此系统以贮热水箱与辅助加热装置作为供暖热源。当有太阳能采集时打开水泵 1，使太阳能集热器与水箱之间循环，吸收太阳能来提高水温。水泵 2 的作用是保证负荷部分供暖热水的循环。假设供暖热媒温度为 40℃、回水温度为 25℃，当集热器温度超过 40℃，辅助加热装置不工作；当集热器温度在 25℃～40℃之间，辅助加热装置需提供部分热源；当集热器温度降到 25℃以下，系统中全部水量只通过旁通管进入辅助加热装置，供暖所需热量都由辅助加热装置提供，暂不利用太阳能。该系统储热介质是水，比热容较大，因而大大缩小了储热装置的体积，从而降低了造价。但应注意防止集热器和系统管道的冻结和渗漏。

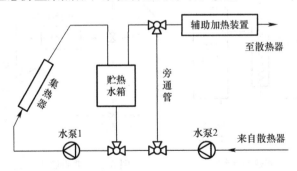

图 6-23　太阳能水加热供暖系统图

由于太阳能受季节和天气影响较大，在太阳辐照强度小、时间少或气温较低、对供热要求较高的地区，普通太阳能供热系统的应用受到很大限制，因此在太阳能应用中必须与其他热源联合运行，热泵作为热源具有独特的优势，它可以节省高品位的电能，减少化石类能源的消耗，减少环境的污染，因而利用太阳能与热泵联合运行作为热源的供暖系统是一种有效利用太阳能供暖的理想方式。

3）太阳能热泵

太阳能热泵（Solar Assisted Heat Pump，SAHP）一般是指利用太阳能作为蒸发器热源的热泵系统，区别于以太阳能光电或热能发电驱动的热泵机组。它把热泵技术和太阳能热利用技术有机地结合起来，可同时提高太阳能集热器效率和热泵系统性能。

根据太阳能集热器与热泵蒸发器的组合形式，太阳能热泵可分为直膨式和非直膨式。在直膨式系统中，太阳能集热器与热泵蒸发器合二为一，即制冷工质直接在太阳能集热器中吸收太阳辐射能而得到蒸发，其组成结构如图6-24所示。在非直膨式系统中，太阳能集热器与热泵蒸发器分立，通过集热介质（一般采用水、空气、防冻溶液）在集热器中吸收太阳能，并在蒸发器中将热量传递给制冷剂，或者直接通过换热器将热量传递给需要预热的空气或水。集热器吸收的热量作为热泵的低温热源，在阴雨天，直膨式太阳能热泵转变为空气源热泵，非直膨式太阳能热泵作为加热系统的辅助热源。因此，它可全天候工作，提供热水或热量。

根据太阳能集热环路与热泵循环的连接形式，非直膨式系统又可进一步分为串联式、并联式和双热源式三种形式，其组成结构分别如图6-25～图6-27所示。串联式是指集热环路与热泵循环通过蒸发器加以串联，蒸发器的热源全部来自太阳能集热环路吸收的热量；并联式是指太阳能集热环路与热泵循环彼此独立，前者一般用于预热后者的加热对象，或后者作为前者的辅助热源；双热源式与串联式基本相同，只是热泵循环中包括了两个蒸发器，可同时利用包括太阳能在内的两种低温热源或二者互为补充。双热源式太阳能辅助热泵由于采用包括太阳能在内的两种低温热源或二者互为补充，使系统具有更好的稳定性。另外，可以在系统中增加蓄热装置，减小热泵机组额定容量、降低系统运行费用，提高太阳能依存率（来自太阳的有效得热占所需热负荷的比例），并且夏季还可进行与太阳能无关的蓄冷运行以满足房间空调的需求。

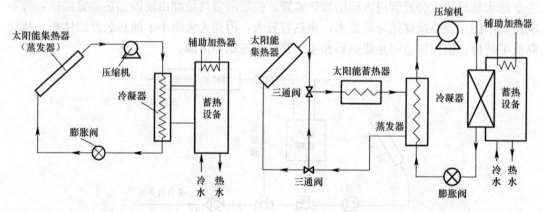

图6-24　直膨式太阳能热泵系统　　　　图6-25　非直膨串联式太阳能热泵系统

太阳能热泵同其他类型的热泵一样也具有"一机多用"的优点，即冬季可供暖，夏季可制冷，全年可提供生活热水。由于太阳能热泵系统中设有蓄热装置，因此夏季可利用夜间谷时电力进行蓄冷运行，以供白天供冷之用，不仅运行费用低，而且有助于电力错峰。

直膨式太阳能热泵一般适用于小型供热系统，如户用热水器和供热空调系统。其特点是集热面积小、系统紧凑、集热效率和热泵性能高、适应性好、自动控制程度高等，在应用于生产热水方面具有高效节能、安装方便、全天候等优点，其造价与空气源热泵热水器相当，性能更优越；非直膨式系统具有形式多样、布置灵活、应用范围广等优点，适合于集中供热、空调和供热水系统。易于与建筑一体化。

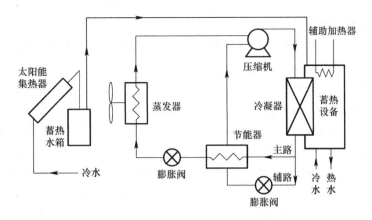

图 6-26 非直膨并联式太阳能热泵系统

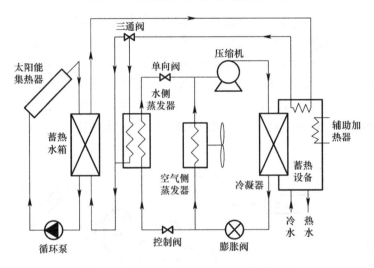

图 6-27 非直膨双热源式太阳能热泵系统

4. 太阳能制冷

制冷是指使某一系统的温度低于周围环境介质的温度并维持这个低温。为了使这一系统达到并维持所需要的低温，需要不断地从它们中间取出热量并将热量转移到环境介质中去，这个不断地从被冷却系统中取出热量并转移热量的过程即为制冷。根据热力学第二定律，在自然条件下热量只能从高温物体向低温物体转移，而不能由低温物体自发地向高温物体转移，也就是说在自然条件下，这个转变过程是不可逆的。要使热传递方向倒转过来，只有靠消耗功来实现。人工制冷也叫机械制冷，是借助于一种专门的技术装置（制冷装置），通常是由压缩机、热交换设备和节流机构等组成，消耗一定的外界能量，迫使热量从温度较低的被冷却物体，传递给温度较高的环境介质，得到人们所需要的各种低温。

太阳能制冷主要通过光-热和光-电转换两种途径实现。光-热转换制冷首先是将太阳能转换成热能（或机械能），再利用热能（或机械能）作为外界的补偿，使系统达到并维持所需的低温。太阳能光电转换制冷，首先是通过太阳能电池将太阳能转换成电能，再用电能驱动常规的压缩式制冷机。在目前太阳能电池成本较高的情况下，太阳能光电转换制冷系统的成本要较之太阳能光热转换制冷系统的成本要高，因而本节所说的太阳能制冷，主要是指太阳能光热转换制冷。

按照消耗热能或消耗机械能这两类补偿过程对太阳能光热转换制冷进行分类，消耗热能的太阳能制冷方式有吸收式制冷、吸附式制冷、除湿式制冷、蒸汽喷射式制冷；消耗机械能的太阳能制冷方式有蒸汽压缩式制冷。

1）太阳能吸收式制冷系统

吸收式制冷是利用两种物质所组成的二元溶液作为工质来进行的。这两种物质在同一压强下有不同的沸点，其中高沸点的组分称为吸收剂，低沸点的组分称为制冷剂。常用的吸收剂—制冷剂组合有两种：一种是溴化锂—水，通常适用于大型中央空调；另一种是水-氨，通常适用于小型空调。吸收式制冷机主要由发生器、冷凝器、蒸发器和吸收器组成。

太阳能吸收式制冷的原理如图 6-28 所示。制冷剂-吸收剂工质在发生器中被太阳能集热器送来的热水加热，制冷剂受热蒸发从制冷剂-吸收剂工质解析出来，在冷凝器中被冷却，释放出热量后凝结为高压低温液态水；冷凝水通过膨胀阀降压后，进入蒸发器吸热蒸发，产生制冷效应；蒸发产生的制冷剂蒸汽进入收集器被来自发生器的制冷剂-吸收剂工质吸收，再次变成液态后被泵加压送入发生器被加热。由此可见，太阳能吸收式制冷就是利用太阳能集热器将水加热，为吸收式制冷机的发生器提供所需要热媒水，从而使吸收式制冷机正常运行，达到制冷的目的。热媒水的温度越高，则制冷机的性能系数（Coefficient of Performance，COP）越高，空调系统的制冷效率也越高。

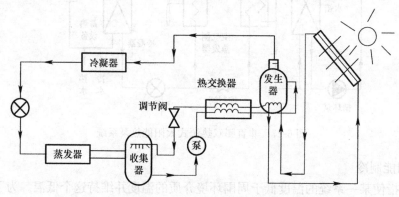

图 6-28　太阳能吸收制冷原理图

太阳能吸收式空调系统由太阳能集热器、吸收式制冷机、空调箱（或风机盘管）、锅炉、储水箱和自动控制系统组成。太阳能吸收式空调系统可以实现夏季制冷、冬季供暖、全年提供生活热水等多项功能。在夏季，被集热器加热的热水首先送入储水箱，当热水温度达到一定值时，由储水箱向制冷机提供热媒水，使吸收式制冷机正常运行，达到制冷的目的；而从制冷机流出并已降温的热水流回储水箱，再由集热器加热成高温热水。当太阳能不足以提供高温热媒水时，可由辅助锅炉补充热量；在冬季，同样先将集热器加热的热水进入储水箱，当热水温度达到一定值时，由储水箱直接向空调箱提供热水，以达到供热供暖的目的。当太阳能不能够满足要求时，也可由辅助锅炉补充热量；在非空调供暖季节，只要将集热器加热的热水直接通向生活用储水箱中的热交换器，就可将储水箱中的冷水逐渐加热以供使用。

正是因为太阳能吸收式制冷系统具有夏季制冷、冬季供暖，全年提供生活热水的功能，目前在世界各国应用较为广泛。

2）太阳能吸附式制冷系统

根据制冷系统的运行方式，一般可以分为连续式制冷系统和间歇式制冷系统两种。发生—冷凝和蒸发—吸收（或吸附）两个过程同时进行的，称为连续式制冷系统；发生—冷凝和蒸发—吸收（或吸附）两个过程分别在白天和夜间进行的，称为间歇式制冷系统。上一节介绍的太阳能吸收式制冷系统的发生—冷凝和蒸发—吸收（或吸附）两个过程同时进行，是连续式制冷系统。本节要介绍的太阳能吸附式制冷系统，其发生—冷凝和蒸发—吸收（或吸附）两个过程分别在白天和夜间进行，是间歇式制冷系统。

太阳能吸附式制冷系统主要由太阳能吸附集热器、冷凝器、储液器、蒸发器和阀门等组成，其结构原理如图 6-29 所示。其中太阳能吸附集热器相当于太阳能吸收式制冷系统中的太阳能热水系统、发生器和吸收器的组合，吸附集热器内的吸附剂相当于吸收式制冷中的吸收剂。白天太阳辐射充足时，太阳能吸附集热器吸收太阳辐射能后，吸附床温度升高，使制冷剂从吸附剂中解吸，太阳能吸附集热器内压力升高。解吸出来的制冷剂进入冷凝器，经冷却水冷却后凝结为液态，进入蒸发储液器。这样，太阳能就转化为代表制冷能力的吸附势能储备起来，实现化学吸附潜能的储存。夜间或太阳辐射不足时，环境温度降低，太阳能吸附集热器自然冷却，吸附床的温度下降，吸附剂开始吸附制冷剂，储液器中的制冷剂通过膨胀阀进入蒸发器，在汽化过程中吸收冷水的热量，产生制冷效果，汽化后的制冷剂蒸汽再次被吸收剂吸附。考虑到天气情况的影响，在系统中加以辅助冷热源。当太阳能辐射不足时，太阳能吸附集热器通入辅助热水使吸附床温度升高，制冷剂解吸；当冷水温度达不到要求时，太阳能吸附集热器通入辅助冷却水使吸附床温度降低，开始吸附制冷剂。

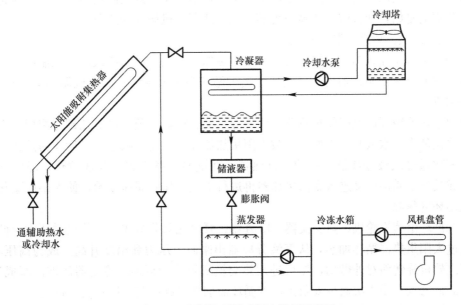

图 6-29　太阳能吸附式制冷循环示意图

3）太阳能蒸汽喷射式制冷

太阳能蒸汽喷射式制冷系统主要由太阳集热器和蒸汽喷射式制冷机两大部分组成，如

图 6-30 所示。太阳集热器循环由太阳集热器、锅炉、储热水器等几部分组成，蒸汽喷射式制冷机循环由蒸汽喷射器、冷凝器、蒸发器、泵等几部分组成，它们分别依照太阳集热器循环和蒸汽喷射式制冷机循环的规律运行。

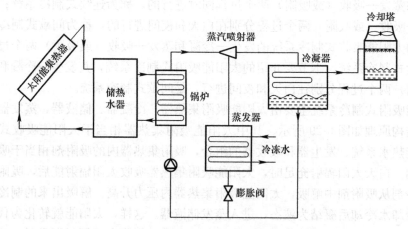

图 6-30　太阳能蒸汽喷射式制冷系统示意图

在太阳集热器循环中，水或其他工质先后被太阳集热器和锅炉加热，温度升高，然后再去加热低沸点工质至高压状态；在蒸汽喷射式制冷机循环中，低沸点工质的高压蒸汽通过蒸汽喷射器的喷嘴，因流出速度高、压力低，则吸引蒸发器内生成的低压蒸汽形成混合蒸汽，经扩压后，速度降低，压力增加，然后进入冷凝器被冷凝成液体，该液态的低沸点工质在蒸发器内蒸发，吸收冷媒水的热量，从而达到制冷的目的；而低沸点工质的高压蒸气经过蒸汽喷射式制冷机后放热，温度迅速降低，然后又回到太阳集热器和锅炉再进行加热。如此周而复始，使太阳集热器成为蒸汽喷射式制冷机循环的热源。

4）太阳能蒸汽压缩式制冷系统

太阳能蒸汽压缩式制冷系统主要由太阳集热器、蒸汽轮机和蒸汽压缩式制冷机三大部分组成，它们分别依照太阳集热器循环、热机循环和蒸汽压缩式制冷机循环的规律运行，如图 6-31 所示。

太阳集热器循环由太阳能集热器、汽液分离器、锅炉、预热器等几部分组成。在太阳能集热器循环中，水或其他工质首先被太阳集热器加热至高温状态，然后作为热机循环的热源，依次通过汽液分离器、锅炉、预热器，在这些设备中先后几次放热，温度逐步降低，水或其他工质最后又进入太阳集热器再进行加热，如此周而复始，使太阳能集热器成为热机循环的热源。

热机循环由蒸汽轮机、热交换器、冷凝器、泵等几部分组成，在热机循环中，低沸点工质通过太阳集热器循环加热，从气液分离器出来时，压力和温度升高，成为高压蒸汽，推动蒸汽轮机旋转而对外做功，然后进入热交换机被冷却再通过冷凝器而被冷凝成液体。该液态的低沸点工质再次通过太阳集热器循环而加热成高压蒸汽推动蒸汽轮机。

蒸汽压缩式制冷机循环由制冷压缩机、蒸发器、冷凝器、膨胀阀等几部分组成。在该循环中，蒸汽轮机通过联轴器带动制冷压缩机，通过压缩式制冷机中制冷剂的压缩、冷凝、节流、汽化四个过程，完成制冷剂的循环，达到制冷目的。

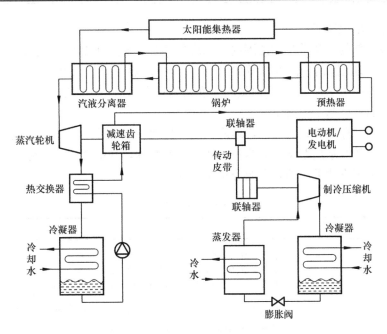

图 6-31　太阳能热机驱动蒸汽压缩式制冷系统示意图

6.3　地热能利用技术

当今，面对全球气候变化和各种环境污染问题，地热能作为一种清洁能源而备受关注。地热能是指蕴藏在地球内部的巨大的天然热能，源于地球的熔融岩浆和地表层数百公里内的放射性元素衰变所产生的巨大热能量。据估计，地球内部由放射性元素衰变而产生的热量平均每年为 5×10^{24} cal（20.9×10^{24} J/年），全世界地热资源的总量大约为 14.5×10^{25} J，相当于 4948×10^{12} tce 燃烧时所放出的热量，是全球煤炭总储量的 17000 万倍。与煤炭、石油等传统能源相比，地热能具有分布广、储量大、可再生、清洁环保、安全适用等特点，因为不需要消耗燃料生热或发电，而且利用地热发电不排放二氧化碳和氮氧化物，二氧化硫排放量也很少，是最有潜力的可再生清洁能源之一。仅从利用地热能供暖测算，若实现供暖面积 1000 万 m^2，每年可节约约 60 万 tce，减排二氧化碳约 160 万 t、二氧化硫约 5000t、氮氧化物约 4900t。正因为如此，地热能受到了世界各国普遍的重视，20 世纪 70 年代以来，地热发电和地热直接利用得到了迅速发展。

6.3.1　地热资源及其开发利用

1. 地热能资源分类

在地壳中，地温分布可分为变温带、常温带和增温带。

变温带（外热带）一般指地表向下 15～20m 左右，受太阳辐射的影响，其温度随着昼夜、年份、世纪、大气温度变化。

常温带（常温层）处于变温带以下，在地表向下 20～30m 左右，并随地理位置而异，其温度变化幅度几乎等于零，温度值一般保持在高于当地年平均气温 1～2℃。

增温带（内热带）处于常温带以下几十公里，地温受地球内热控制，越往深处温度越高，至一定深度增温减弱。

在地壳最上部的十几千米的范围内，深度每增加 30m，地热的温度大约升高 1℃；在地下 15～25km 的范围内，深度每增加 100m，地热的温度大约只升高 1.5℃；到了 25km 以下的区域，深度每增加 100m，地热的温度大约只升高 0.8℃；从这个区域再往下深入到一定程度，其温度就基本保持不变了。

根据地下储能存在形式的不同，地质学上常把地热资源分为水热型、地压型、干热岩型和岩浆型四大类。水热型又分为蒸汽型和热水型两种，其中蒸汽型又分为干蒸汽（以蒸汽为主的）和湿蒸汽两类。地热资源分类见表 6-2。

地热资源分类　　　　　　　　　　　　表 6-2

资源类型			定义	特征	备注
水热型	蒸汽型	干蒸汽	即地球浅处（地下 100～4500m）所见到的热水或水蒸气	以温度较高的干蒸汽或过热蒸汽形式存在的地下储热，杂有少量其他气体，水很少或没有，无水的干蒸汽资源罕见，含水的称为湿蒸汽资源。蒸汽型地热田是最理想的地热资源，形成这种地热田要有特殊的地质结构，即储热流体上部被大片蒸汽覆盖，而蒸汽又被不透水的岩层封闭包围。这类地热能比较容易开发利用，但储量不多，仅占已探明的地热资源总量 0.5% 左右	到目前为止只发现两处具有一定规模的高质量干热蒸汽储藏：一个位于意大利的拉德雷罗；另一个位于墨西哥塞罗布列托热
		湿蒸汽			
	热水型	热水型		包括低于当地气压下饱和温度的热水和温度等于饱和温度的湿蒸汽，分布广、储量大，约占已探明地热资源的 10%，其温度范围也很广，从接近室温到高达 390℃。90℃ 以下称为低温热水田，90℃～150℃ 称为中温水田，150℃ 以上称为高温热水田。中、低温热水田分布广、储量大，我国已发现的大多属于这种类型	中国广泛分布于沉积盆地及褶皱山系
地压型			在某些大型含油气盆地深处（3～6km）存在着的高温高压热流体，其中有大量甲烷气体	储存在含油气沉积盆地，并被不透水的页岩所封存，导致高温约为 150～260℃。并在高温高压下积累了溶于水中的烃类物质。由机械能、热能和化学能组成是一种综合性能源，其储量较大，约占已探明的地热资源的 20%	地压型地热能的开发利用目前尚处于研究探索阶段
干热岩型			由特殊地质构造条件造成高温但少水甚至无水的干热岩体，需用人工注水的方法才能将其热能取出	温度范围广（约为 150～650℃），储量丰富（约占已探明的地热资源总量的 30%）。干热岩体开采技术是形成人造地热田，亦即开凿通入温度高、渗透性低的岩层中的深井（4～5km），然后利用液压和爆破碎裂法形成一个大的热交换系统。这样注水井和采水井便通过人造地热田联结成一个循环回路，水在其中进行循环。它含很高的能量，据估计 4.168km³350℃ 的热岩体冷却到 150℃，可产出相当于三亿桶石油的热量	它的开发技术难度大，近年来各国均在积极开展试验
岩浆型			是在熔融状或半熔融状炽热岩浆中蕴藏着的巨大能量资源（即岩浆）	其温度高达 650～1500℃。熔岩储存的热能比其他几种都多，约占已探明的地热资源总量的 40%，其储存深度在 3～10km 之间。在开采这种地热能时，需要在火山地区搭几千米深的钻孔，所冒的风险很大，开采难度大，因此这种地热能尚未得到实际开发利用	美、日等发达国家已制定了长期开发计划

到目前为止，各国对于地热资源的开发利用，仍然是以水热型为主，地压型和干热岩型等尚处于试验阶段，开发利用少。

2. 中国地热资源分布

根据我国所处的大地构造位置及地热背景，中国地热资源分为高温对流型地热资源、中低温对流型地热资源和中低温传导型地热资源。

高温对流型地热资源主要分布在滇藏及台湾地区。在西藏南部，地表共有 600 多处高温地热显示，包括间歇泉（Geysers）、沸泉（Boiling spring）、喷气孔（Fumaroles）、冒汽地面（Steaming ground）、水热爆炸（Hydrothermal explosion）等，其中 345 处在 20 世纪 70 年代即经过实地考察。滇藏地热带（或称"喜马拉雅地热带"）实际上是地中海地热带的东延部分。台湾地热带属于全球"环太平洋地热带"，即火山学上的"环太平洋火环"的一部分。

中低温对流型地热资源主要分布在我国东南沿海地区，包括广东、海南、广西以及江南、湖南和浙江。从成因上来说，这类地热资源是在正常或略微偏高的地热背景下（以"大地热流值"来衡量），大气降水经断层破碎带或裂隙发育带渗入地下，并从围岩中汲取热量成为温度不等的地下热水。这类地下热水在适当的地质构造条件下可露出地表成为温泉，构成一个完整的地下环流系统。一般情况下，地热背景越高，下渗（或循环）深度越大，地下热水温度亦越高。

中低温传导型地热资源是一类能源潜力巨大的地热资源，主要埋藏在大中型沉积盆地之中（如华山、松辽、苏北、四川、鄂尔多斯等）。据估算，我国 10 个主要沉积盆地的可采资源量可达到 18.54 亿 tce 的量级，可见其资源潜力的巨大。目前北京、天津、西安等大中城市及广大农村开发利用的就是这类地热资源。

3. 世界地热资源开发利用现状

从世界范围来看，利用温泉洗浴已有数千年历史，但只是在 20 世纪地热资源才作为能源大规模用于发电、供暖和工农业用热。1904 年在意大利拉德瑞罗首次利用地热蒸汽发电成功，而较具规模的地热城市供暖则始于 20 世纪 30 年代（冰岛）。20 世纪 70 年代初地热利用的步伐开始加快，据统计，1975～1995 年的 20 年间，全球范围内地热发电每年大约以 9％的速率增长，而地热直接利用的增长率略低，约为 6％。表 6-3 列出地热直接利用前 10 名国家。可以看出，中国地热直接利用的年产量值居世界第一。美国虽其装机容量位居世界第一但其年产能值却排在世界第三，原因在于不同类型的地热直接利用，其利用率不同。至 2002 年，全世界地热发电总装机容量已达 8000MW，而地热直接利用的总装机容量为 15200MW（见表 6-4）。

地热直接利用前 10 名国家　　　　　　　　　　表 6-3

序号	国名	年产能（GWh/年）	装机容量（MW）	序号	国名	年产能（GWh/年）	装机容量（MW）
1	中国	12604.6	3687.0	6	日本	2861.6	822.4
2	瑞典	10000.8	3840.0	7	匈牙利	2205.7	694.2
3	美国	8678.2	7817.4	8	意大利	2098.5	606.6
4	土耳其	6900.5	1495.0	9	新西兰	1968.5	308.1
5	冰岛	6806.1	1844.0	10	巴西	1839.7	360.1

全球 2002 年地热开发利用情况   表 6-4

地热利用	总装机容量（MW）	年产能值（GW·h/a）	利用系数
发电	8000	50000	0.71
直接利用	15200	53000	0.40

4. 地热回灌

地热回灌就是把地热废水、常温地下水、地表水等灌入地下储热层中，目的是处理利用后废弃的低温水，避免地热废水直接排放对环境造成热污染和化学污染；改善或恢复地下储热层的产热能力，提高地热资源的再利用效率；保持地下储热层的流体压力，维持地热资源的开采条件，保证正常的地下水位，实现可循环利用。

国内早期开采的地热水经利用后一般直接排放掉，基本上没有回灌，曾引起一系列社会和环境问题。目前我国处于地热资源开发利用快速发展阶段，各地政府均重视地热回灌问题，要求对地热资源采取循环利用模式，即开采—利用—回灌—开采模式。

6.3.2 高品位地热能在建筑中的直接利用

高品位地热能和低品位地热能是一个相对的概念，一般来说，如果地热资源的温度较高，可以直接被利用，则称之为高品位地热能。而那些温度相对较低，与环境温度相近的地热能称之为低品位地热能。在土壤、地下水和地表水中蕴藏着无穷无尽的低品位热能，虽然这些低品位地热能不能直接被利用，但可以通过输入少量的高位电能，实现低位热能向高位热能转移，并加以利用。高品位地热能和低品位地热能并没有严格的温度界限，主要根据其不同的选用方式来区分。

将高品位地热能直接用于供暖、制冷、供热和供热水是仅次于地热发电的地热利用方式，因为这种方式简单、经济性好，而且节能、无污染、备受各国重视，特别是位于高寒地区的西方国家，其中冰岛开发利用得最好。该国早在 1928 年就在首都雷克雅未克建成了世界上第一个地热供暖系统，现今这一供热系统已发展得非常完善，每小时可以从地下抽取 7740t、80℃ 的热水，供全市 11 万居民使用。由于没有高耸的烟囱，冰岛首都已被誉为"世界上最清洁无烟的城市"。我国利用地热供暖供热水发展也很迅速，在京津地区已成为地热利用中最普遍的方式。它的主要利用形式是采用地下水为建筑供暖、制冷和提供建筑内的生活热水。

1. 地热供暖

地热供暖有很多的优点，首先，它充分合理利用资源，用低于 90℃ 的低温热水代替具有高品位能的化学燃料供热，可大大减少常规化石能源的消耗，而且可改善城市大气环境质量，提高人民的生活水平；其次，地热供暖开发周期短，见效快，供暖的时间可以延长，同时可全年提供生活热水。

1）地热供暖的组成

地热供暖系统是以一个或多个地热井的热水为热源向建筑供暖，同时满足生活热水以及工业生产用热的要求。根据热水的温度和开采情况，可以附加其他调峰系统，如增加传统的锅炉和热泵等。合理的增加调峰装置可降低地热水的排放温度，减小供、回水温差，有利于地热水的有效利用。如果采用锅炉调峰装置，地热水相当于锅炉供水；如果采用热泵调峰，一般以通过用户后排放之前的地热水作为热源为热泵的蒸发器提供热量，使地热水的排放温度进一步降低。地热供暖系统如图 6-32 所示，主要由开采系统、输送分配系统和中心泵站加压及末端室内设备三个部分组成。

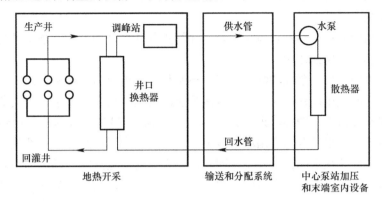

图 6-32　地热供暖系统

地热水开采系统包括地热开采井和回灌井，调峰站以及井口换热器；

输送、分配系统是将地热水或被地热加热的水引入建筑物；

中心泵站和室内装置将地热水输送到中心泵站的换热器或直接进入每个建筑中的散热器，必要时还可设储热水箱，以调节负荷的变化。

2）地热供暖系统的类型

根据热水管路的不同，地热供暖系统有单管系统、双管系统和混合系统三种方式，如图 6-33 所示。

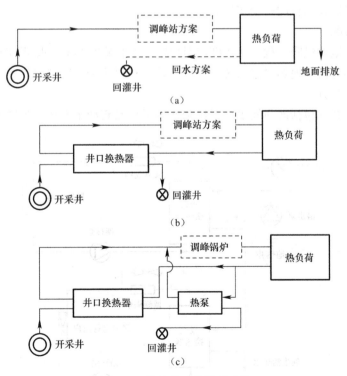

图 6-33　常见的地热供暖系统

（a）单管系统；（b）双管系统；（c）混合系统

单管系统即直管供暖系统，水泵直接将地热水送入用户，然后从建筑物排出或者回灌。直接供暖系统的投资少，但对水质的要求高，而且管道和散热器系统不能用钢合金材料，以防被腐蚀。

双管系统利用井口换热器将地热水与循环管路分开。这种方式就是常见的间接供暖方式，可避免地热水的腐蚀作用。

混合系统采用地热热泵或调峰锅炉将上述两种方式组成为一种混合方式。

在地热供暖取代传统锅炉时，北方地区只能满足基本负荷的要求，当负荷处于高峰期时，需要采取调峰措施，增加辅助热源（锅炉、热泵）。另外应合理控制地热供暖尾水的排放温度，由于地热水具有出水温度基本恒定的特点，为了能充分利用地热水的热能，供热系统应尽量降低地热水的排放温度。同时还要大力提倡地热能的梯级利用，即将地热水排水或循环水回水作为热泵蒸发器的热源，散热器系统可以利用地热的高温热量，风机盘管系统可以利用地热的低温热量，通过采用这种地热能梯级利用的方式，实现对地热热量的充分高效利用，并进一步降低地热尾水温度。

3）地热供暖在建筑中的工程实例

地热供暖系统的设计过程主要包括以下几部分的内容：地热水热量的分析，地热供暖面积及热负荷的确定，地热供暖方案的设计以及终端散热设备的选择。据统计，国内现有的地热供暖项目中，75％是旧供暖系统改造。改建旧系统时，要先分析原有锅炉房供暖运行状况和当地气象资料，推算出原有系统设计的高峰负荷和供热能力，以及供水和回水温度的允许范围，结合地热供暖特点进行换热器的设计，以节省投资和提高地热供暖的效率。以下是地热供暖工程的一个实例。

（1）工程概况

天津地区一地热供暖工程，于1993年钻成一口井深2500m、水温78℃、流量150t/h的地热井，当年建设成地热供暖系统，专门经营地热供暖和生活热水供应。

（2）确定供暖方案

该地热供暖系统包括散热器供暖系统和空调风机盘管两个系统（见图6-34）。

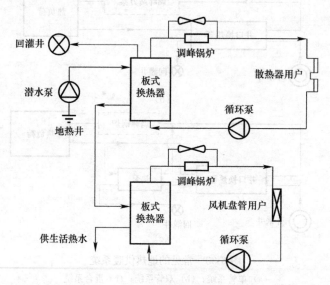

图6-34 地热供暖系统示意图

（3）供暖面积和热负荷计算

供暖建筑面积和热负荷分配情况见表6-5。散热器系统可以利用地热的高温热量，风机盘管系统可以利用地热的低温热量，这种方式可以充分提取地热的热量，降低地热尾水温度。

供暖建筑面积和设计热负荷　　　　　　　　　　表6-5

	散热器供暖系统			风机盘管供暖系统		
	建筑面积（万 m²）	热指标（W/m²）	设计热负荷（kW）	建筑面积（万 m²）	热指标（W/m²）	设计热负荷（kW）
办公楼	1.5	48	720	3.0	64	1920
对外供暖	7.0	45	3150			
合计	8.5	45.5	3870	3.0	64	1920
供暖面积总计	11.5 万 m²					
热负荷总计	5790KW					
供暖季总供热量	37315.4×10⁶KJ					

（4）地热供暖环保效益估算

供暖面积 11.5 万 m²，如全由燃煤锅炉承担，锅炉每年的耗煤量为：

$$锅炉每年耗煤量 = \frac{供热量}{煤热值 \times 锅炉热效率} = \frac{37315.4 \times 1000000}{5000 \times 4.187 \times 1000 \times 0.7} = 2546t$$

可见，采用地热供暖替代燃煤锅炉供暖，每个供暖季可替代约 2546t 煤。

采用地热尾水供应生活热水替代锅炉供应，按供水量 400t/日计，年供水量为 146000t，可计算出相应替代的耗煤量为 1633t/年，采用地热供热替代锅炉供热，可节煤 4179t/年，折算为 2985tce，可节省环境污染治理费用 32.54 万元/年。

2. 地热制冷

地热制冷是以足够高温度（一般要求地热水温度在 65℃以上）的地热水驱动吸收式制冷系统，制取温度高于 7℃的冷水，用于空调或生产。地热制冷不仅能使地热能得到高效利用，而且吸收式制冷机使用的工质对大气层没有破坏作用，并节约电能，与常规的电压缩制冷系统相比，地热吸收式制冷系统可节约电 60%以上。用于地热制冷的制冷机有两种，一种是以水为制冷剂，以溴化锂溶液为吸收剂的溴化锂吸收式制冷机；另一种是以氨为制冷剂，以水为吸收剂的氨水吸收式制冷机。氨水吸收式制冷剂由于运行压力高、系统复杂、效率低、有毒等因素，除了要求制冷温度在 0℃以下的特殊情况外，一般很少在实际中应用。

1）地热制冷系统组成

地热制冷系统的组成结构如图 6-35 所示，系统由地热井、地热深井泵、换热器、热水循环泵、溴化锂吸收式制冷机、冷却水循环泵、冷却塔、冷水循环泵、空调末端设备和控制器等组成。

地热井的直径、深度由地质条件和所需开采量决定。地热深井泵用于提取地热水，由于从井中抽取的地热水普遍含有固体颗粒和腐蚀性离子，为了保护制冷机的安全，必须在制冷机与地热井之间设置换热器，采用清洁的循环水为介质将地热水的热量传递给制冷机。降温后的地热水则从换热器排出，再做其他用途。

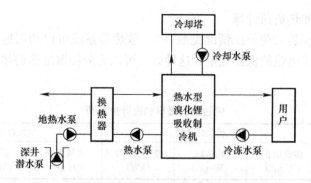

图 6-35　地热制冷系统的组成结构

2) 溴化锂吸收式制冷机的基本原理

溴化锂吸收式制冷机具有无毒、无味、无爆炸危险、对大气无破坏作用等优点，被誉为无公害的制冷设备。它分为一级（单级）溴化锂吸收式制冷机和两级溴化锂吸收式制冷机两种机型。

在一个大气压下，水的沸点为 100℃，但在改变压力时，水的沸点（蒸发温度）也随之改变，如当压力降到 870Pa（绝对压力）时，水的蒸发温度可降低为 5℃，在如此低温下，就可以来制取适合于空调或生产工艺所需要的低温冷水了。为了保持水在低温下不断蒸发，就必须及时排出所产生的水蒸气，以保持真空的环境，而溴化锂溶液即具有强力吸收水蒸气的特性。如果将两个容器分别装入水和溴化锂溶液，并抽成真空，然后打开阀门，这时装水的容器中水不断蒸发，产生制冷效果，而装溴化锂溶液的容器中液位会慢慢上升，这是由于溴化锂溶液不断的吸收了蒸发的水蒸气，当吸收到一定程度的时候，溴化锂溶液达到饱和就不再吸收水蒸气，制冷效果就停止，这个过程即吸收—蒸发制冷过程。

为了使溴化锂溶液能重新具有吸收能力，就必须将吸收的水分从溴化锂溶液中蒸发出来，如果在图 6-36 右边的容器里输入温度足够高的地热水，其中的水就会蒸发出来；如果在左边的容器中输入冷却水，蒸发的水蒸气就重新冷凝成液态水，这个过程叫发生—冷凝再生。

(1) 单级溴化锂吸收式制冷机基本原理

以上的过程就是一个间歇的制冷过程，为了达到连续制冷的目的，可以用管子将上述过程连接起来，组成如图 6-37 所示的单级吸收式制冷循环系统。系统由蒸发器、吸收器、冷凝器、发生器、溶液热交换器和溶液循环泵组成。

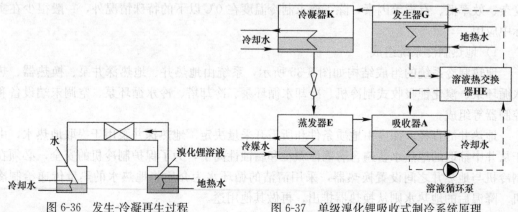

图 6-36　发生-冷凝再生过程　　　　图 6-37　单级溴化锂吸收式制冷系统原理

单级吸收式制冷循环过程主要由吸收剂的循环和制冷剂的循环两部分组成。

a) 吸收剂的循环过程

循环路线为 A-HE-G-HE-A。吸收式制冷机的吸收器 A 吸收了来自蒸发器 E 的制冷剂蒸气后，其中的溴化锂溶液被稀释，溴化锂稀溶液由溶液循环泵（即发生器泵）加压后进入溶液热交换器 HE，在此由发生器 G 出来的高温浓溶液加热使溴化锂稀溶液温度升高后进入发生器 G。在发生器 G 中溴化锂稀溶液受到传热管内地热水产生的水蒸气加热，溶液温度逐渐升高直至沸腾，稀溶液中的水分逐渐蒸发出来，而溶液浓度不断增大，直至发生器 G 内的溶液温度达到所要求的温度和对应的浓度为止，使溶液得到再生，重新具有吸收水蒸气的能力，然后，浓溶液经溶液热交换器 HE 与稀溶液换热降温后重新进入吸收器 A，吸收过程中产生的热量通过循环冷却水排出。

从吸收式制冷机吸收器 A 出来的稀溶液温度较低，而稀溶液温度越低，则在发生器 G 中需要越多的热量。自发生器 G 出来的浓溶液温度较高，而浓溶液温度越高，在吸收器 A 中则要求更多的冷却水量。因此设置溶液热交换器 HE，由温度较高的浓溶液加热温度较低的稀溶液，反过来，温度较低的稀溶液又对温度较高的浓溶液进行降温，这样既减少了发生器 G 加热负荷，也减少了吸收器 A 的冷却负荷，一举两得并达到节能高效的目的。

b) 制冷剂的循环过程

路线为 G-K-E，发生器 G 中蒸发出来的冷剂水蒸气向上经挡液板（挡液板起气液分离作用，防止液滴随蒸气进入冷凝器 K）进入冷凝器 K，冷凝器 K 的传热管内通入冷却水，所以管外冷剂水蒸气被冷却水冷却冷凝成液态水，此即冷剂水。积聚在冷凝器 K 下部的冷剂水经过减压阀（或 U 形管）节流后流入蒸发器 E 内，因为冷凝器中的压力比蒸发器中的压力要高，减压阀或 U 型管是起液封作用的，防止吸收式制冷机冷凝器 K 中的蒸气直接进入蒸发器 E，以免影响制冷效果。当压力降至 P_0 时，冷剂水汽化成压力为 P_0 的蒸气，同时带走蒸发器 E 管内冷媒水的热量，达到制冷的目的。由于冷凝器 K 与发生器 G、蒸发器 E 与吸收器 A 分别在同一容器内，冷剂蒸气流动阻力很小，如果忽略由此产生的压差，可以认为冷凝器的工作压力等于发生器的工作压力，吸收器的工作压力等于蒸发器的工作压力。

冷剂水进入蒸发器 E 后，由于压力降低首先蒸出部分冷剂水蒸气。因吸收式制冷机蒸发器 E 为喷淋式热交换器，喷淋量要比蒸发量大许多倍，故大部分冷剂水是聚集在蒸发器 E 的水盘内，然后由冷剂水泵升压后送入蒸发器的喷淋管中，经喷嘴喷淋到管簇外表面上，在吸取了流过管内的冷媒水的热量后，蒸发成低压的冷剂水蒸气。由于吸收式制冷机蒸发器内压力较低，故可以得到生产工艺过程或空调系统所需要的低温冷媒水，达到制冷的目的。例如蒸发器压力为 872Pa 时，冷剂水的蒸发温度为 5℃，这时可以得到 7℃的冷媒水。蒸发出来的冷剂蒸汽经挡液板将其夹杂的液滴分离后进入吸收器 A，被由吸收器泵送来并均匀喷淋在吸收管簇外表的中间溶液（中间溶液是由来自溶液热交换器放热降温后的浓溶液和吸收器液囊中的稀溶液混合得到的）所吸收，溴化锂溶液变稀。为保证吸收过程的不断进行，需将吸收过程所放出的热量由热管内的冷却水及时带走。中间溶液吸收了一定量的水蒸气后成为稀溶液，聚集在吸收器 A 底部液囊中，再由溶液循环泵送到发生器 G，如此循环。

(2) 两级溴化锂吸收式制冷机基本原理

两级溴化锂吸收式制冷循环系统如图 6-38 所示，主要由蒸发器、低压吸收器、高压吸收器、低压发生器、高压发生器、冷凝器、低压溶液热交换器、高压溶液热交换器、溶液循环泵和冷剂泵组成。制冷过程由三个循环组成。

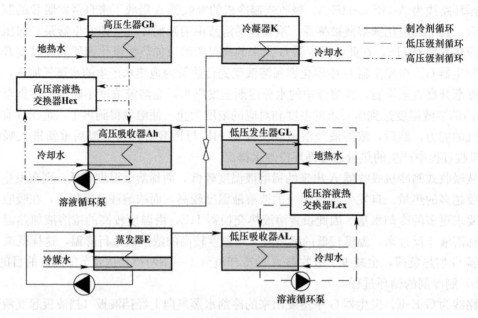

图 6-38　两级溴化锂吸收式制冷原理

a）制冷剂循环

循环路线为 E-AL-GL-Ah-Gh-K-E。低压吸收器 AL 吸收了来自蒸发器 E 的冷剂蒸气后，其中的溴化锂溶液被稀释，稀释后的溴化锂稀溶液由溶液循环泵（即发生器泵）加压后进入低压溶液热交换器 Lex，在此由低压发生器 GL 出来的高温浓溶液加热使溴化锂稀溶液温度升高后进入低压发生器 GL。在低压发生器 GL 中用传热管内地热水产生的水蒸气加热所生成的水蒸气进入高压吸收器 Ah 中，由溶液循环泵加压后进入高压溶液热交换器 Hex 中，在此由高压发生器 GH 出来的高温浓溶液加热使溴化锂稀溶液温度升高后进入高压发生器 Gh。在高压发生器 Gh 中溴化锂稀溶液受到传热管内地热水蒸气加热，其中蒸发出来的冷剂水蒸气向上经挡液板进入冷凝器 K，冷凝器 K 的传热管内通入冷却水，所以管外冷剂水蒸气被冷却水冷却冷凝成液态水，即冷剂水。积聚在冷凝器 K 下部的冷剂水经过减压阀（或 U 形管）节流后流入蒸发器 E 内，当压力降至 P_0 时，冷剂水汽化成压力为 P_0 的蒸气，同时带走蒸发器 E 管内冷媒水的热量，达到制冷的目的。

b）低压级溶液循环

循环路线为 AL-Lex-GL-Lex-AL。低压吸收器 AL 吸收了来自蒸发器 E 的冷剂蒸气后，其中的溴化锂溶液被稀释，出来的溴化锂稀溶液由溶液循环泵（即发生器泵）加压后进入低压溶液热交换器 Lex 中，在此由来自低压发生器 GL 的高温浓溶液加热使溴化锂稀溶液温度升高后进入低压发生器 GL。在低压发生器 GL 中溴化锂稀溶液受到传热管内地热水产生的水蒸气加热，溶液温度逐渐升高直至沸腾，稀溶液中的水分逐渐蒸发出来，而溶液浓度不断增大，直至发生器 G 内的溶液温度达到所要求的温度和对应的浓度为止，使溶液得到再生，重新具有吸收水蒸气的能力，然后，浓溶液经低压溶液热交换器 Lex 与稀溶液换热降温后，依靠发生器与吸收器之间的压力差回到低压吸收器 AL，吸收过程中产生的热量通过循环冷却水排出。

c）高压级溶液循环

循环路线为 Ah-Hex-Gh-Hex-Ah。高压吸收器 Ah 吸收了来自低压发生器的水蒸气后，其中的溴化锂溶液被稀释，出来的溴化锂稀溶液由溶液循环泵（即发生器泵）增压后进入高压溶液热交换器 Hex，在此由来自高压发生器 Gh 的高温浓溶液加热使溴化锂稀溶液温度升高后进入高压发生器 Gh。在高压发生器 Gh 中溴化锂稀溶液受到传热管内地热水产生的水蒸气加热，溶液温度逐渐升高直至沸腾，稀溶液中的水分逐渐蒸发出来，而溶液浓度不断增大，直至高压发生器 Gh 内的溶液温度达到所要求的温度和对应的浓度为止，使溶液得到再生，重新具有吸收水蒸气的能力，然后，浓溶液经高压溶液热交换器 Hex 与稀溶液换热降温后重新进入高压吸收器 Ah 中，吸收过程中产生的热量通过循环冷却水排出。

由两级吸收式制冷循环原理可知，两级吸收式制冷机与一级吸收式制冷机的区别是增加了高压吸收器和低压发生器，增加的目的是在相同的环境条件下，当地热水温度较低时可获得同样低温的冷水。

3）地热制冷在建筑中的应用实例

2002 年我国第一套 100kW 两级溴化锂吸收式实用型地热制冷空调和供暖系统投入运行。该系统安装在广东省某山庄中，利用 70℃ 左右的地热水为热源，制取 9℃ 的冷水，用于热矿泥山庄咖啡厅和休息室的空调。该系统的设计及性能参数如下。

① 系统可供空调面积

地热水出口温度 70℃，经过换热后地热水温度降为 58℃，可利用温降为 12℃。地热水流量为 20t/h。因此，进入制冷机发生器的热量为：

$$20t/h \times 1000 \times 4.1868 \times (70-58)℃ = 1004832kJ/h = 279kW$$

两级溴化锂吸收式制冷机的效率为 0.4，则地热空调系统制冷量为：

$$279kW \times 0.4 = 111kW$$

因此，选用一台制冷量为 100kW 的两级溴化锂吸收式制冷机。

按夏季冷负荷标准取旅游度假村单位冷负荷为 $150W/m^2$，则系统所能提供的空调面积为：

$$100kW \times 1000 \div 150W/m^2 = 667m^2$$

② 地热系统主要性能参数（见表 6-6）

地热制冷系统主要参数　　　　　　　　　　　　表 6-6

参数	数据	参数	数据
制冷量	100kW	制冷剂耗电	1.85kW
地热水泵耗电	2.2kW	热水循环泵耗电	2.2kW
冷水泵	3kW	冷却水泵耗电	5.5kW
冷却塔风机耗电	2.2kW	制冷系统总耗电	16.95kW
冷水温度	9～12℃	地热水温度	～70℃
地热水出口温度	55～60℃	冷却水温度	24～32℃
地热水量	20t/h	冷却水量	60t/h

6.3.3　低品位地热能在建筑中的应用

1. 低品位地热能与地源热泵

在土壤、地下水和地表水中蕴藏着无穷无尽的低品位热能，由于这些热能的温度与环境温度相近，因此无法直接利用。地源热泵利用地下土壤、地下水或地表水相对稳定的特性，利用埋于建筑物周围的管路系统，通过输入少量的高位电能，实现低位热能向高位热能转移与建筑物完成热交换。地源热泵也称为地热热泵，它可以用于建筑的供暖和制冷，并且根据需要可以为建筑提供生活热水。与传统的暖通空调系统相比，地源热泵系统具有高效、节能和环保的特点，是改善城市大气环境和节约能源的一种有效途径，也是地热能利用一个新的发展方向，有利于可持续发展，因此得到各国政府的高度重视。

1912 年瑞士人 Zoelly 首次提出利用浅层地热能作为热泵系统低温热源的概念，并申请了专利，1946 年，美国第一台地源热泵系统在俄勒冈州的兰波特市中心区安装成功。1974 年以来，随着能源危机和环境问题的日益严重，地源热泵系统的研究得以重视。近 20 年来，地源热泵在全世界范围内，尤其是北美和欧洲的发达国家得到飞速的发展。2005 年的世界地热大会上对地源热泵的开发利用进行了总结，从 1995 年到 2005 年，热泵在地热直接利用能量的比例由 13％发展到 33.2％，有大约 30 个国家平均增长速率超过 10％。其中，开发利用较好的国家有美国、瑞士、德国，尤其是瑞典。目前全世界范围内的年装机容量接近 15723MWt，年均利用的能量大约 86670tJ（24076GWh），实际安装的机组数量大约 130 万个。在我国，自 20 世纪 90 年代后期，地源热泵系统的应用得到迅速发展。

地源热泵系统的形式多样，ASHRAE（American Society of Heating, Refrigerating and Air-Conditioning Engineers, Inc. 的简称，即美国供暖、制冷与空调工程师学会）于 1997 年规定，地源热泵（Ground-Source Heat Pumps）包括土壤源热泵（Ground-couple Heat Pumps）、地下水源热泵（Ground Water Heat Pumps）以及地表水源热泵（Surface Water Heat Pumps），有关地源热泵系统的组成及其分类等在本书第 4 章热泵技术中有详细介绍（详见 4.3.4）。

2. 地源热泵工程实例

地源热泵系统的设计包括两个大部分，建筑物内空调系统的设计和地源热泵系统的地下部分设计，这两部分之间相互关联，如建筑物的供冷、供热负荷，水源热泵的选型，进水温度（EWT）、性能系数（COP）都与地下部分换热器的结构、性能有密切的关系。以下以土壤源热泵工程实例进行分析说明。

山东建筑大学报告厅地源热泵系统

1）工程概况

山东建筑大学学术报告厅为两层建筑。一层为学生自习室，二层为学术报告厅。每层建筑面积为 500m²。报告厅空调冷负荷为 110kW，热负荷为 80kW。因为报告厅不是频繁使用，为提高空调设备的利用率，增加了自习室和图书馆办公室等空调用户，其系统设计和使用主要以满足报告厅的需要为目的。

2）设备选型

根据建筑冷热负荷，设计方选用了一台水—水型热泵机组，名义制冷量为 130kW，制热量 100kW。制冷与供热工况间的转换由外部水管实现。报告厅采用集中式空调系统，组合式空调机组主要由混合段、过滤段、表冷段、加热段及风机段组成。自习室采用低温地板辐射供暖（冷）系统，办公室采用风机盘管系统。

3）地下埋管

在确定机组后，设计方确定地下埋热负荷约为 160kW。根据当地土壤特性，设计垂直埋管总长度为 3000m，埋管埋设于报告厅前的草坪下，占地 250m²，水平干管（分、集水器）埋深 2m，钻孔深度 62m，共 25 个孔，孔间距为 4m，分两排交错布置，排间距为 5m，各孔 U 形埋管之间并联连接。采用国际上常用的高密度聚乙烯（HDPE）管材，外径 32mm，壁厚为 3mm，管内设计流速为 0.6m/s。分、集水器是从热泵到并联环路的埋管换热器内流体供应和回流的管路，为使各支管间的水力平衡，采用了同程及对称布置。为有利于系统排除空气，在水平供、回水干管各设置了一个自动排气阀；在埋管供水管始端和热泵机组入口各设置了一个除污器。

4）系统运行情况

根据运行情况和测试结果报告，该空调系统达到了设计要求。报告厅在满员的情况下，室温能够控制在 26℃内。冷凝器冷却水的进、出口平均温度分别为 25℃和 30℃。埋管换热器的冷却效果优于冷却塔。

6.4　风能利用技术

6.4.1　风能

风能（wind energy）是空气流动所产生的动能。风能是可再生的清洁能源，储量大、分布广，但它的能量密度低（只有水能的 1/800），并且不稳定。在一定的技术条件下，风能可作为一种重要的能源得到开发利用。风能利用是综合性的工程技术，通过风力机将风的动能转化成机械能、电能和热能等。各地风能资源的多少，主要取决于该地每年刮风的时间长短和风的强度如何。在此先介绍关于风能的最基本知识，了解风的某些特性，例如风速、风级、风能密度等。

1. 风速

风的大小常用风的速度来衡量，风速是单位时间内空气在水平方向上所移动的距离。专门测量风速的仪器，有旋转式风速计、散热式风速计和声学风速计等。它是计算在单位时间内风的行程，常以 m/s、km/h、m/h 等来表示。因为风速是不恒定的，所以经常变化，甚至瞬息万变。风速是风速仪在一个极短时间内测到的瞬时风速。若在指定的一段时间内测得多次瞬时风速，将它平均计算起来，就得到平均风速。例如，日平均风速、月平均风速或年平均风速等。当然，风速仪设置的高度不同，所得风速也不同，它是随高度升高而增强的。通常测风速高度为 10m。根据风的气候特点，一般选取 10 年风速资料中年平均风速最大、最小和中间的三个年份为代表年份，分别计算该三个年份的风功率密度然后加以平均，其结果可以作为当地常年平均值。

风速是一个随机性很大的量，必须通过一定长度时间的观测计算出平均风功率密度。对于风能转换装置而言，可利用的风能是在"启动风速"到"停机风速"之间的风速段，这个范围的风能即为"有效风能"，该风速范围内的平均风功率密度称为"有效风功率密度"。

2. 风级

风级是根据风对地面或海面物体影响而引起的各种现象，按风力的强度等级来估计风力的大小。早在 1805 年，英国人蒲福（Francis Beaufort，1774~1859 年）就拟定了风速的等级，国际上称为"蒲福风级"。自 1946 年以来风力等级又做了一些修订，由 13 个等级改为 18 个等级，实际上应用的还是 0~12 级的风速，所以最大的风速即为人们常说的刮 12 级台风。表 6-7 为风级的表现。

风级的表现 表 6-7

风级	名称 Wind name	风速 wind speed		风压	陆地地面物体征象
		km/h	m/s		
0	Calm 无风	<1	0~0.2	0~0.0025	静
1	light air 软风	1-5	0.3~1.5	0.0056~0.014	烟能表示方向，但风向标不动
2	light breeze 轻风	6-11	1.6~3.3	0.016~0.68	人面感觉有风，风向标转动
3	Gentle breeze 微风	12-19	3.4~5.4	0.72~1.82	树叶及微枝摇动不息，旌旗展开
4	Moderate breeze 和风	20~28	5.5~7.9	1.89~3.9	能吹起地面纸张与灰尘
5	Fresh breeze 清风	29~38	8.0~10.7	4~7.16	有叶的小树摇摆
6	Strong breeze 强风	39~49	10.8~13.8	7.29~11.9	小树枝摇动，电线呼呼响
7	Moderate gale 疾风	50~61	13.9~17.1	12.08~18.28	全树摇动，迎风步行不便
8	Fresh gale 大风	62~74	17.2~20.7	18.49~26.78	微枝折毁，人向前行阻力甚大
9	Strong gale 烈风	75~88	20.8~24.4	27.04~37.21	建筑物有小损
10	Whole gale 狂风	89~102	24.5~28.4	37.52~50.41	可拔起树来，损坏建筑物
11	Stom 暴风	103~117	28.5~32.6	50.77~66.42	陆上少见，有则必有广泛破坏
12	Hurricane 飓风	>117	>32.6	>66.42	陆上极少见，摧毁力极大

3. 风能密度

通过单位截面积的风所含的能量称为风能密度，其单位常以 W/m² 来表示。风能密度是决定风能潜力大小的重要因素。风能密度和空气的密度有直接关系，而空气的密度则取决于气压和温度。因此，不同地方、不同条件的风能密度是不同的。一般来说，海边地势低，气压高，空气密度大，风能密度也就高。在这种情况下，若有适当的风速，风能潜力自然大。

高山气压低，空气稀薄，风能密度就小些。但是如果高山风速大，气温低，仍然会有相当的风能潜力。所以说，风能密度大，风速又大，则风能潜力最好。

4. 风能的计算

一个国家的风能资源状况是由该国的地理位置、季节、地形等特点决定的。目前通常采用的评价风能资源开发利用潜力的主要指标是有效风能密度和年有效风速时数。有效风速是指 3~20m/s 的风速，有效风能密度是根据有效风速计算的风能密度。风能密度的计算公式是

$$E = \frac{\rho \sum N_i v_i^3}{2N} \tag{6-1}$$

式中 E——平均风能密度，W/m²；

v_i——等级风速，m/s；

N_i——等级风速 v_i 出现的次数；

N——各等级风速出现的总次数；

ρ——空气密度，kg/m^3。

风能的大小实际就是气流流过的动能。总体上说，风能大小与风速和风能密度有关，但是计算起来两者不是相等的关系。必须指出，风的能量大小与风速是呈立方关系，也就是说，在风能密度没有多大变化时，风速的大小将是风能的决定因素。常用的风能公式如下

$$W = \frac{1}{2}\rho v^3 A \qquad (6-2)$$

式中　A——气流通过的面积，m^2；

$\quad\quad v$——风速，m/s；

$\quad\quad \rho$——空气密度，kg/m^3。

从式（6-2）中可以看出，风能大小与气流通过的面积、空气密度和气流速度的立方成正比。因此，在风能计算中，最重要的因素是风速，风速取值准确与否对风能的估计有决定性作用，风速大1倍，风能可以大8倍。

全国风能资源储量估算值是指离地10m高度层上的风能资源量，而非整层大气或整个近地层内的风能量。估算的方法是先在全国年平均风功率密度分布图上划出10W/m²、25W/m²、50W/m²、100W/m²、200W/m²各条等值线，已知一个区域的平均风功率密度和面积便能计算出该区域内的风能资源储量。设风能转换装置的风轮扫掠面积为1m²时，风吹过后必须前后左右各10m距离后才能恢复到原来的速度。因此在1km²范围内可以安装1m²风轮扫掠面积的风能转换装置1万台，即有1万 m²截面积内的风能可以利用。全国的储量是使用求积仪逐省量取了小于10W/m²、10～25W/m²、25～50W/m²、50～100W/m²、100～200W/m²、大于200W/m²各等级风能功率密度区域的面积后，乘以各等级风能功率密度，然后求其各区间积之和，计算出我国10m高度层的风能总储量为$322.6 \times 10^2 W$，即32.26亿kW，这个储量称作"理论可开发总量"。实际可供开发的量按上述总量的1/10估计，并考虑风能转换装置风轮的实际扫掠面积，再乘以面积系数0.785（即1m直径的圆面积是边长1m的正方形面积的0.785），得到我国10m高度层可开发利用的风能储量为2.53亿kW。这个值不包括海面上的风能资源量。

6.4.2　风力发电机组的工作原理及分类

1. 风力发电机组的工作原理

风力发电机组（后文简称风电机组、机组）是将风的动能转换为电能的系统。在风力发电机组中，存在着两种物质流：一种是能量流，另一种是信息流。两者的相互作用，使机组完成发电功能。一种典型的风力发电机组的工作原理如图6-39所示。

（1）能量流　当风以一定的速度吹向风力机时，在风轮上产生的力矩驱动风轮转动。将风的动能变成风轮旋转的动能，两者都属于机械能。风轮的输出功率为

$$P_1 = M_1 \Omega_1 \qquad (6-3)$$

式中　P_1——风轮的输出功率，W；

$\quad\quad M_1$——风轮的输出转矩，$N \cdot m$；

$\quad\quad \Omega_1$——风轮的角速度，rad/s。

风轮的输出功率通过主传动系统传递。主传动系统可能使转矩和转速发生变化，于是有

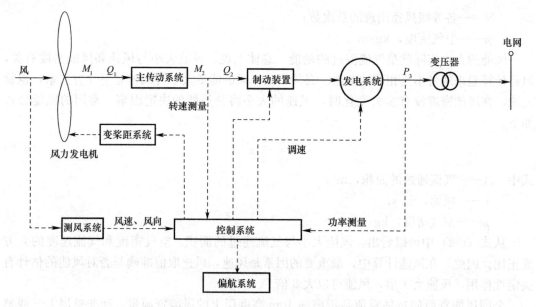

图 6-39　风力发电机组的工作原理

$$P_2 = M_2\Omega_2 = M_1\Omega_1\eta_1 \tag{6-4}$$

式中　P_2——主传动系统的输出功率，W；

　　　M_2——主传动系统的输出转矩，N·m；

　　　Ω_2——主传动系统的输出角速度，rad/s；

　　　η_1——主传动系统的总效率。

主传动系统将动力传递给发电系统，发电机把机械能变为电能。发电机的输出功率为

$$P_3 = \sqrt{3}U_N I_N \cos\varphi_N = P_2\eta_2 \tag{6-5}$$

式中　P_3——发电系统的输出功率，W；

　　　U_N——定子三相绕组上的线电压，V；

　　　I_N——流过定子绕组的线电流，A；

　　$\cos\varphi_N$——功率因数；

　　　η_2——发电系统的总效率。

对于并网型风电机组，发电系统输出的电流经过变压器升压后，既可输入电网。

（2）信息流　信息流的传递是围绕控制系统进行的。控制系统的功能是过程控制和安全保护。过程控制包括起动、运行、暂停、停止等。在出现恶劣的外部环境和机组零部件突然失效时应该紧急关机。

风速、风向、风力发电机的转速、发电功率等物理量通过传感器变成电信号传给控制系统，它们是控制系统的输入信息。控制系统随时对输入信息进行加工和比较，及时地发出控制指令，这些指令是控制系统的输出信息。

对于变桨距机组，当风速大于额定风速时，控制系统发出变桨距指令，通过变桨距系统改变风轮叶片的桨距角，从而控制风电机组输出功率。在起动和停止的过程中，也需要改变叶片的桨距角。

对于变速型机组，当风速小于额定风速时，控制系统可以根据风的大小发出改变发电

机转速的指令，以便风力机最大限度地捕获风能。

当风轮的轴向与风向偏离时，控制系统发出偏航指令，通过偏航系统校正风轮轴的指向，使风轮始终对准来风方向。

当需要停机时，控制系统发出关机指令，除了借助变桨距制动外，还可以通过安装在传动轴上的制动装置实现制动。

实际上，在风电机组中，能量流和信息流组成了闭环系统。同时，变桨距系统、偏航系统等也组成了若干闭环的子系统，实现相应的控制功能。

2. 风力发电机组的分类

风力发电机组的分类见表 6-8，风力发电机组主要从两个方面来分：一方面是按功率大小来分，另一方面是按结构形式来分。

风力发电机组的分类　　　　　　　　　　　　表 6-8

结构形式 功率	风轮轴方向		功率调节方式			传动形式			转速变换		
	水平	垂直	定桨距	变桨距		有齿轮箱		直接驱动	定速	多态定速	变速
				主动失速	普通变距	高传动比	中传动比				
0.1～1kW 小型风机	有，常见	有，不常见	有，常见	无	无	无	无	有	有	无	无
1～100kW 中型风机				有	有	有	无	无	有	有	有，不常见
100～1000kW 大型风机			有，不常见	有，不常见	有，常见	有，不常见	有，不常见	有，不常见	有	有	有，不常见
1000kW 以上 特大型风机	有，不常见	有，不常见		有，不常见	有，常见	有，不常见	有，不常见	有，常见	有，不常见	有，不常见	有，不常见

（1）按装机容量分

1）小型：0.1～1kW。

2）中型：1～100kW。

3）大型：100～1000kW。

4）特大型：1000kW 以上。

（2）按风轮轴方向分

1）水平轴机组：水平轴机组是风轮轴基本上平行于风向的风力发电机组。工作时，风轮的旋转平面与风向垂直。

水平轴机组随风轮与塔架相对位置的不同而有上风向与下风向之分。风轮在塔架的前面迎风旋转，叫作上风向机组。风轮安装在塔架后面，风先经过塔架，再到风轮，则称为下风向机组。上风向机组必须有某种调向装置来保持风轮迎风。而下风向机组则能够自动对准风向，从而免去了调向装置。但对于下风向机组，由于一部分空气通过塔架后再吹向风轮，这样塔架就干扰了流过叶片的气流而形成所谓塔影响效应，影响风力机的效率，使性能有所降低。

2）垂直轴风机：垂直轴机组是风轮轴垂直于风向的风力发电机组。其主要特点是可以接收来自任何方向的风，因而当风向改变时，无需对风。由于不需要调向装置，使它们的结构简化。垂直轴机组的另一个优点是齿轮箱和发电机可以安装在地面上。

由于垂直轴风力发电机组需要大量材料，占地面积大，目前商用大型风力发电机组采用较少。

（3）按功率调节方式分

1）定桨距机组：叶片固定安装在轮毂上，角度不能改变，风机的功率调节完全依靠叶片的气动特性。当风速超过额定风速时，利用叶片本身的空气动力特性减小旋转力矩（失速）或通过偏航控制维持输出功率相对稳定。

2）普通变桨距型（正变距）机组：这种机组当风速过高时，通过改变桨距角（在指定的径向位置叶片几何弦线与风轮旋转面间的夹角），使功率输出保持稳定。同时，机组在起动过程也需要通过变距来获得足够的起动力矩。采用变桨距技术的风力发电机组还可使叶片和整机的受力状况大为改善，这对大型风力发电机组十分有利。

3）主动失速型（负变距）机组：这种机组的工作原理是以上两种形式的组合。当风机达到额定功率后，相应地增加攻角，使叶片的失速效应加深，从而限制风能的捕获，因此称为负变距型。

（4）按传动形式分

1）高传动比齿轮箱型：风力发电机组中齿轮箱的主要功能是将风轮在风力作用下所产生的动力传递给发电机并使其得到相应的转速。风轮的转速较低，通常达不到发电机发电的要求，必须通过齿轮箱的增速作用来实现动力传递，故也将齿轮箱称之为增速箱。

2）直接驱动型：应用多极同步发电机可以去掉风力发电系统中常见的齿轮箱，让风机直接拖动发电机转子运转在低速状态，这就没有了齿轮箱所带来的噪声、故障率高和维护成本大等问题，提高了运行的可靠性。

3）中传动比齿轮箱型（"半直驱"）：这种机组的工作原理是以上两种形式的综合。中传动比齿轮箱型机组减少了传统齿轮箱的传动比，同时也相应地减少了多极同步发电机的极数，从而减小了发电机的体积。

（5）按转速变化分

1）定速（又称恒速）：定速风力发电机是指其发电机的转速是恒定不变的，它不随风速的变化而变化，始终在一个恒定不变的转速下运行。

图 6-40　风力发电系统示意图

1—风轮；2—传动装置；3—发电装置；4—变流器；
5—箱式升压变压器；6—配电装置；7—升压变压器；
8—高压配电装置；9—架空线路

2）多态定速：多态定速风力发电机组中包含两台或多台发电机，根据风速的变化，可以有不同大小和数量的发电机投入运行。

3）变速：变速风力发电机组中的发电机工作在转速随风速时刻变化的状态下。目前，主流的大型风力发电机组都采用变速恒频运行方式。

6.4.3　风力发电系统

1. 风力发电系统的组成

风力发电系统通常由风轮、对风装置、调速机构、传动装置、发电装置、储能装置、逆变装置、控制装置、塔架及附属部件组成。基本原理如图 6-39 所示。图 6-40 为风力发电系统示意图。

　　风轮是集风装置，它的作用是把流动空气具有的动能转变为风轮旋转的机械能。风轮一般由叶片、叶柄、轮毂及风轮轴等组成。要获得较大的风力发电功率，其关键在于要具有能轻快旋转的叶片。所以，风力发电机叶片技术是风力发电机组的核心技术，叶片的翼型设计、结构形式，直接影响风力发电装置的性能和功率，是风力发电机中最核心的部分。

　　自然风不仅风速经常变化，而且风向也经常变化。垂直轴式风轮能利用来自各个方向的风，它不受风向的影响。但是对于使用最广泛的水平轴螺旋桨式或多叶式风轮来说，为了能有效地利用风能，应该经常使其旋转面正对风向，因此，几乎所有的水平轴风轮都装有转向机构。常用风力发电机的对风装置有尾舵、舵轮、电动机构和自动对风 4 种。

　　风轮的转速随风速的增大而变快，而转速超过设计允许值后，将可能导致机组的毁坏或寿命的减少，有了调速机构，即使风速很大，风轮的转速仍能维持在一个较稳定的范围之内，防止超速乃至飞车的发生。

　　将风轮轴的机械能送至做功装置的机构，称为传动装置。在传动过程中，距离有远有近，有的需要改变方向，有的需要改变速度。风力机的传动装置多为齿轮、传动带、曲柄连杆、联轴器等。

　　发电机分为同步发电机和异步发电机两种。同步发电机主要由定子和转子组成。定子由开槽的定子铁心和放置在定子铁心槽内按一定规律连接成的定子绕组构成；转子上装有磁极和使磁极磁化的励磁绕组。异步发电机的定子与同步发电机的定子基本相同，它的转子分为绕线转子和笼型转子。

　　风力发电机最基本的储能方法是使用蓄电池。在风力发电机组中使用最多的还是铅酸蓄电池，尽管它的储能效率较低，但是它的价格便宜。任何蓄电池的使用过程都是充电和放电过程反复地进行着，铅酸蓄电池使用寿命为 2~6 年。

　　风轮的转速随风速的增大而变快，而转速超过设计允许值后，将可能导致机组的毁坏或寿命的减少，有了调速机构，即使风速很大，风轮的转速仍能维持在一个较稳定的范围之内，防止超速乃至飞车的发生。

　　将风轮轴的机械能送至做功装置的机构，称为传动装置。在传动过程中，距离有远有近，有的需要改变方向，有的需要改变速度。风力机的传动装置多为齿轮、传动带、曲柄连杆、联轴器等。

　　2. 风力发电系统的运行方式

　　风力发电系统的运行方式可分为独立运行、并网运行、集群式风力发电站、风力-柴油发电系统等。

　　(1) 独立运行　风力发电机输出的电能经蓄电池蓄能，再供应用户使用。3~5kW 以下的风力发电机多采用这种运行方式，可供边远农村、牧区、海岛、气象台站、导航灯塔、电视差转台、边防哨所等电网达不到的地区利用。根据用户需求，可以进行直流供电和交流供电。直流供电是小型风力发电机组独立供电的主要方式，它将风力发电机组发出的交流电整流成直流电，并采用储能装置储存剩余的电能，使输出的电能具有稳频、稳压的特性。交流直接供电多用于对电能质量无特殊要求的情况，例如加热水、淡化海水等。在风力资源比较丰富而且比较稳定的地区，采取某些措施改善电能质量，也可带动照明、动力负荷。此外，也可通过"交流—直流—交流"逆变器供电。先将风力发电机发出的交流电整流成直流电，再用逆变器把直流电变换成电压和频率都很稳定的交流电输出，保证了用户对交流电的质量要求。

（2）风力—柴油发电系统　采用风力—柴油发电系统可以实现稳定持续的供电。这种系统有两种不同的运行方式。其一为风力发电机与柴油发电机交替运行，风力发电机和柴油发电机在机械上和电气上没有任何联系，有风时由风力发电机供电，无风时由柴油发电机供电。其二为风力发电机与柴油发电机并联后向负荷供电。这种运行方式，技术上较复杂，需要解决在风况及负荷经常变动的情况下两种动态特性和控制系统各异的发电机组并联后运行的稳定性问题。在柴油机连续运转时，当风力增大或电负荷小时，柴油机将在轻载下运转，会导致柴油机效率低；在柴油机断续运转时，可以避免这一缺点，但柴油机的频繁起动与停机，对柴油机的维护保养是不利的。为了避免这种由于风力及负荷变化而造成的柴油机的频繁起动与停机，可采用配备蓄电池短时间储能的措施：当短时间内风力不足时可由蓄电池经逆变器向负荷供电；当短时间内风力有余或负荷减小时，就经整流器向蓄电池充电，从而减少柴油机的停机次数。

（3）并网运行　风力发电机组的并网运行，是将发电机组发出的电送入电网，用电时再从电网把电取回来，这就解决了发电不连续及电压和频率不稳定等问题，并且从电网取回的电的质量是可靠的。

风力发电机组采用两种方式向网上送电：一种是将机组发出的交流电直接输入网上；另一种是将机组发出的交流电先整流成直流，然后再由逆变器变换成与电力系统同压、同频的交流电输入电网。无论采用哪种方式，要实现并网运行，都要求输入电网的交流电具备下列条件：电压的大小与电网电压相等；频率与电网频率相同；电压的相序与电网电压的相序一致；电压的相位与电网电压的相位相同；电压的波形与电网电压的波形相同。

并网运行是为克服风的随机性而带来的蓄能问题的最稳妥易行的运行方式，可达到节约矿物燃料的目的。10kW 以上直至兆瓦级的风力发电机皆可采用这种运行方式。

6.4.4　建筑风能利用形式

建筑环境中的风能利用形式可分为被动式和主动式，被动式利用是以适应地域风环境为主的自然通风和排风，主动式利用是以转换地域风能为其他能源形式的风力发电。建筑环境中的风力发电是在建筑物上安装风力发电机，所产生的电能直接供给建筑本身，这样可减少电能在输配线路上的投资与损耗，有利于发展绿色建筑或者零能耗建筑。

建筑环境中风力发电有独立运行模式、与其他发电方式互补运行模式和与电网联合供电模式三种。独立运行模式是风力发电机输出的电能经蓄电池储能再供用户使用；与其他发电方式互补运行模式主要有风力—柴油机组互补发电方式、风力—太阳能光伏发电方式、风力—燃料电池发电方式等；与电网联合供电模式是采用小型风力发电机供电，以满足建筑的用电需求，电网作为备用电源供电，当风力发电机在发电高峰时，产生的多余电量送到电网出售，使得用户有一定的收益，当风力发电机发电量不足时，可从电网取电。这种模式免去了蓄电池等设备，后期的维修费用也相对比较少，使得系统成本降低，经济性大于其他两种模式。

于 2008 年底完工的巴林世界贸易中心（见图 6-41），就是世界上第一座大型的结合风力涡轮的建筑，它由两座 50 层高 240m 风帆一般的塔楼组成，并支撑着三座直径 29m 的水平轴风力涡轮，可以满足大厦每年耗电量的 11％～15％。

图 6-41　巴林世界贸易中心

6.5　生物质能利用技术

6.5.1　生物质能源的概述及现状

1. 生物质的定义

生物质是指利用大气、水、土地等通过光合作用而产生的各种有机体，即一切有生命的可以生长的有机物质统称为生物质。它包括植物、动物和微生物。广义概念：生物质包括所有的植物、微生物以及以植物、微生物为食物的动物及其生产的废弃物。有代表性的生物质如农作物、农作物废弃物、木材、木材废弃物和动物粪便等。狭义概念：生物质主要是指农林业生产过程中除粮食、果实以外的秸秆、树木等木质纤维素（简称木质素）、农产品加工业下脚料、农林废弃物及畜牧业生产过程中的禽畜粪便和废弃物等物质。

我国通常认为生物质是指由"光合作用"而产生的有机物，既有植物类，如树木及其加工的剩余物、农作物及其剩余物（秸秆类物质），也有非植物类，如畜牧场的污物（牲畜粪便及污水）、废水中的有机成分以及垃圾中的有机成分等。所谓"光合作用"是指植物利用空气中的二氧化碳和土壤中的水，将吸收的太阳能转换为碳水化合物和氧气的过程。

2. 生物质能源分类

依据来源的不同，可以将适合于能源利用的生物质分为林业生物质资源、农业生物质能资源、生活污水和工业有机废水、城市固体废物和畜禽粪便 5 大类。

（1）林业生物质资源

林业生物质资源是指森林生长和林业生产过程提供的生物质能源，包括薪炭林、在森林抚育和间伐作业中的散木材、残留的树枝、树叶和木屑等；木材采运和加工过程中的枝丫、锯末、木屑、梢头、板皮和截头等；林业副产品的废弃物，如果壳和果核等。

（2）农业生物质能资源

农业生物质能资源是指农业作物（包括能源作物）；农业生产过程中的废弃物，如农作物收获时残留在农田内的农作物秸秆（玉米秸、高粱秸、麦秸、稻草、豆秸和棉秆等）；农业加工业的废弃物，如农业生产过程中剩余的稻壳等。能源植物泛指各种用以提供能源的植物，通常包括草本能源作物、油料作物、制取碳氢化合物植物和水生植物等几类。

（3）生活污水和工业有机废水

生活污水主要由城镇居民生活、商业和服务业的各种排水组成，如冷却水、洗浴排水、盥洗排水、洗衣排水、厨房排水、粪便污水等。工业有机废水主要是酒精、酿酒、制糖、食品、制药、造纸及屠宰等行业生产过程中排出的废水等，其中都富含有机物。

（4）城市固体废物

城市固体废物主要由城镇居民生活垃圾，商业、服务业垃圾和少量建筑业垃圾等固体废物构成。其组成成分比较复杂，受当地居民的平均生活水平、能源消费结构、城镇建设、自然条件、传统习惯以及季节变化等因素影响。

（5）畜禽粪便

畜禽粪便是畜禽排泄物的总称，它是其他形态生物质（主要是粮食、农作物秸秆和牧草等）的转化形式，包括畜禽排出的粪便、尿及其与垫草的混合物。

3．生物质能利用技术

人类对生物质能的利用已有悠久的历史，但是在漫长的时间里，一直是以直接燃烧的方式利用它的热量，直到 20 世纪，特别是近一二十年，人们普遍提高了能源与环保意识，对地球固有的化石燃料日趋减少有一种危机感，在可再生能源方面寻求持续供给的今天，生物质利用新技术的研究与应用，才有了快速的发展。纵观国内外已有的生物质能利用技术，大体情况如图 6-42 所示。

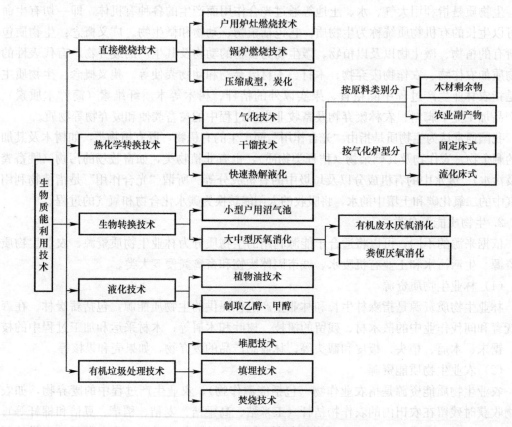

图 6-42　生物质能利用技术

4. 生物质能技术国内外发展现状

目前，生物质能技术的研究与开发已成为世界重大热门课题之一，受到世界各国政府与科学家的关注。在发达国家中，生物质能研究开发工作主要集中于气化、液化、热解、固化和直接燃烧等方面。许多国家都制订了相应的开发研究计划，如日本的阳光计划、印度的绿色能源工程、美国的能源农场和巴西的酒精能源计划等，其中生物质能源的开发利用占有相当大的比例。目前，国外的生物质能技术和装置多已达到商业化应用程度，实现了规模化产业经营，以美国、瑞典和奥地利三国为例，生物质能转化为高品位能源利用已具有相当可观的规模，分别占该国一次能源消耗量的4%、16%和10%。在美国，生物质能发电的总装机容量已超过10000MW，单机容量达10~25MW；美国纽约的斯塔藤垃圾处理站投资2000万美元，采用湿法处理垃圾，回收沼气用于发电，同时生产肥料。巴西是乙醇燃料开发应用最有特色的国家，实施了世界上规模最大的乙醇开发计划，目前乙醇燃料已占该国汽车燃料消费量的50%以上。美国开发出利用纤维素废料生产酒精的技术，建立了1MW的稻壳发电示范工程，年产酒精2500t。

我国生物质能的应用技术研究，从20世纪80年代以来一直受到政府和科技人员的重视，主要在气化、固化、热解和液化方面开展研究开发工作。

生物质气化技术的研究在我国发展较快，应用于集中供气、供暖、发电方面。我国林业科学院林业化学工业研究所，从20世纪80年代开始研究开发了集中供暖、供气的上吸式气化炉，并且先后在黑龙江、福建得到了工业化应用，气化炉的最大生产能力达$6.3 \times 10^6 kJ/h$。建成了用枝桠材削片处理，气化制取民用煤气，供居民使用的气化系统。在江苏省研究开发了以稻草、麦草为原料，应用内循环流化床气化系统，产生接近中热值的煤气，供乡镇居民使用的集中供气系统，气体热值约$8000 kJ/m^3$。气化热效率达70%以上。山东省能源研究所研究开发了下吸式气化炉。主要用于秸秆等农业废弃物的气化。在农村居民集中居住地区得到较好的推广应用，并已形成产业化规模。广州能源所开发的以木屑和木粉为原料，应用外循环流化床气化技术，制取木煤气作为干燥热源和发电，并已完成发电能力为180kW的气化发电系统。另外北京农机院、浙江大学等也先后开展了生物质气化技术的研究开发工作。

6.5.2　生物质燃烧技术

1. 生物质燃料与燃烧

生物质燃料，又称生物质成型燃料，是应用农林废弃物（如秸秆、锯末、甘蔗渣、稻糠等）作为原材料，经过粉碎、混合、挤压、烘干等工艺，制成各种形状（如颗粒状）的，可直接燃烧的一种新型清洁燃料。

固体燃料的燃烧按燃烧特征，通常分为以下几类：

(1) 表面燃烧　指燃烧反应在燃料表面进行，通常发生在几乎不含挥发分的燃料中，如木炭表面的燃烧。

(2) 分解燃烧　当燃料的热解温度较低时，热解产生的挥发分析出后，与O_2进行气相燃烧反应。当温度较低、挥发分未能点火燃烧时，将会冒出大量浓烟，浪费了大量的能源。生物质的燃烧过程属于分解燃烧。

(3) 蒸发燃烧　主要发生在熔点较低的固体燃料中。燃料在燃烧前首先熔融为液态，然后再进行蒸发和燃烧（相当于液体燃料）。

2. 省柴灶

人类使用以薪柴、秸秆、杂草和牲畜粪便等为燃料的柴炉、柴灶已经有几千年的历史了，大体上经历了原始炉灶、旧式炉灶、改良炉灶和省柴灶 4 个阶段。原始炉灶是用几块石头支撑锅或罐，在锅或罐的下面点火烧柴，用于炊事。旧式炉灶是用砖、土坯或石块垒成边框，把锅或罐架在上面，在边框一侧开口加柴，热效率为 8%～10%。改良炉灶是在旧式炉灶的基础上增加炉算并架砌烟囱，既改善了燃烧条件和卫生状况，又使热效率提高到 12%～15%，在印度、尼泊尔及斯里兰卡等国家得到普遍的应用。如图 6-43 所示，省柴灶是以节约能源为目的，对改良灶进一步改进，使其结构更趋于合理，燃料燃烧更完全，热效率为 22%～30%。

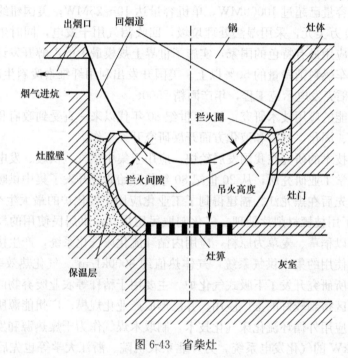

图 6-43 省柴灶

农村省柴灶是指针对农村广泛利用柴草、秸秆进行直接燃烧的状况，利用燃烧学和热力学的原理，进行科学设计而建造或者制造出的适用于农村炊事、供暖等生活领域的用能设备。顾名思义，它是相对于农村传统的旧式炉、灶、炕而言的，不仅改革了内部结构，提高了效率，减少了排放，而且卫生、方便、安全。

6.5.3 沼气技术

1. 沼气的理化性质和原理

沼气是一种可燃性气体，随着其产生的地点和原料的不同有着多种称呼，最通常的称呼是沼气和生物气。沼气的来源及命名见表 6-9。

沼气的来源及命名 　　　　表 6-9

命名依据		名称
产生沼气的地点	沼泽地及池塘	沼气、污泥气
	阴沟	阴沟气
	粪坑	粪料气
	矿井和煤层	瓦斯气、煤气、天然气、天然瓦斯等

续表

命名依据		名称
研究者	沃而塔发现其可燃	沃而塔可燃气
气体成分	主要是甲烷	甲烷气
形成原料	生物质	生物气
制造方法	自然界形成	沼气、天然气
	人工制造	统称为沼气，国际上一般称之为生物气
国家	印度	哥巴气、牛粪气

沼气的成分是不断变化的，其各成分的含量受发酵条件、工艺流程、原料性质等因素的影响。一般沼气中含甲烷（CH_4）55%～70%，二氧化碳（CO_2）25%～40%，还有少量的硫化氢（H_2S）、氮气（N_2）、氢气（H_2）、一氧化碳（CO）等，有时还含少量的高级碳氢化合物（C_mH_n）。

2. 沼气的发酵过程

沼气发酵又称厌氧消化，实质上是在微生物的作用下物质变化和能量转换的过程。在此过程中，微生物获得能量和营养，进行生长和繁殖，同时将有机物转化为甲烷和二氧化碳。只有对此过程有所了解，才能保证微生物旺盛地生长和繁殖，维持较高的产气率和设备生产强度。厌氧消化也可以说是在隔绝空气的条件下，依赖兼性厌氧菌和专性厌氧菌的生物化学作用，对有机物进行生物降解的过程。厌氧消化处理有机物的工艺，不但有降解有机物的功能，同时还有产生气体燃料的功能，因而得到了广泛的应用。试验分析证明，在厌氧消耗过程中，约90%的有机物可以转化为沼气，另外约10%被微生物自身所消耗。

沼气的发酵过程如图6-44所示。

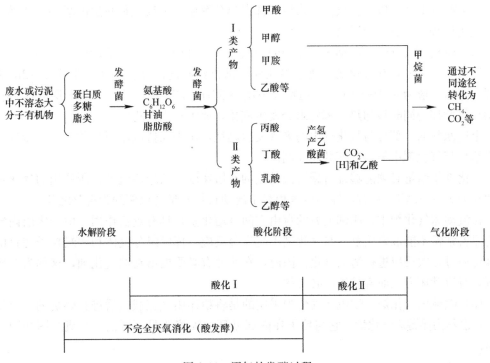

图6-44 沼气的发酵过程

完成有机物的厌氧消化过程，主要经过三个阶段，即水解（液化）阶段、酸化阶段和气化阶段。

6.5.4　生物质气化技术

1. 气化方法原理

生物质气化是在一定的热力学条件下，将组成生物质的碳氢化合物转化为含 CO、H_2、CH_4 等可燃气体的过程，此过程实质是生物质中的碳、氢、氧等元素的原子，在反应条件下按照化学键的成键原理，变成 CO、H_2、CH_4 等可燃性气体的分子。这样生物质中的大部分能量就转移到这些气体中，这一生物质的气化过程的实现是通过气化反应装置完成的。

为了提供反应的热力学条件，气化过程需要供给空气或氧气，使原料发生部分燃烧。气化过程和常见的燃烧过程的区别是：燃烧过程中供给充足的氧气，使原料充分燃烧，目的是直接获取热量，燃烧后的产物是二氧化碳和水蒸气等不可再燃烧的烟气；气化过程只供给热化学反应所需的那部分氧气，而尽可能将能量保留在反应后得到的可燃气体中，气化后的产物是含 CO、H_2、CH_4 和低分子烃类的可燃气体。

2. 常见生物质气化炉

气化炉的实际使用设备有固定床气化炉、流动床气化炉、喷流床气化炉等主要形式。

（1）固定床气化炉　固定床气化炉是固体燃料燃烧和气化的基础设备，其构造较简单、装置费用较低。

固定床气化炉一般以大小为 2.5～5cm 的木材碎片为原料，在上部供料口投入，在炉内形成堆积层。气化剂（空气、氧气、水蒸气或这些气体的混合气体）由底部以上升流形式供给（气化方式中也有下降流形式）。气化反应由下部向上部推进。

从下部到上部，以灰分层、木炭层、挥发热分解层、未反应材料层的顺序，伴随着原料的气化过程而形成各个层次。

（2）流动床气化炉　流动床气化炉的炉底装填有直径为几毫米的砂或氧化铝颗粒，填充高度为 0.5～1m，在气化剂（通过多孔板下部供给）的流动化作用下形成 1～2m 高的床层。床温一般为 800～1000℃，但特殊情况下也有 600℃左右的。供给床层的原料在被流动材料搅拌的同时被加热，挥发组分发生汽化，而木炭则被粉碎。

上述原料的一部分与气化剂中的氧气发生燃烧，用于保持床温所需的热量。床温由原料供给量与气化剂中氧气浓度共同控制。

气化剂供给量必须能够维持床层流动化的空塔速度。该床体流动化所使用的气化剂的压力损失为 0.01MPa 左右，原料质量相对于流动材料质量的比例约为百分之几。

在流动床气化炉中，床部上方的自由空间（熔化室）具有重要作用。由于床层内气化剂与原料常常不能混合接触，与气化剂不能充分反应，挥发组分气体和木炭粒子在自由空间部位通过二次反应进行清洁气化。因此，在此处有必要提供新的气化剂，这称为二次气化剂，对流动床方式而言是绝对必要的。

（3）喷流床气化炉　喷流床气化炉采用的是将粉体用气流载入后进行燃烧的气化反应方式，也称为浮游床气化炉。它与粒子在内部循环的喷流床是不同的，其概念图如图 6-45 所示。

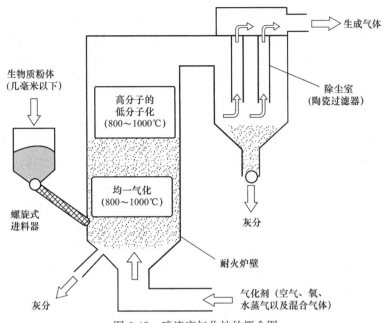

图 6-45　喷流床气化炉的概念图

将生物质粉碎到 1mm 以下得到粉体。在微粉炭燃烧锅炉中，要求 $74\mu m$ 以下的粒子达到 90% 左右，所以要用到微粉碎的方法。而在以生物质为原料时，其相对密度较小、挥发性组分较多且含氧元素，所以不需要进行像微粉炭那样的微粉碎。

3. 生物质气化的利用

生物质气化技术在国内的应用，目前主要有两个方面：一是产出的燃气用于供暖；二是燃气用来发电。

生物质气化集中供气系统已在我国许多省份得到了推广应用，在农民居住比较集中的村落，建造一个生物质气化站，就可以解决整个村屯居民的炊事和供暖所用的气体燃料。吉林省自 1998 年起，已先后在四平、长春、吉林、延边地区兴建了 7 个生物质气化站，每个站产燃气量为 $200\sim1800m^3/h$。

用生物质气化产出的燃气烘干农林产品，对燃气的纯度和组分没有特殊要求。在保证空气供给的条件下，燃气在各种类型的燃烧室中均可连续燃烧，无需净化和长距离输送，设备简单，投资少，回收期短。较直接燃烧生物质供暖，热量损失小，热效率高，对于小型企业、个体户很有实用价值。燃气在燃烧室中燃烧，可直接用于木材、谷物、烟草、茶叶的干燥，也可用作畜舍供暖、温室加热等。

国际上生物质气化发电目前有三种基本形式：一是内燃机/发电机机组；二是汽轮机/发电机机组；三是燃气轮机/发电机机组。现在我国利用生物质燃气发电主要是第一种形式。它包括三个组成部分：一是生物质气化部分；二是燃气冷却、净化部分；三是内燃机/发电机机组。燃气可直接供给内燃机，也可由储气罐供给内燃机使用。现在国内采用的燃气净化方法是普通的物理方法，净化程度低，只能勉强达到内燃机的使用要求。

6.6　可再生能源综合利用

由于各种可再生能源受地域、时间、空间的影响较大，因此，可再生能源的综合利用非常必要。可再生能源综合利用系统通常都采用建筑能源协调控制系统，即将整个建筑看成一个能源体系，调控建筑能源协调控制系统的各子系统，使之在保证性能、各功能要求和运行安全的前提下，尽量运行在高效运行特性区间内；也可将可再生能源利用系统与供暖、空调、照明控制系统通过建筑智能化系统进行协调控制，实现节能运行。

6.6.1 太阳能与地热能的综合利用

太阳能、地热能在建筑中的综合利用系统由太阳能系统和地源热泵系统两部分组成，可实现供暖、制冷、供热水和供电等四种功能。太阳能系统作为供暖和供热水部件，地源热泵系统作为供暖和制冷部件，温差电池和太阳能光伏电池作为发电部件，根据需要，温差电池白天发电，夜间也可选择性发电。温差电池是利用温度差异导致的赛贝克效应使热能直接转化为电能的装置。它的工作原理是将两种不同类型的热电转换材料——N型和P型半导体的一端结合并将其置于高温状态，另一端开路并给以低温，由于高温端的热激发作用较强，空穴和电子浓度也比低温端高，在这种载流子浓度梯度的驱动下，空穴和电子向低温端扩散，从而在低温开路端形成电势差；如果将许多对P型和N型热电转换材料连接起来组成模块，就可得到足够高的电压，形成一个温差发电机；太阳能电池是通过光电效应或者光化学效应直接把光能转化成电能的装置，太阳光照在半导体P-N结上，形成新的空穴–电子对。在P-N结电场的作用下，空穴由N区流向P区，电子由P区流向N区，接通电路后就形成电流。

图6-46为太阳能与地热能的综合利用系统结构图，图中温差继电器（3）、储热箱（4）、安全阀（5）、辅助加热器（17）、房间供暖调节器（6）、两向泵（26）和换向阀（25）共同组成太阳能供暖系统，其中两向泵、地源热泵组成一个水循环系统，将太阳能传递到储热箱中，太阳能集热管上表面是一层温差电池，安全阀安装在储热箱上，辅助加热器可以对储热箱进行辅助加热，储热箱中的热能可以提供给房间供暖，并由房间供暖调节器来调节房间的温度，也可以加热冷水，换向阀用来调整太阳能供暖系统与地源热泵系统的不同运行状态。

图6-46中压缩机（18）、节流阀（21）、换向阀（19）、埋地换热器（24）和地源热泵机组（15）共同组成地源热泵系统，压缩机安装在埋地换热器和水源地源热泵机组之间，节流阀安装在储热箱与埋地换热器之间。地源热泵利用地表浅层水源中的地热能作为热源或冷源。冬季通过热泵机组将地热能传递转移到需供暖的建筑物内，夏季调节换向阀，通过热泵机组将建筑物内的热量转移到地表土壤或水源中。热泵系统中压缩机是保持系统制冷剂循环和提高温度的设备，既保证了系统在较低温度下从低位热源中吸取热量，又保证了系统在较高温度下供热。节流阀起节流制冷的作用，同时也可以调节流量，从而实现冬季供暖，夏季制冷。

图6-45中蓄电池（23）、逆变器（22）、温差继电器（3）、电表（14）和温差电池、双刀双掷开关、同步开关、开关及其他用电器共同组成太阳能和温差电池联合发电系统，温差电池与双刀双掷开关、二极管、蓄电池串联，供电系统中所有用电器均由蓄电池经过逆变器转换之后供电，两向泵、温差继电器、同步开关并联后接入供电系统中，其中温差继电器的两个输入端分别接地源热泵出口和储热箱，其他用电器分别串联一个开关后也接入供电系统。白天太阳能集热器利用太阳光收集热量，太阳能的余热透过温差电池传递到换热器内，此时，温差电池两侧存在温差，实现发电。传递到换热器内的热量将其中的水

加热，水被加热后其密度减少而上升，从而推动连接管内的水自动循环，同时水中的热量通过循环被带到储热槽并传递给储热槽内的十水碳酸钠，热量被储存。换热器的内部是母管、热交换管，两个母管之间是热交换管，母管通过连接管与换热器和储热槽连通，管内介质是水。夜间没有太阳光，换热器里的热量透过温差电池散失到大气中，温差电池就可以再次发电，同时热交换管内水的温度降低，密度增加向下流动，推动连接管内的水自动循环，这时储存在十水碳酸钠中的热量被管中的水带走，水不断循环，温差电池实现连续发电。

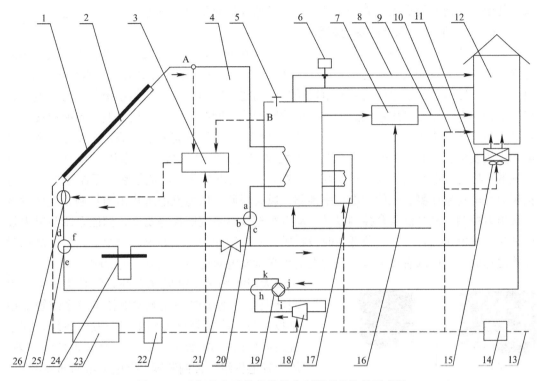

图 6-46　太阳能与地热能的综合利用系统结构示意图

1—温差电池；2—太阳能集热管；3—温差继电器；4—储热箱；5—安全阀；6—房间供暖调节器；7—混合器；
8—房间供暖系统；9—供水系统；10—供电系统；11—连接管；12—房间；13—电网；14—电表；15—地源热泵机组；
16—冷水补给；17—辅助加热系统；18—压缩机；19—换向阀；20—换向阀；21—节流阀；22—逆变器；
23—蓄电池；24—埋地换热器；25—换向阀；26—两向泵

图 6-46 中冷水补给（16）、储热箱（4）和混合器（7）共同组成系统的供水和储热部分，由冷水补给的冷水一部分在储热箱加热后送到混合器中，一部分直接送到混合器中，通过混合器调节冷水和热水不同的配比实现不同温度水的供给。

系统供暖方式分为太阳能单独供暖、地源热泵单独供暖、太阳能地热能并联供暖和太阳能地热能串联供暖。太阳能单独供暖时分别调节太阳能供暖系统和地源热泵系统之间的两个换向阀，开启太阳能集热管下面的两向泵，使水向上流动，并由温差继电器来控制两向泵的运转，当 B 点的温度等于或小于 A 点的温度时，两向泵停止运转；地源热泵单独供暖是在保持太阳能系统单独供暖状态的同时，调整压缩机上的换向阀，开启压缩机，使水向右流动，并开启水源地源热泵机组向房间供暖；太阳能地热能并联供暖是以上两种供暖状态同时运行，此种供暖方式能使房间较快升温；太阳能地热能串联供暖是分别调节太阳能系统和地源热泵系统之间的两个换向阀，同样开启太阳能集热管下面的两向泵，使水向上流动，并由温差继电器来控制两向泵的运转，当 B 点的温度等于或小于 A 点的温度时，两向泵停止运转，此种方式制热性能系数较高。

系统制冷是在保持太阳能供暖系统单独供暖所述状态的同时，调整压缩机上的换向阀，开启压缩机，使水向左流动，并开启水源地源热泵机组对房间制冷。

系统在夜间或阴雨天发电需分别调节太阳能供暖系统和地源热泵系统之间的两个换向阀，使温差电池在没有太阳光的条件下利用已储存的热量进行发电。

6.6.2 太阳能与风能的综合利用

由于新能源发电出力具有随机性、波动性和间歇性，大规模风力发电、光伏发电接入电网会给电力系统的安全稳定运行带来前所未有的挑战，造成调度困难、调峰压力增大、电力远距离输送及影响电压稳定和电能质量等问题。因而，需要储能系统与风力发电、光伏发电相结合的综合利用系统。以上海世博园智能电网综合示范工程为例，新能源接入综合系统整合了新能源发电站、火电厂、储能系统和电动汽车充放电站等，主要分为风力发电、光伏发电、风光储（储能系统与风力发电和光伏发电相结合的简称）、电动汽车、风火联调（风力发电与火电联调的简称）、热电冷三联供等几个功能模块。系统主要功能包括风力发电功率预测、光伏发电功率预测、风火联调、风力发电远程出力控制、光伏发电远程出力控制、风光储联合控制以及电动汽车充放电系统监控等功能。储能系统与风力发电和光伏发电相结合，在负荷低谷时段将风力发电和光伏发电的电量储存，在负荷高峰时段将之释放，这可以有效地减少风力发电和光伏发电对电力系统调峰的影响。

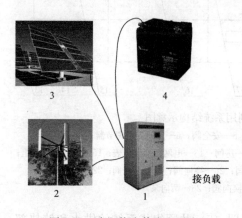

图 6-47　太阳能光伏发电风光
互补系统组成图

1—控制装置；2—风力发电机组；
3—太阳能光伏阵列；4—蓄电池组

太阳能光伏发电风光互补系统是集风能、太阳能及蓄电池等多种能源发电技术及系统智能控制技术为一体的复合可再生能源发电系统，其系统组成如图 6-47 所示，主要由太阳能光伏阵列、风力发电机组、控制装置、蓄电池组四部分组成。

风力发电部分是利用风力机将风能转换为机械能，通过风力发电机将机械能转换为电能，再通过控制器对蓄电池充电，经过逆变器将直流电转换为交流电对负载供电；

光伏发电部分利用太阳能电池板的光伏效应将光能转换为电能，然后对蓄电池充电，通过逆变器将直流电转换为交流电对负载进行供电；

逆变系统由几台逆变器组成，把蓄电池中的直流电变成标准的 220V 交流电，保证交流电负载设备的正常使用，同时还具有自动稳压功能，可改善风光互补发电系统的供电质量；

控制部分根据日照强度、风力大小及负载的变化，不断对蓄电池组的工作状态进行切换和调节，一方面把调整后的电能直接送往直流或交流负载。另一方面把多余的电能送往蓄电池组存储。当发电量不能满足负载需要时，控制器把蓄电池的电能送往负载，保证整个系统工作的连续性和稳定性；

蓄电池部分由多块蓄电池组成，在系统中同时起到能量调节和平衡负载两大作用。它将风力发电系统和光伏发电系统输出的电能转化为化学能储存起来，以备供电不足时使用。

风光互补发电系统根据风力和太阳辐射变化情况，可以在以下三种模式下运行：风力发电机组单独向负载供电；光伏发电系统单独向负载供电；风力发电机组和光伏发电系统联合向负载供电。

上述各种可再生能源在建筑中的利用过程中，一定要结合实际情况，注意该项技术的使用是否符合当地的气候条件、社会背景以及与建筑的整体协调性等问题，否则不仅不能实现节能减排的目标，还会引起能源的浪费甚至引发社会问题。

本 章 小 结

可再生能源是自然界中可不断再生并可以持续利用的资源，主要包括太阳能、地热能、风能、生物质能等。本章介绍了太阳能、地热能以及风能、水能、生物质能等可再生能源及其开发利用技术。通过本章学习应充分认识可再生能源开发利用的意义，熟悉太阳能光电利用技术和太阳能光热应用技术，掌握太阳能光伏发电系统的组成及其工作原理，熟悉建筑一体化光伏发电系统的应用；熟悉太阳能在热水、供暖和制冷方面的应用；熟悉地热能在建筑中的直接利用（包括供暖、制冷等）和低品位地热能在建筑中的应用（通过地源热泵实现建筑的供暖和制冷等），了解可再生能源综合利用技术。

思 考 题

1. 什么是可再生能源，它包括哪些内容？简述开发利用可再生能源的意义。
2. 什么是太阳能光电利用技术？试说明太阳能光伏发电系统的组成及运行方式。
3. 试说明建筑一体化光伏发电系统的意义及其应用形式。
4. 试说明太阳能光热利用的原理及其应用形式。
5. 什么是高品位地热能？什么是低品位低热能，它们在建筑中如何应用？
6. 试说明地源热泵系统的组成和工作原理。
7. 试说明可再生能源综合利用的必要性，并举例说明可再生能源如何综合利用。

第7章 建筑智能化节能技术

建筑节能技术从本质上讲主要有开源和节流两大措施。开源主要表现在最大化的利用可再生能源（如太阳能、地热能、风能等），大力开发低品位能源以及开展冷热电联产利用技术。节流措施从技术角度可分为被动式节能技术（如围护结构优化、通风优化等被动式技术）和主动式节能技术（建筑设备系统优化、灯光系统控制、人行为节能等）。被动式节能技术主要是从建筑设计的角度出发，如为增强房屋的保温隔热性能、降低热桥的影响、提高气密性，采用保温墙体、双层幕墙、自呼吸幕墙、绿色屋顶以及相变（PCM）储能墙体等措施。相对于被动式节能技术，主动式节能技术是在建筑投入使用后，通过对建筑设备（如锅炉、冷机、空调、风机、可调节围护结构等）有效合理的控制，在满足建筑内部环境要求（如舒适度）的前提下尽可能的减少化石能源（不可再生能源）消耗（同时尽可能多的利用可再生能源，如太阳能、风能）的一系列相关技术。本章主要讨论应用建筑智能化技术主动节能。

建筑智能化节能技术是指在建筑中利用建筑智能化技术实现对建筑机电设备（包括空调、照明、供配电、电梯、给水排水等设备）和绿色生态设施的优化控制，提高设备运行效率和能源利用效率，支持可再生能源（太阳能、地热能）的利用和节能管理；运用建筑智能化技术实现建筑能耗计量及能耗监测分析，为能源管理提供更加科学的依据；采用建筑智能化系统集成技术，构建便于使用和维护管理的能源管理平台，实现切实可行的节能策略，提升建筑节能管理水平，实现增效节能和精细管理的目标。因而本章主要介绍采用建筑智能化技术实现对建筑设备及绿色生态设施的优化控制、采用系统集成的手段构建能耗计量和管理平台，通过建筑物能源综合管理，达到节能的目的。

图7-1给出本章各节主要介绍的建筑智能化节能技术。

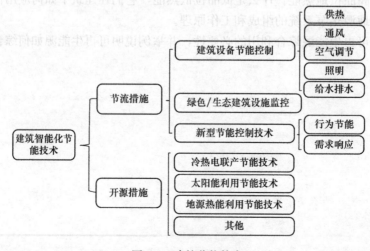

图7-1 建筑节能技术

7.1　建筑设备监控节能

建筑设备监控节能主要是通过建筑设备管理系统对建筑物内的机电设备（包括暖通空调、照明、供配电、电梯、给水排水）进行优化控制及统一管理，提高运行效率，实现节能。

建筑设备管理系统（Building Management System，BMS）是对建筑设备监控系统和公共安全系统等实施综合管理的系统。建筑设备监控系统主要包括：供配电设备监测系统、照明控制系统、空调控制系统、给水排水控制系统、电梯控制系统等，具有对建筑机电设备测量、监视和控制的功能，确保各类设备系统运行稳定、安全和可靠，并实现节能和环保的目标。公共安全系统包括火灾自动报警系统、安全技术防范系统和应急联动系统，是应对火灾、非法侵入、自然灾害、重大安全事故和公共卫生事故等危害人们生命财产安全的各种突发事件而建立起的应急及长效的技术防范保障体系。本节主要介绍建筑设备监控系统的节能控制和建筑设备管理系统的节能管理。

7.1.1　通风、供暖系统的节能控制

1. 通风及其节能控制

通风的作用是将建筑物室内污浊的空气直接或净化后排至室外，并将新鲜的空气补充进室内，从而保持室内的空气环境符合卫生标准，保证室内人员的热舒适和对新鲜空气的需要。通风分为自然通风和机械通风。自然通风是利用外部空气的压力和循环实现的，合理地利用自然通风不仅可以降低室内温度，带走潮湿气体，改善室内热环境，同时可以取代（或部分取代）机械通风和制冷空调系统，节约不可再生能源，而且能提供新鲜、清洁的自然空气，改善室内空气品质，有利于人的生理和心理健康，满足人们心理上亲近自然、回归自然的需求。机械通风利用换气扇等新风设备使房间空气循环流动，与自然通风相比较，机械通风可以使大量的空气进行循环，并能有效控制导入新风的大小、时效和风路，不需要依赖外部自然条件，但消耗能源。随着可持续发展战略的实施，自然通风受到越来越广泛的重视。由于自然通风的调节控制需要相应的建筑性能的支持，必须与整个建筑系统配合，因而自然通风节能技术在本书的第二章和第四章介绍。在此，主要介绍机械通风系统的优化节能控制。

对于设有独立的机械式排风与送风系统的建筑，建筑设备监控系统对其监控的内容有：监视排送风设备的运行状态及故障状态，并在中央站显示及打印机输出；按预先编制好的时间程序，自动控制机组的启停，也可以在中央站启停任一台机组；火灾时对排风（排烟）风机进行切换控制，排风（排烟）风机正常时低速运行排风，当发生火灾时，由消防联动控制系统强切到高速运行状态进行排烟。建筑设备监控系统对通风系统的节能控制主要是通过现场直接数字控制器（DDC）对建筑内的通风设备实现联网集中控制，根据室内或回风空气质量，采用变频或定时间歇开关的工作模式，避免通风设备长时间连续运行，这样不仅节约能源同时满足通风工艺要求。例如，以 CO_2 浓度测量（反映了室内人数）为依据，通过专用控制器独立完成送、排风监控的专业监控系统，对这样的专业监控系统，只需将其纳入建筑设备管理系统（BMS）管理即可。另外，随着人们对室内空气质量越来越关注，以空气质量为指标的通风控制受到重视，例如以 PM2.5、VOC（挥发性有机物）值为控制指标，来控制机械通风设备（新风风机）的启停，从而使室内空气质量

达到要求。

建筑内排（送）风设备分布在建筑的不同位置，为了对整座建筑空气流动状况实现良好地控制，需要通过建筑设备管理系统 BMS 全面监测各台相关设备的运行状态，监测主要影响空气流动的通道状况，并在可能的条件下测试关键点的空气压力或空气流向，根据这些信息，分析判断建筑物空气流动的模式，当发现其流动模式存在严重问题时，可以改变几台关键的送排风设备的运行状态，来调整和改变建筑物内的空气流动模式，实现环保与节能。

2. 供暖节能控制

北方城镇供暖是我国建筑能耗最主要的构成部分，也是我国建筑节能工作的重点。本书第 4 章针对我国目前应用较多的集中供暖方式，从热源、热网、热用户三个方面介绍了供暖节能技术。本节主要介绍通过建筑设备监控技术实现对供暖系统和热电冷联供系统进行节能控制。

供暖系统监控原理图如图 7-2 所示。由图 7-2 可见，为了实现对锅炉供、回水水温、压力、流量的测量，在供水干管上安装温度传感器 TE1、压力变送器 PT1，在回水干管上安装温度传感器 TE2、压力变送器 PT2 和流量变送器 FT1，并将其分别接入 DDC（直接数字控制器）的 AI 口上，用于测量供、回水干管上的水温 t_1 和 t_2、水压 P_1 和 P_2 及回水流量 G。根据热量的计算公式 $Q_c=CG(t_1-t_2)$，可计算锅炉产生的热流量，并通过软件进一步累计热量；为了实现对锅炉给水泵运行状态的监测，从锅炉给水泵的强电控制柜上，将手/自动状态信号（强弱电接口的转换开关上取接点信号）、水泵电机故障信号（从过载热继电器取常开接点信号）均接入 DDC 的 DI 口上。在三台水泵（两用一备）的出口管上，各安装一个水流开关，当有水流通过，并达到一定水量时，水流开关常开接点闭合，接入 DDC 的 DI 口上，反应水泵启动运行信号。此外，对锅炉补水泵的运行状态、故障状态、软水箱水位等也应进行监测。图 7-1 中对换热器的监控，是在每台换热器二次侧出水管路上分别设置水温传感器 TE5、TE6，测量各台换热器的出水温度，在每台换热器一次侧进水管上设置电动调节阀 V1、V2，通过 DDC 监控，组成闭环反馈的温度调节系统，按 PI 调节规律控制换热器出水温度恒定。另外，为了进行换热器运行台数控制，在二次侧进水管路上设电动蝶阀 MS1、MS2，根据实测热负荷进行开、关切换控制，同时对运行水泵台数也进行控制。设备运行台数的控制是热力站监控系统节能控制的重要内容，根据图 7-2 中供、回水干管温度 TE4、TE3 和回水流量 FT2 值，DDC 计算出实需热量 Q_c，并和换热器的功率相比较，按照操作指导控制的方式，由操作者控制换热器运行台数及相应水泵台数；在技术成熟时，也可以采用闭环台数控制系统，进行台数的自动切换。换热器二次侧热水循环泵的控制，是通过测量供回水温差，并与事先给定的温差数值相比较，DDC 按 PI 调节规律输出模拟信号控制水泵变频器改变水泵转速，从而改变水泵流量，满足负荷要求并节能。能耗累计包括电耗累计和热量积算，电耗累计主要指热力站内循环水泵的电耗，可利用电量变送器测量三相四线制负载的电量，DDC 通过通信系统传输到中央站进行显示、记录。电气设计时，在强电柜上能给出分路，以便于能安装电量变送器，以比较工频下的电耗和变频率后的电耗之间的能耗；热量积算是通过供、回水干管温度和回水流量计算热负荷（热流量），DDC 再进行积分运算，求得某一时段内的累计热量，为能量管理提供信息。

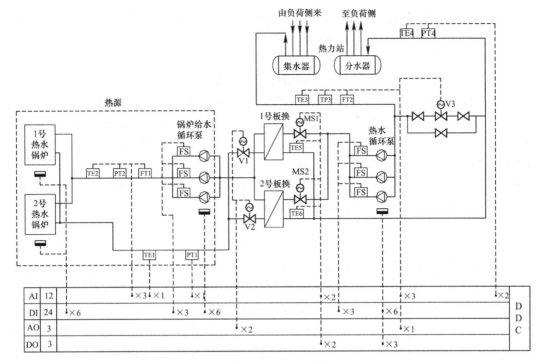

图 7-2 供热系统监控原理图（CWV）

建筑供暖工程中，希望供暖系统能够按照建筑热负荷来调节供水温度，实现按需供热，达到供需平衡，从而降低建筑供暖能耗。气候补偿器可以实现此功能。气候补偿器的工作原理是通过监测室外温度和房间温度计算出需要的供水温度，通过不同的控制手段对实际供水温度进行调节，使其控制在由气候补偿器计算的供水温度的精度范围内。

根据供暖系统是锅炉出水直接进入用户散热器的直供系统还是通过换热器二次换热的间供系统，气候补偿器分为直供系统和间供系统两种连接形式。以图 7-2 所示的间供系统为例，进一步说明气候补偿器的工作原理，如图 7-3 所示。气候补偿器根据采集的室外温度和若干房间温度，按照某种算法或控制策略，获得计算的供水温度，该计算的供水温度作为设定值，与测量的实际供水温度进行比较，形成偏差，经过 PID 控制器获得水阀开度或变频泵频率（视实际情况选择水阀或变频泵），对一次侧供热系统的水量进行调节，从而实现用户侧供水温度的控制。

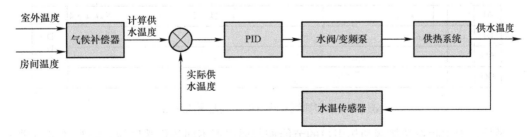

图 7-3 气候补偿器的工作原理

恰当的控制策略是气候补偿器应用过程中最核心的问题。这需要选择合适的算法，根据室外温度和若干房间温度，经过迭代学习，获得满足热量供需平衡的供水温度。这些算法中包括常规的系统辨识算法、专家系统、神经网络和其他机器学习算法，如支持向量机、遗传算法、高斯过程回归等，利用大数据进行机器学习，获得室外温度、房间温度与计算供水温度的关系。

热电冷联产是一种建立在能量梯级利用概念的基础上，将制冷、供热及发电过程一体化的多联产总能系统。作为一种新型的能源生产、供应系统，因其具有能源利用效率高的特点，引起国内外越来越多的重视。图 7-4 是中间抽汽式热电冷联供监测原理图。蒸气锅炉的饱和水蒸气经过换热器进一步加热后，变成过热蒸汽。具有做功能力的过热蒸汽进入汽轮机，推动汽轮机转动，带动发电机转动，产生电能。从汽轮机的中间抽出一部分已经做过功的蒸汽，送到热、冷用户，凝结后的凝结水再送回到锅炉，循环使用。经换热器产生的热水可作为生活热水和供热热水。从中间抽汽的一部分蒸汽用于蒸汽型溴化锂吸收式制冷机的热源，产生的冷水供空调使用。

这种热电冷联供系统中也有各种专业监控系统，它们均为智能型监控装置，如蒸汽锅炉监控装置（燃烧调节系统、水位调节系统、安全保护系统及参数显示系统等）、发电机监控系统（频率调节系统、电压调节与变压系统、安全保护系统及参数显示系统等）、换热器出口水温自动调节系统等。对于上述这些完善的监控系统，BMS 可以采用通信接口方式进行系统集成，也可以由 DDC 采集有关信号进行相关控制和数据显示，如图 7-4 所示，通过 DDC 通信模块和通信系统，中央站可以采集热水的供、回水温度、回水流量等现场物理量，并进行显示。

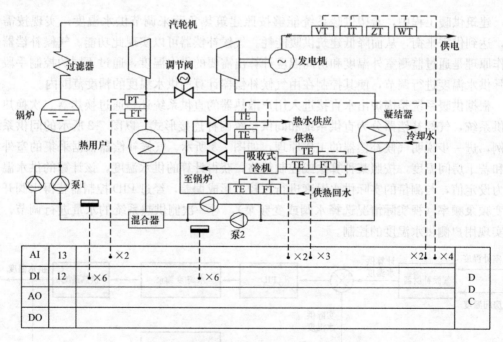

图 7-4　中间抽汽式热电冷联供监测原理图

另外，对供暖系统热网和热用户的节能控制要根据不同的供暖区域、供暖热量或供暖时间需求分别处理，即采用分区分时分温优化控制技术，根据区域内的实际情况和特殊要求或根据建筑物的用热量要求，合理支配用热和供热，在不同区域内分阶段（时段）提供不同温度的供热方式，既满足供热要求，又合理降低能源损耗，达到节能的效果。分区分时分温优化控制技术一般应用于供热时间不同、供暖温度要求不同、夜间或节假日期间无人值守的区域建筑或独栋建筑。它既可分区域直接控制，也可对建筑物单体进行分时分温控制，其温度调节是调节进入建筑物的水量，根据供回水温度参数共同参与控制并修正。

7.1.2　空调系统的节能控制

空调系统在建筑能耗中占有相当大的比重，据调查统计，空调能耗占建筑总能耗的一半左右，在酒店和综合大楼等商业建筑中甚至达 70% 以上。因而，空调节能潜力巨大。降低空调能耗，一方面是在设计中采用先进的空调技术，另一个方面就是利用合理的控制机制实现空调系统在运行过程中降低不合理或不必要的能耗，以此来实现节能目标。本节主要从建筑设备调控的角度介绍优化监控方案设计实现节能的方法。

空调监控系统节能的主要策略有：

根据系统实际冷负荷调节冷水泵、冷却水泵、冷水机组以及冷却塔的运行台数，投入合适的运行台数；

根据室内实际温湿度变化调节新风/回风阀、冷/热水阀、蒸汽阀的开度；

根据房间实际负荷变化进行变风量（VAV）调节；

提前预冷关闭新风（对于办公楼类建筑，为使工作人员到达室内时温度较为舒适，要提前开机，开机时要关闭所有新风阀，以减少新风负荷的消耗）；

夏季工况的夜间吹洗（在夏季，可利用凌晨清新的凉空气，开大新风阀，关闭冷水阀门，对整栋建筑进行吹洗，可以冷却建筑结构所吸收的热量，对建筑物降温，减少开机时的冷负荷量）；

焓差控制（利用新风和回风的焓值比较来控制新风量，最大限度地节约能量。即通过测量元件测得新风和回风的温度和湿度，在焓值比较器内进行比较，以确定新风的焓值大于还是小于回风的焓值，并结合新风的干球温度高于还是低于回风的干球温度，确定采用全部新风、最小新风或改变新风回量的比例）。

室内温度分层控制（对于大型公共建筑，如政府办公大楼或机场、火车站、大型商场类建筑，在建筑内上下层自动扶梯处存在大面积的空间连通现象，由于空气对流造成热气流上升、冷气流下沉，会影响空调系统的舒适性效果。这种情况下，通过设置在屋顶、室内或地面的温度传感器可检测到室内不同空间内的温度，从而指导不同楼层空调系统改变其系统运行设定温度，例如，降低靠上楼层的设定温度，适当提高靠下楼层的设定温度等）。

空调监控系统监控方案的优化设计主要是从冷源系统和空气处理系统的工作原理出发，合理设置监控点位，通过 DDC 进行实时监控，并综合运用 DDC 自带的各种控制模块、运算函数、智能逻辑判断能力等，实现根据系统实际负荷自动调整制冷设备的运行台数以及各风阀、水阀的开度等一系列功能，使建筑物内的温、湿度达到预定目标，并以最低能耗来维持系统和设备的正常工作，以降低系统的运行成本，实现节能环保的目标。

1. 冷源系统的节能控制

冷源系统的监控原理如图 7-5 所示，通常需要监控的内容有：冷水供回水温度、压力与回水流量监测、冷却水供回水温度监测、冷却水泵/冷水泵/冷却塔风机/冷水机组运行、故障状态监测及启停控制等。

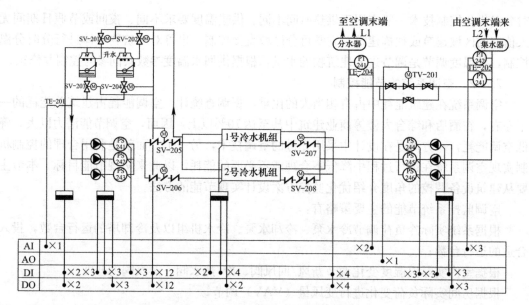

图 7-5　冷站系统监控系统原理图

（1）冷水泵的节能控制

空调系统经常处于部分负荷状态下运行，相应地系统末端设备所需的冷水量也经常小于设计流量。整个空调制冷系统的能量大约有 15％～20％ 消耗于冷水的循环和输配。冷水泵的节能控制是根据制冷系统的实际工况，在满足工作压力、冷水流量的前提下，通过 DDC 中的预置程序来自动调整压差旁路的设定值和冷水泵的运行台数，以降低能耗。

（2）冷水机组的节能群控

在建筑设备中制冷、换热系统的耗能最大，其运行监控管理直接影响到每日消耗的电量，所以对其节能控制十分重要。冷水机组的节能群控是在冷冻站设置冷水回水流量变送器、供/回水温度传感器，利用这些参数计算出空调系统末端实际消耗冷负荷，以此进行冷冻站设备台数的控制，使冷水机组以最少的台数运行，且运行在满负荷状态下，总的制冷量和空调系统的冷负荷相匹配，实现制冷系统的高效运行和制冷机组的节能。同时，根据冷水机组台数合理控制外围设备的台数（冷水泵、冷却泵、冷却塔等），这样既起到节能的效果又可以对冷机系统起到合理的保护作用，延长其使用寿命。当室外温度较低时，通过冷却水回路的自然冷却即可满足制冷机对冷却水温度的要求，关掉所有冷却塔风机，仅靠冷却水循环过程的自然冷却实现冷却水降温；根据制冷系统对冷却水流量和温度的要求，投入合适的冷却水泵和冷却塔风机运行台数，达到节能的目的。

2. 空气处理监控系统的节能控制

空气处理监控系统主要监控新风机组、空调机组、风机盘管等设备的运行状态及参数，从而创造舒适的工作、生活环境，并达到节能的目的。空气机组的监控原理如图 7-6所示，通常需要监控的内容如下：新风阀/排风阀/回风阀的开度、室内外温湿度、送回风温湿度、过滤器两侧压差、防冻开关状态、送风机/回风机的故障状态及启停控制、冷热水阀/蒸汽阀的开度控制等。

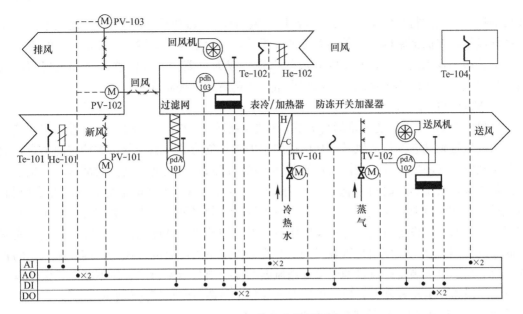

图 7-6 空调机组监控原理图

空气处理监控系统节能主要包括以下内容:

(1) 室内温度浮动（新风补偿）控制

如果维持室内恒定的温湿度（如夏季 26℃、50%RH）不变，可能导致室内外较大的温差（当夏季室外温度 36℃时，温差为 10℃）。人长时间停留在不变的低温环境和遇到室内外温差的较大突变，往往会引起皮肤汗腺收缩、血流不畅、神经功能紊乱等"空调适应不全症"（俗称"空调病"），同时空调系统的运行能耗也会大大的增加。室内温度浮动（新风补偿）控制是采用室外新风温度补偿调节策略，随着室外空气温度的变化适当提高夏季室内空气温度和降低冬季的室内空气温度，为室内提供健康、舒适的动态热环境，同时为空调制冷系统带来显著的节能效果。空气处理监控系统实现室内温度浮动（新风补偿）控制的方式是将室外温度传感器的温度信号输送到 DDC，DDC 按照一定要求，改变室温设定值，按照软件预置程序自动调节室内温湿度，夏季送冷风，冬季送热风，过渡季节送新风；根据实测送风温度与设定值之差，调节冷/热水阀的开度，维持恒定的送风温度。

ASHRAE（American Society of Heating Refrigerating and Air-conditioning Engineers 美国供暖，制冷与空调工程师学会）给出室内热湿环境舒适区是一个范围，而不是固定的一个点。因此，室内温度控制并不需要恒温控制，而只要满足在舒适区范围内即可。据统计，夏季将设定温度值下调 1℃，将增加 9% 的能耗，冬季将设定温度值上调 1℃，将增加 12% 的能耗，可见，室内温度浮动（新风补偿）控制可减少大量能耗。在满足人体舒适区范围内，尽可能地提高室内温度设定值，而这个温度设定值与室内温湿度、室外条件和空调系统历史和实时工作状态有关。为保证温度设定值的不断更新，需要进行温度设定值的再学习。

(2) 最小新风量控制

为符合卫生标准，空调系统需要引进的室外新鲜的空气，称为最小新风量。新风量一般定在送风量的 20%～30%。随着时间的变化和季节的变更以及室内人员的变化，室内环境对新鲜空气需求也随之变化，空调监控系统根据室内或回风中的 CO_2 浓度，通过 DDC

预置的控制模块进行焓值运算，调整新风/回风阀和排风阀的开度比例，从而调节送入室内的新风量，在保证室内空气的新鲜度的前提下，减少新风量的输入，满足节能的要求。

随着科学技术的发展，对室内人数的识别已成为可能。如果能够实时知道房间的人数，根据人数可不断修正房间的新风需求量，实现新风量按需调节。

3. VAV 和 TRAV 技术

VAV 空调系统采用变风量运行方式，根据各房间的实际负荷的变化，通过末端装置调节末端风量来动态调整送风量，从而适应室内实际负荷的动态变化，维持室温恒定，保证各房间的空气品质，并可灵活地控制局部区域（房间）的温度，避免局部区域产生过冷和过热现象，系统运行时可降低空调负荷 15%～30%。VAV 空调系统分室内温度控制、总风量控制和送风温湿度控制三个环节。室内温度控制多采用压力无关型变风量箱，根据室温实测值与房间设定值之差计算实际所需风量，调节风阀开度来改变实际送风量，实现房间温度控制；总风量控制是以各风阀的开度来决定系统需要的总风量，调节送风机的转速，改变送风量以满足总风量的要求；送风温湿度控制是当室内热负荷不断降低致使风阀开度低于设定的最小开度时，提高送风温度使整个空调系统重新达到平衡。

关于 VAV 和 TRAV 技术的详细介绍见本书 4.3.1 节。

4. 温湿度独立控制

空调是建筑能耗的主要部分。温湿度独立控制系统是降低能耗、改善室内环境、与能源结构匹配的有效途径。温湿度独立控制可以利用高温冷源，提高了建筑用能的总效率。

温湿度独立控制空调系统（THIC）的基本思想是把空调系统的温度和湿度两个参数解耦，分别采用不同的方式、设备等措施来应对，以实现对温度、湿度分别进行控制的理念。在《民用建筑供暖通风与空气调节设计规范》GB 50736—2012 中，对该空调系统的定义为："由相互独立的两套系统分别控制空调区的湿度和温度的空调系统，空调区的全部显热负荷由于工况室内末端设备承担，空调区的全部散湿量由经湿处理的干空气承担"。经过试验和研究表明：与常规空调系统相比，THIC 空调系统能够更好地实现对建筑热湿环境的控制，且具有较大的节能潜力。THIC 空调系统的空调系统的基本原理如图 7-7 所示。

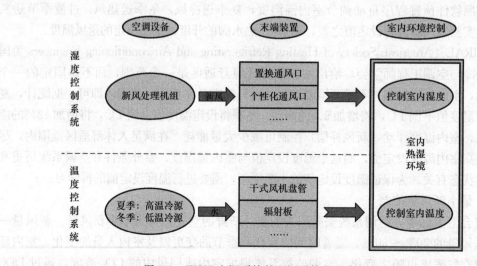

图 7-7　THIC 空调系统的空调系统的基本原理

根据温湿度独立控制的概念，THIC 空调系统可以有很多不同的形式和处理流程。下面介绍一些已经提出的空调系统方式。

(1) 辐射空调方式

辐射末端是近年来发展较快的一种末端设备，辐射方式供热供冷可以有效改善人体热舒适和热感觉。从对室内温度控制即排除显热负荷的角度出发，辐射供冷方式就成为一种较适宜的末端排除显热的方法。只要将温度合适的冷水通入辐射板（必须保证辐射板的表面温度高于室内空气的露点温度），即可排除室内的显热负荷。并且，供热和供冷可以共用一套末端设备。在气候干燥的地区辐射空调方式可直接使用。但在气候潮湿的地区，需要有另外的设备和装置来进行湿度控制，避免室内空气含湿量过大而在辐射板表面出现结露现象。

(2) 干冷式风机盘管系统方式

在温湿度独立控制空调系统中，干冷式风机盘管仅用于排除室内余热，承担温度控制任务。风机盘管中冷水的供水温度高达 16~18℃ 左右，高于室内空气露点温度，盘管内并无凝水产生。但干冷式风机盘管的换热温差较小，这降低了盘管的单位面积换热能力。所以，与湿式风机盘管相比，干冷式风机盘管需要更多的换热面积或更大的风量。在气候潮湿的地区，干冷式风机盘管常与新风系统配合使用。并由新风系统承担室内全部湿负荷。

(3) 溶液除湿新风系统方式

溶液除湿新风机组是 THIC 空调系统中常用的新风机组。采用具有调湿功能的盐溶液为工作介质，利用溶液的吸湿与放湿特性实现对空气的除湿与加湿。典型的溶液除湿系统由新风机（除湿器）、再生器、储液罐、输配系统和管路组成。溶液除湿系统中，一般采用分散除湿、集中再生的方式，将再生浓缩后的浓溶液分别输送到各个新风机中。为了提高除湿效率，可以在除湿过程中进行冷却，即采用外加的冷量带走除湿过程中释放的相变潜热从而保持溶液具有较强的除湿能力。这种独立的溶液除湿新风系统可以看作是一种温湿度独立控制的空调系统。它通过送入室内干燥的新风，达到控制室内湿负荷的目的。同时配合低温送风和室内辐射末端承担室内显热负荷，实现对室内温度的控制。

(4) 湿度优先控制方法

在洁净室等对湿度要求比较高的场所，通过优先对湿度进行处理，控制空调新风系统的含湿量来实现对室内湿度的有效调节。在对湿度进行控制的基础上，可以通过回风系统对回风做降温处理来实现对室内温度的调控，从而达到控制洁净室内的热湿环境的目的。这也是一种温湿度独立控制的思想。通过干燥新风和室内回风降温，分别实现了对温湿度的独立控制。

(5) 房间循环除湿方法

在会议室、商场和交通等候厅等高密人群房间中，如果按照人均最小新风量送风，则对新风的送风含湿量要求比一般办公建筑要大。这对于新风处理设备的要求相对较大。因此，由于新风量及送风最低含湿量的限制，仅仅依靠新风对房间排湿能力有限。在按照最小新风量设计的同时，设置就地的循环排湿系统来补充直流排湿系统的不足。该系统通过新风和循环除湿设备共同承担室内的湿负荷，并设置室内显热末端消除显热负荷。

以上所述的空调方式是在不同的建筑中采用的不同方法，但这些方法从根本上都可以被看作是温湿度独立控制空调系统的营造方案。图 7-8 是某办公室的空调系统方案原理图，该 THIC 空调系统冷热源采用高温冷水机组和集中供热的方式，新风采用热泵型溶液调湿新风机组，夏季通过冷水机组通过分集水器向室内和溶液调湿机供冷。冬季采用板式换热器从热力管网取热，向室内供热。室内采用干式盘管调节室内温度，新风通过溶液调湿调节湿度。

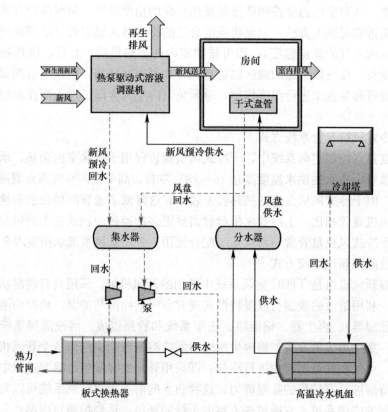

图 7-8　某办公室空调系统图

5. 变频调速技术

在空调系统设计过程中，泵的选型是根据系统的最大负荷进行选择，泵的额定功率往往要大于设计的最大功率，导致设备选型造成的能量浪费。另外，由于受到内、外界干扰等不定因素的影响，系统的实际负荷总是不断变化的，大部分时间系统都工作在部分负荷状态。为使循环水量与负荷变化相适应，冷水泵、冷却泵变频控制系统改变了传统采用阀门节流调节流量的方式，避免大量能量被阀门消耗，而是充分考虑建筑负荷状况、管网状况、室外气象参数等多种变化的因素，对水泵采用变频处理，调节水泵转速，使水泵的流量与实际负荷相适应，达到降低泵耗、提高空调品质的目的。在使用中需注意变频系统的最低运行频率需要根据冷水机组允许的最小流量限制水泵的最低运行频率确定。水泵变频控制一般可节省 40%～60% 的水泵能耗，节省的泵耗主要包括设备选型过大引起的泵耗和变频后减少的流量所消耗的泵耗。

空调监控系统采用变频调速控制，可灵活地根据不同季节、天气和时段室内实际负荷的变化，综合运用焓值控制、比例、积分、自适应等控制策略，通过变频调速来调节冷水泵、冷却泵、冷却塔风机的转速，调整冷热负荷，实现恒温控制，以达到良好的节能效果。其中对于冷水泵的变频控制策略为当回水温度较高时，调节变频器提高冷水泵的转速，增加水泵投入运行的数量，当回水温度较低时，降低冷水泵的转速，减少水泵投入运行的数量，从而最大限度地优化冷水泵的运行，更有效地进行系统节能；对于冷却泵的变频控制策略为当进/回水温差较大时，通过变频器提高冷却泵的转速，带走多余的热量，当进/回水温差较小时，降低冷却泵的转速，减缓冷却水的循环速度，以节约能源；对于冷却塔风机的变频控制策略为根据天气、季节的变化，通过调节变频器的频率来调节冷却塔风机的转速，天气较热时，提高冷却塔风机转速；天气较凉时，降低冷却塔风机的转速。

空调监控系统采用变频调速技术，提高了温湿度控制精度和电机的运行效率，改善水泵运行状况，实现了设备的软启动，从而节省了系统的运行成本，延长了设备的使用寿命，减少了设备的维护管理费用，给用户带来极大的经济效益。

当前，除了变频调速技术在风机、水泵、压缩机等空调设备的应用外，直流无刷电机调速装置在空调和制冷系统中应用也越来越广泛。直流无刷电机由电动机主体和驱动器组成，是一种典型的机电一体化产品，它具有快速、可靠、低噪声、无干扰、寿命长、高效率等特点。直流无刷电机配备控制器，在使用方面与变频调速电机基本相同，通常具有电压或 PWM 控制输入信号，可实现电机的无极调速；在空调系统应用方面与变频调速电机也基本一致。

6. 应用软件节能

(1) DDC（直接数字控制器）节能程序的应用

DDC 一般都自带先进的功能模块，如标准控制、焓值控制、露点控制、HAVC 控制、最佳启动、事件启动控制、工作循环、比例积分微分（PID）、自适应、顺序控制、时间启动控制等，内置了各种数学函数，如代数计算、总值计算、设备运行时间、布尔 Boolean 运算、数据整合、分段线性函数、最大及最小值记录等数学公式和智能逻辑判断逻辑模块（处理复杂的逻辑控制），还具有时钟和脉动累积等功能。通过编程将 DDC 中的控制模块与各种数学函数、智能逻辑判断模块有机结合，综合应用并在其仿真软件上根据模拟工况对空调系统进行动态仿真，实现室内温湿度的精确控制、制冷量或耗热量的自动计算、冷水机组/冷水泵/热水泵程序群控，并能够根据环境变化进行自适应控制，设定最佳启动/停机时间，达到优化节能的目的。

此外，DDC 还具有监控点历史、动向趋势记录和累积记录功能，可自动存放所有监控点的历史记录和累积记录。通过对 DDC 进行编程，管理人员可将动向趋势软件应用在空调系统的任意监控点上，优化系统的运行。另外，根据空调设备的运行累积时间记录和启/停次数累积记录，按一定的策略自动对其进行优先启停，从而均衡其运行时间，延长其使用寿命。

(2) 集成管理软件节能

应用建筑设备管理系统 BMS 的节能管理软件节能，其中包括能源管理曲线、时间调度、设备运行优化、能源趋势分析等。

能源管理曲线是通过软件自定义空调系统的舒适度曲线，定义一个最舒适的温度、湿度范围，并在舒适度曲线上显示各房间的湿度、温度值，一旦监测点的值不在用户定义的舒适度范围内或在其边缘上，就可迅速联动其他设备，自动进行调节，使湿度、温度维持在设定范围内并实现节能。

时间调度是根据软件中的时间程序按天、按月、按季节并兼顾节假日和特殊日期进行时间程序编程，通过图形日历编辑日程，从而提供全年的日程调度表，并实现自动时制转换。可编程预先设定某一时间起到另一时间止，系统时钟自动调整，以便更好地调整系统的运行，实现根据时令季节的变化自动更改系统的温湿度设定值，决定送冷风还是热风、过渡季节新风量的多少以及在节假日或特定日期关闭系统，达到节能的目的。根据建筑内热负荷的季节性变换，制定科学合理的运行计划表，在满足室内环境要求的前提下，尽量减少系统的运行时间，如在人员进入室内前的最佳时机开启系统，进行预热，使房间温度在人员进入时达到设定的要求；在人员离开房间前最佳时机停止系统的运行，利用系统存储的冷量维持环境温度要求直至人员的离开，从而减少设备的运行时间，达到节能的目的。

设备运行优化的策略有累计运行时间的长短优先启停，根据当前停运时间的长短优先启停和轮流排队启停。为延长设备的使用寿命，可根据软件提供的关于每日运行过程中设备的运行时间、启停次数汇总报告（区别各系统的设备并分类别列出）来统计设备的当前运行时间或累计设备的历史运行时间，合理地选择设备优先启停策略，充分结合软件中预置的设备工作循环程序表，优先对各设备进行启停控制，并在合适的时候进行设备切换，尽可能均衡设备的运行，为设备的管理和维护提供依据，实现设备管理的科学化和规范化。

能源趋势分析基于集成管理软件的实时资料库储存的大量历史实时数据及由实时数据分析而得到的各种数据，使管理人员可通过单点和多点的直方图、多点线图、X-Y二维坐标图和数值表等多种形式对空调系统运行参数进行分析、处理，从而得出各监控点的最佳运行值，并进行参数再设定，以使空调系统维持在最佳运行状态，达到节能目的。

此外，还可根据软件提供各式各样的趋势评估，及时准确地分析历史资料及由历史资料推演的数据，对空调系统做出趋势评估，根据软件的动作趋势中的能源管理分析曲线分析系统是否处在最佳的工作状态，及时对系统的运行进行自动调节，达到节能的目的。

7.1.3 供配电监测与用电量计量

供配电系统是建筑物最主要的能源供给系统，其主要任务是对由城市电网供给的电能进行变换处理和分配，并向建筑物内的各种用电设备提供可靠和连续的电能。供配电设备是现代建筑物最基本的设备之一，它主要包括高压配电和变电设备、低压配电和变电设备、电力变压器、应急电源和直流电源设备、电力参数监测装置等。随着智能建筑的发展，建筑设备管理系统不仅保障供配电系统的可靠运行，而且在供配电系统的节能监测以及用电量计量方面也发挥积极作用。

1. 供配电监测系统的功能

现代建筑用电设备种类多、用电负荷集中，因此对供配电系统安全、可靠运行有很高的要求。供配电系统的监测与管理对于保证智能建筑供电的安全可靠，保证建筑内人身和设备财产安全，保证智能建筑各子系统的正常运行，具有极其重要的意义。供配电监测系统对供配电设备的运行状况进行监视，并对各参量如电流、电压、频率、有功功率、功率因数、用电量、开关动作状态、变压器的油温等进行测量，管理中心根据测量所得的数据进行统计、分析，查找供电异常的原因、预告维护保养，并进行自动计费管理。供配电监测系统对电网的供电状况实时监视，一旦发生电网断电的情况，控制系统做出相应的停电控制措施，应急发电机将自动投入，确保消防、安防、电梯及各通道应急照明的用电，而类似空调、洗衣房等非必要用电负荷暂时不予供电。同样，恢复供电时控制系统也将有相应的恢复供电控制措施。

建筑供配电系统监测的主要内容：

① 运行参数的监测

供配电系统监测的参数主要有中压与低压主母排的电压、电流及功率因数、变压器温度、备用及应急电源的电压、电流及频率、主回路及重要回路的谐波。此外，还有有功功率、无功功率以及直流屏等其他设备的运行参数。对这些参数均进行自动测量、记录存盘、超限及超温报警等，为正常运行时的计量管理、事故发生时的故障原因分析提供数据。

② 运行状态的监视

运行状态的监视主要是实时监视供配电系统的中压开关与主要低压开关的状态、备用及应急电源的手动/自动状态，在监视屏上显示出接通、断开、短路、过载故障等各种运行状态，并显示故障位置，以方便值班人员及时处理。另外，提供电气主接线图开关状态画面，对于其他需要监视的设备也有相应的监视及显示。

③ 建筑物内用电设备的用电量统计及其费用的计算与管理

对建筑物内所有用电设备的用电量进行统计，并进行电费计算与管理。如对空调、电梯、给水排水、消防喷淋等动力用电和其他设备与系统的分区用电量进行统计，进行用电量的时间与区域分析，为能源管理和经济运行提供支持。绘制用电负荷曲线，如日负荷、年负荷曲线，进行自动抄表、输出用户电费单据等。

④ 对各种电气设备的检修、维护保养进行管理

通过建立设备档案，包括设备配置、参数档案、设备运行、事故、检修档案，生成各种电气设备定期维修操作单并存档。

除了要保证安全可靠和正常供电外，还要以节能为目的来对系统中的电气设备进行管理，如变压器运行台数的控制、用电量经济值的控制、功率因数的补偿及停电、复电的节能控制等。

2. 供配电用电量计量

用电量计量管理是节约用电非常重要且行之有效的节能措施，可及时发现并纠正用电浪费，促进建筑节能计划的有效实施。用电量计量由用电量计量装置来确定电能量值，用电量计量装置是计量电能所必须的计量器具和辅助设备（包括电能表、电流互感器及其二次回路等）。

电能表是普通电能表和多功能电能表总称。普通电能表由测量单元和数据处理单元等组成，具有计量有功电能和有功功率或电流的功能，并能显示、储存和输出数据，具有标准通信接口。多功能电能表由测量单元和数据处理单元等组成，除具有普通电能表的功能外，还具有测量最大需量（在指定时间区间内，需量周期中测得的平均功率最大值）和谐波总量等其他电能参数的计量监测功能。

电能表分类方式很多，按接入线路方式分为直接接入式和经互感器接入式；按测量的电能量类别分为单相、三相三线、三相四相；按工作原理可分为机电式和电子式；按测量

电能的准确度等级分为 0.2 级、0.5 级、1 级等；按结构形式可分为分体式和整体式。用电分项计量系统采用的电能表主要采用电子式、精度等级为 1 级及以上的有功电能表，其中普通电能表应具有监测和计量三相（单相）有功电能和有功功率或电流的功能，多功能电能表应至少具有监测和计量三相电流、电压、有功功率、功率因数、有功电能、最大需量、总谐波含量功能，而且电能表应具有数据远传功能，至少应具有 RS-485 标准串行电气接口，采用 MODBUS 标准开放协议或符合《多功能电能表通信规约》DL/T 645—1997 中的有关规定。

建筑电能消耗计量，主要在供配电系统中实现。在建筑供配电子系统的设计中，应从各能耗设备的计量和节能的需求出发设计足够的回路，以下回路应设置分项计量表计：

(1) 变压器低压侧出线回路；

(2) 单独计量的外供电回路；

(3) 特殊区供电回路；

(4) 制冷机组主供电回路；

(5) 单独供电的冷热源系统附泵回路；

(6) 集中供电的分体空调回路；

(7) 照明插座主回路；

(8) 电梯回路；

(9) 其他应单独计量的用电回路。

以上配电回路是常见的配电方式，所供电设备为同一类型。而有些回路配电是将不同类别的用电设备混合一起，这样就给分项计量带来困难，这时需要根据楼宇配电情况灵活配置，使配置的分项计量系统尽可能正确真实地反应各分项能耗，又将其配置成本控制在预算的合理范围内。

在设置电能表数量时，从考虑分项计量的成本出发，应注意以下几点：根据建筑物所配变压器数量考虑设置多功能电能表数量，设置多功能电能表的变压器应是负载率最大且长时间投入运行，负载率低于 20% 的变压器原则上不设置多功能电能表。当变压器数量超过 2 个时，最多设置 2 块多功能电能表，其他设置普通电能表；三相平衡设备设置单相普通电能表，照明插座供电回路设置三相普通电能表；一般风机、水泵等 380V 供电的用电设备都是三相平衡设备，这种设备运行时每相电流大小基本一样，变化很小，其消耗的总电能可以用单相电能表数据乘以 3 而得到。而照明插座主回路不是三相平衡回路，需要设置三相电能表。总额定功率小于 10kW 的非空调类用电支路不宜设置电能表，但若小于 10kW 的回路是具有代表性的典型回路，对分项计量数据有非常重要意义，则根据需要设置。当建筑层数很多时，如果要非常准确的计量耗电量则需要设置很多电能表，这样造价高，对此应采用选择标准层计量的方法，即在相同功能、面积等均相差不多的层中，挑选具有代表性的 2~3 层进行计量。电梯回路包括消防电梯，电梯支路少于 3 路，则应全部计量，否则按垂直梯、扶梯两种类型电梯支路各抽取 1 常用支路计量。

当无法直接安装电能表时，应按分项用电计量表设置的加法和减法原则，间接获取电耗数据，其他无法直接获取电耗数据的回路均应采用间接获取的方法。所谓分项用电计量表计设置的加法和减法原则可以用图 7-9 所示配电支路层次结构图来说明，图中 $A_{1\sim m}$、$B_{1\sim n}$、$C_{1\sim k}$ 分别代表 a、b、c 三种类型用电量相关的所有配电支路，支路数量分别为 m、

n，k。如果目的是获得 a 类型用电量，一种方法是在 A_1、A_2、…A_m 各支路上安装电能表，并求和获得，此即加法原则；另一种方法是在总用电支路、B_1、B_2、…B_n 及 C_1、C_2、…C_k 各支路上安装电能表，在总用电中减去 b 类及 c 类用电量，即可获得 a 类能耗量，此即减法原则。若只为获得 a 类用电量，则按加法原则和减法原则设计方案的优劣可以通过装表总数多少来评价。

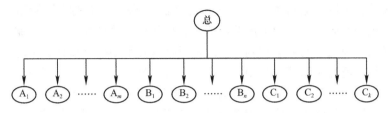

图 7-9　配电支路层次结构图

在进行用电量计量时应充分利用现有配电设施和低压配电监测系统，结合现场实际合理设计分项计量系统所需要的表计、计量表箱和数据采集器的数量及安放位置。对于已经设置了低压配电监测系统的建筑，当原有配电监测系统设置的表计满足分项计量系统要求时，可利用原有系统，采用合理形式将配电监测系统数据纳入到分项计量系统中；当原有配电监测系统设置的表计无远传功能时，更换或增加具有远传功能电能表。这样可以大大减少设置表计和数据采集器的数量。

7.1.4　照明系统的节能控制

照明系统是建筑物的重要组成部分，其基本功能是为人们创造一个良好的人工视觉环境，一般情况下是以"明视条件"为主的功能性照明，在某些特殊场合照明还以装饰功能出现，成为以装饰为主的艺术性照明。目前，照明系统也日益成为建筑中的能耗大户。据统计，照明能耗一般占整个建筑能耗的 $25\%\sim35\%$，占全国电力总消耗量的 13%，因此实现照明系统节能的意义十分重大，且经济效果明显。照明系统节能应从照明系统的设计、运行管理和控制技术三个方面综合考虑。设计层面上首先要在满足照明质量要求的情况下，优先选用高发光效率的光源和高效率的灯具，其次选择先进的专业照明设计软件，通过房间建模，合理布置灯具的位置以及软件本身自带的灯具数据库（灯具的配光曲线、采用的单位、亮度的设值等）进行照度的精确设计和计算，并建立不同的虚拟和现实模拟，提高设计精度，减小照度的冗余设计，实现能源的高效利用，创造高效、舒适、节能的建筑照明空间；运行管理和控制技术层面上主要采用分区、定时集中控制等方式，根据各照明区域的具体需求来控制各分区中各组照明灯具的开关，采用先进的智能照明控制系统对各照明区域的照度进行精确控制，对系统进行智能化管理，从而最大限度地实现照明系统的节能，降低系统的维护费用，给用户带来较大的经济效益。

照明控制是建筑设备自动化的内容之一，实现方式有两种，一种是利用建筑设备监控系统 BAS（Building Automation System）对照明系统进行控制，另一种是独立设置智能照明控制系统。

1. 利用 BAS 对照明系统进行控制

利用 BAS 对照明系统控制通常是以电气触点来实现分区域定时控制、中央监控等功能。

定时控制是将建筑物内部使用有规律的场所照明分成若干组，每组灯具均受照明控制器的控制，通过软件编程的方式使各组照明灯具按用户预置的时间表自动开启、关闭，例如楼梯间、走道、电梯厅等公共区域的照明灯具可按预先设定时间段定时开关，比如下班后自动变暗或关闭，从而避免人走灯长明的浪费能源现象。

中央监控一般用于公共场所的照明，根据各分区的具体用途、使用时段和天然采光状况，将公共场所所有的灯具分区、分组，设定各种照度参数和运行模式。在中央控制室可监视和任意修改各分区的运行模式，调整开关控制的区域，实现照明系统的人性化设计，在满足照度要求的基础上最大限度地节约能源。例如对公共场所的照明，采用分组开关方式控制，在各出入口处设有手动控制开关.可根据需要手动控制就地开关灯。

对于广告灯、泛光照明等，利用感光元件结合控制器对其进行定时开启，避免不必要的电能浪费。对于设有建筑设备综合管理系统 BMS 的建筑，可将公共区域的照明、建筑立面照明、庭院照明等纳入集成管理系统进行管理和控制，实现场景控制、定时控制，分时、分期、分月、分季控制，既美化建筑夜景，使人赏心悦目，又达到了节能目的。

2. 独立设置智能照明控制系统

独立设置的智能照明控制系统采用"预设置""合成照度控制"和"人员检测控制"等多种方式，可对不同时间不同区域的灯光进行开关及照度控制，使整个照明系统可以按照经济有效的最佳方案来准确运作，降低运行管理费用，最大限度地节约能源，目前得到了日益广泛的应用。

（1）智能照明控制系统的组成及功能

智能照明采用总线控制方式，用总线将系统中的各个输入、输出和系统元件连接起来，其系统结构如图 7-10 所示。其中智能探头检测光线及人员活动；时钟管理器内含时间日历，具有按规定的日期和时间完成对某一区域选择特定的预设置、启动和关闭光线传感器和动静检测器、执行网络控制的时序等各种功能，实现对照明系统的定时控制；触摸式场景面板及可编程面板均为输入设备，是操作者直接操作使用的界面，具有场景切换控制功能和通过编程实现程序控制的功能；调光模块是智能照明控制系统中的主要部件，主电源经调光模块后分为多路可调光的输出回路供照明灯用电，通过编程实现对每路灯进行开关和亮度调节等各种控制，由此产生不同的灯光场景和灯光效果；PC 监控机装有用于调试编程、启动和监控的软件，用于对照明系统的监控与管理。

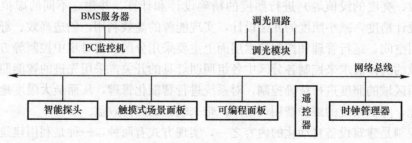

图 7-10 智能照明控制系统结构图

（2）智能照明控制系统设计

① 划分控制回路

划分控制回路的原则：

a）按场景及控制要求进行划分。比如房间或场所要实现自动调光，则所控灯列应与侧窗平行，根据室内天然光强弱，自动调节或开关各列灯具；对于电化教室、多功能会议室等场所，为实现多场景控制，所控灯列应按靠近或远离讲台分组，在使用投影仪时，可关闭讲台和邻近区段的灯光；

　　b）每条照明回路的灯具应该为同类型的灯具，以便于调光模块的选择和配置；

　　c）每条照明回路的最大负载功率应在需要选择的调光器允许的额定负载容量之内。

　　按以上原则划分回路后，还应根据具体场景需要对回路的划分作适当的调整，比如多功能会议室灯光场景不仅要适应于使用投影设备，还要能适应演讲、讨论等多种形式，使会议室在准备、报告、研讨、休息等不同的使用场合都能有不同的灯光效果。

　　② 选配调光器及其他控制部件

　　调光器是智能照明控制系统的主要部件，按照明回路的性能选择调光器，不同类型的灯具应该选用不同的调光器。而后根据控制需要选择时间管理器、调光面板、遥控器、智能探测器等。

　　③ 与建筑设备综合管理系统（Building Management System，BMS）集成

　　智能照明系统设计上相对独立，但作为建筑智能化系统之一，一方面它应与其他的系统共享资源（比如实现入侵报警信号以及火灾探测报警信号对灯光的相应联动），另一方面应将智能照明控制系统的监控信息及时传送到建筑设备综合管理系统，以实现建筑设备综合管理系统对智能照明系统的监视和综合管理，因而应与 BMS 集成。

　　为满足集成要求，控制系统应采用国际标准的通信接口和协议，通过照明监控主机与楼宇智能管理系统相连接，实现建筑设备控制中心对照明监控系统的信号收集和监测。

　　④ 智能照明控制系统节能

　　智能照明系统中的自动调光功能，能根据室外光强弱，自动调节室内照度使其维持在设定值，充分利用自然光，实现节能；同时自动调光功能还可有效地控制房间内整体的照度值，从而提高照度均匀性。一般新建筑物照明设计初始照度均设置得较高，主要是考虑到随着时间的推移，灯具的效率和房间墙面反射率会不断衰减，这不仅造成建筑物使用期的照度不一致，而且由于照度偏高设计造成不必要的浪费。采用智能照明系统，虽然照度还是偏高设计，但由于可以智能调光，系统将会按照预先设置的标准亮度使照明区域保持恒定的照度，不受灯具效率降低和墙面反射率衰减的影响，而且节能。

　　智能照明控制系统中采用有源滤波技术的可调光电子镇流器对荧光灯进行调光控制，不仅降低谐波含量，提高功率因数，降低低压无功损耗，而且克服频闪，消除启辉时的亮度不稳定，营造一个舒适的视觉环境，提高办公效率。另外，智能照明系统采用软启动和软关断技术，避免了冲击电流对光源的损害，同时还具备电压限定和轭流滤波等功能，避免过电压和欠电压对光源的损害，延长光源的寿命。

7.1.5　给水排水设备节能控制

　　给水排水系统是任何建筑中不可或缺的组成部分。一般建筑物的给水排水系统包括给水系统、排水系统和消防水系统。消防给水系统由消防联动控制系统进行控制。在当今的智能建筑中，给水排水设备监控系统的设计和建设具有重要地位。它的主要功能是通过系统自动控制及时的调整系统中水泵的运行台数，以达到给水量和排水量之间的平衡，实现泵的最佳运行，实现高效率、低能耗的优化控制。建筑设备监控系统给排水监控对象主要是水池、水箱的水位和各类水泵的工作状态。

1. 给水监控系统

根据建筑物不同的高度和分区压力等情况进行合理分区。然后布置给水系统。现代建筑中生活给水基本上可划分为三类，即高位水箱给水系统和气压给水或水泵直接给水系统。下面以高位水箱给水系统为例来说明给水监控系统的控制，其监控原理图见图7-11。

生活泵启/停由水箱和蓄水池水位自动控制。高位水箱设有 4 个水位：溢流水位、报警水位、生活泵停泵水位和生活泵启泵水位。控制器根据水位开关送来的信号来控制生活泵的启/停：当高位水箱液面低于启泵水位时，控制器送出信号自动启动生活泵投入运行；当高位水箱液面高于停泵水位或蓄水池液面达到停泵水位时，控制器送出信号自动停止生活泵。当工作泵发生故障时，备用泵自动投入运行。当高位水箱（或蓄水池）液面高于溢流水位时，自动报警；当液面低于最低报警水位时，自动报警。蓄水池须留有一定的消防用水量。发生火灾时，消防泵启动。如果蓄水池液面达到消防泵停泵水位，将发生报警。通过对水泵状态监测，水泵发生故障时自动报警，设备累计运行时间将为定时维修提供依据，并根据每台泵的运行时间自动确定作为工作泵或是备用泵。

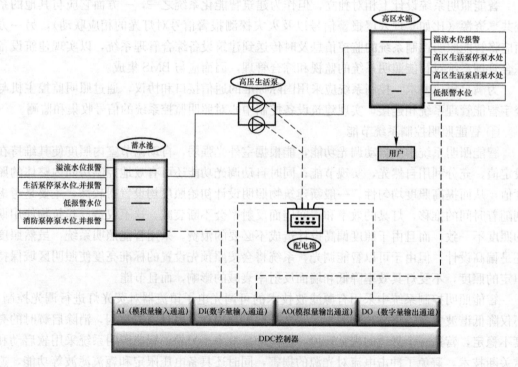

图 7-11　给水系统监控原理图

2. 排水监控系统

污水泵启/停由污水池水位自动控制。污水池设有 3 个水位：报警水位、污水泵启泵水位和污水泵停泵水位。当污水池液面高于启泵水位时，控制器对水位开关送入信号进行判断后，立即送出信号启动污水泵，当液面低于停泵水位时，自动停止污水泵；当液面高于报警水位时，自动启动备用泵，并自动报警。通过排水泵运行状态监测，当水泵发生故障时也会自动报警，通过对设备运行时间累计、用电量累计为定时维修提供依据，并根据每台泵的运行时间，自动确定为运行泵或是备用泵。建筑物排水监控系统通常由水位开关和直接数字控制器组成。图 7-12 是排水系统监控原理图。

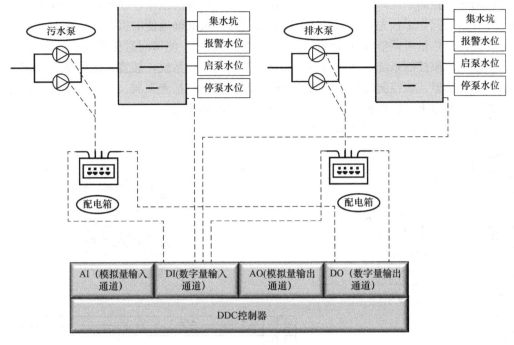

图 7-12 排水系统监控原理图

7.2 绿色/生态建筑设施监控节能

7.2.1 可调节围护结构与智能窗户节能控制

绿色建筑的节能既注重新兴环保节能材料的运用，同时，又注重以节能为目的设备自动控制技术。建筑负荷主要受外部因素影响，如传热、辐射和渗透等。除了在设计阶段对墙体传热系数在合理范围内，还需要对其他可调节的围护结构采取有效控制，以此实现建筑节能控制。围护结构是建筑物与自然环境沟通交融的主要部分，节能控制主要体现在对通风窗、遮阳板和太阳能屋顶的控制，以及智能窗户自身的调节。

1. 通风窗和遮阳板

通风窗，也称"呼吸窗"，是在双层玻璃的间层中加上百叶窗，间层下部有通风孔、上部连接排风管道和小型风机，靠风机动力使室内空调回风从下部进入间层，再从上部进入排风或回风管道，其内部结构图如图 7-13 所示。实现了在不开窗的情况下，将室内的污浊空气快速排出室外，室外新鲜空气自然平衡进入室内，形成了室内外空气流动交换，以保持室内空间的空气质量。智能百叶窗间层中的百叶窗由一台步进电机驱动并通过安置在建筑物外墙的感光探测器检测室外自然光的光照强度，根据日照强度自动调整百叶的开启角度，增强遮阳效果，实现节能。

智能遮阳系统的实现有两种方式，一种是通过 DDC 监控，并将其纳入建筑设备监控系统；另一种是将专业的智能遮阳系统集成到智能化集成系统中，实现统一平台监控和管理。

智能遮阳系统 DDC 监控的方式分为基于时间的遮阳控制和基于气候的遮阳控制。基于时间的遮阳控制系统，由时间控制器储存太阳升降过程的记录，并根据太阳在不同季节的不同升落时间作了预先设置。因此，时间控制器能很准确地使电机在设定的时间根据太阳能传感器（热量可调整），控制百叶窗或遮阳板的角度，使房间避免被强烈的阳光照射；基于气候的遮阳控制系统，其控制器是一个完整的气候站系统，装置有太阳能、风速、雨量、温度传感器。该控制器在出厂前已经输入基本程序包括光强弱、风力、延长反应时间等数据，这些数据可以根据不同所在地和不同的需求而修改。

气候遮阳系统的监控原理图如图 7-14 所示。

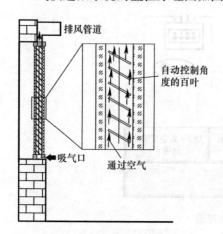

图 7-13　通风窗的内部结构　　　　图 7-14　气候遮阳系统的监控原理图

现今已开发出的智能遮阳系统，可实现依据当地气象资料和日照分析结果，对不同季节、日期、不同时段及不同朝向的太阳仰角和方位角进行计算，再由智能控制器按照设定的时段，控制不同朝向的遮阳板角度或百叶翻转角度。

2. 太阳能屋顶

太阳能屋顶（Solar Roof）通常指安装有太阳能热水或太阳能发电系统的屋顶，本节主要介绍太阳能发电系统的屋顶。太阳能发电屋顶将两片玻璃之间夹硅片组成的太阳能板或薄膜无定型硅光电板等光电设备与屋顶相结合，一方面能有效地加强屋顶的隔热，另一方面能利用太阳能发电，从长远的观点来看，这种太阳能屋顶在新能源的利用方面独具优势。

由于太阳能电池板只在吸收直射的太阳光时工作效率较高，因而安置在水平屋顶其热接受率相对于坡面屋顶较低，为了增加电池板对太阳能的热接受率，电池板装备太阳自动跟踪系统，为电池板提供垂直的日光照射角，提高能源利用率。

用于节能发电的太阳能电池板自动跟踪装置有时钟式、程控式和光电式几种。

时钟式太阳跟踪装置是一种被动式的跟踪装置，有单轴和双轴两种形式，其控制方法是根据太阳在天空中每分钟的运动角度，计算出电池板每分钟应转动的角度，从而确定出电动机的转速，使得电池板平面的法线与太阳的位置对应不变。由于太阳高度随季节而变化，这种被动式的跟踪装置需要定期进行校正。

程控式太阳跟踪装置是与计算机相结合，利用一套公式通过计算机算出在给定时间的太阳位置，再计算出跟踪装置被要求的位置，最后通过电动机传动装置达到要求的位置，实现对太阳高度角和方位角的跟踪。这种跟踪装置在多云天气下仍可正常工作，但是存在累计误差，并且自身不能消除。

光电式太阳跟踪装置是以光敏传感器来测定入射太阳光线和跟踪装置主光轴间的偏差，当偏差超过一个阈值时，执行机构调整电池板的位置，直到使太阳光线与电池板光轴重新平行，实现对太阳高度角和方位角的跟踪。这种跟踪系统能够通过反馈消除误差，控制较精确，电路也比较容易实现。

图 7-15 是基于 Lonworks 现场总线的大型光伏电站监控系统，该系统功能全面、组织灵活，也可用于绿色节能建筑中的光伏发电系统的监控。现场测控终端中的探测包括环境监测和气象监测，并由通信单元进行交互。光纤环网和交换机服务于不同监控系统之间或者小区内不同建筑物中的监控系统的信息交流和数据上传与下载，保证了监控系统对多项探测参数综合后的准确反应，以及各独立系统间的联动反应。服务器用于计算收集到的各种探测数据并给各终端执行器下达执行命令，同时记录各设备和管理器的运行数据。现场的安防系统是为了保证现场设备的安全和监视其工作状态及损坏情况，比如对太阳能电池板的视频监测与防盗报警。

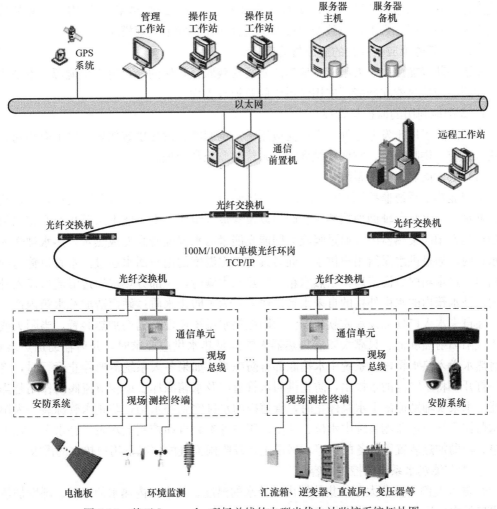

图 7-15　基于 Lonworks 现场总线的大型光伏电站监控系统拓扑图

3. 智能窗户

建筑可调节围护结构中，窗户是最常见的被控对象。窗户不仅影响建筑冷热负荷［导致的冷（热）损失可达60％］，而且对室内采光、噪声也有影响。最新研究表明，合理使用新型智能窗可降低7.2％～18％建筑能耗。

当前智能窗以采用变色玻璃为主，变色玻璃是指在光照、通过低压电流或表面施压等一定条件下改变颜色，且随着条件变化而变化，当施加条件消失后又可逆地自动恢复到初始状态的玻璃，也叫调光玻璃或透过率可调玻璃。这种玻璃随环境改变自身的透过特性，可以实现对太阳辐射能量的有效控制，从而满足人类需求和达到节能的目的。目前变色玻璃种类主要包括：电致变色（Electrochromic），热致变色（Thermochromic）和光致变色（Photochromic）。这些变色效应不同的玻璃均可不同程度地实现对太阳光的调节。

电致变色智能玻璃在电场作用下具有光吸收透过的可调节性，可选择性地吸收或反射外界的热辐射和内部的热的扩散，减少办公大楼和民用住宅在夏季保持凉爽和冬季保持温暖而必须消耗的大量能源。同时起到改善自然光照程度、防窥的目的。解决现代不断恶化的城市光污染问题，是节能建筑材料的一个发展方向。而热致变色玻璃相对具有的一个最大优点是，它可以通过环境温度自动调节玻璃的进光量（或得热率），不需耗费额外的能源或气体。在这层意义上，热致变色玻璃更适合在建筑物上大规模使用。

7.2.2 新能源应用系统的监控与管理

在诸多新兴能源中，太阳能和地热能是较易获取且环保的绿色可再生能源。本节主要介绍太阳能与地热能在新能源应用体系中的监控与管理。

1. 太阳能利用的监控与管理

太阳能除了用于发电之外，也广泛应用于空调制冷、供热供暖领域，以下介绍对太阳能热水系统、供暖系统、空调系统和制冷系统的监控与管理。

（1）太阳能热水监控系统

太阳能热水系统监控原理图如图7-16所示。太阳能热水系统由太阳能集热器、热水箱、补水箱、水泵、辅助加热装置、阀门以及管道等组成。太阳能上水泵将补水箱内的冷水输送到太阳能集热器内，通过吸收太阳能光能量后水温度升高变成热水，热水被送入到热水箱内，通过供水泵给用户供水，同时具有一定温度的用户回水通过回水管道输送回热水箱内。热水箱内有溢流口，当热水箱内的热水太满时，一部分热水通过溢流口流入补水箱内。补水箱内的水由外接的自来水管道送入，为了防止水质过硬而造成补水箱内产生水垢，在自来水入口处加设水质软化器。太阳能热水系统还设有辅助加热装置，当阴天或雨天等太阳辐射强度低、只靠太阳能集热器无法满足热水供应要求时，开启辅助加热装置，并将热水送入热水箱内。系统中水箱底部有防冻阀，如果冬天系统需要停止运行时，将该阀门打开，将系统内的水排出，防止供回水管道以及水箱冻坏。单相节流阀的作用是当太阳能上水泵及辅助能源上水泵停止时，管道内的水排空到补水箱，防止水管冻裂。太阳能热水监控系统通过监测系统中水位、温度、压力等参数自动控制上水泵、补水泵、热水供应泵、辅助加热装置等设备的启停，保证正常及阴雨天气的情况下用户热水的需求。

① 太阳能热水系统监控的内容

a. 温度监测（监测太阳能集热器出口处水的温度、热水箱内热水的温度、辅助加热装置出口处水的温度、用户热水供/回水温度）；

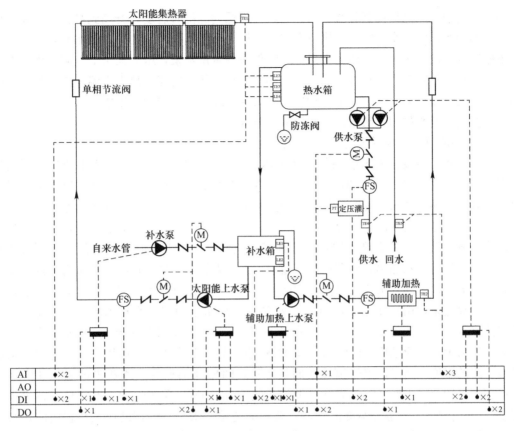

图 7-16　太阳能热水系统监控原理图

b. 液位监测（在热水箱内安装两个液位开关，用于热水箱内高、低水位的监测，液位超出时报警；在补水箱内安装两个液位开关，用于补水箱内高、低水位的监测，液位超出时报警）；

c. 压力监测（监测用户供水定压罐内压力）；

d. 水流监测（监测太阳能上水管道中的水流状态、辅助能源上水管道中的水流状态、用户供水管道中的水流状态）；

e. 设备运行状态监视（监视太阳能上水泵、辅助能源上水泵、补水泵和用户供水泵的运行状态，通过监测强电控制柜中水泵电源接触器常开辅助触头的通断或者管道内的有无水流作为水泵运行状态的信息；通过监测强电控制柜中辅助加热装置电源接触器常开辅助触头的通断来实现辅助加热装置运行状态监视）；

f. 设备故障状态监视（监视太阳能上水泵、辅助能源上水泵、补水水泵和用户供水泵的故障状态，通过监视强电控制柜中水泵过载热继电器的开或关作为水泵故障状态的信息，水泵发生故障时进行报警）；

g. 设备启停控制：根据太阳能集热器出口处热水的温度值控制太阳能上水泵启停，水温升高到要求值时启动，降低到某一值时停止，可通过控制强电控制柜中的中间继电器的通断来接通或断开水泵电源接触器，从而控制泵的启停；根据辅助能源装置出口处热水的温度值控制辅助能源上水泵启停，水温升高到要求值时启动，降低到某一值时停止；根据补水箱内液位的高低控制补水泵启停，液位降低到低位时启动，升高到高位时停止；根据定压罐内水压的大小控制热水供应泵启停，压力小于下限时启动一台供水泵，压力小于下下限时启动两台供水泵，压力大于上限时停止一台供水泵，压力大于上上限时停止两台供水泵；根据热水箱内热水温度的高低控制辅助加热装置启停，热水水温降低到某一值时启动，升高到要求值时停止；根据相应的水泵启动或停止，控制太阳能上水阀门、辅助能源上水阀门、补水阀门、热水供应阀门的打开或关闭。

② 太阳能热水监控系统的工作原理：

太阳能集热器吸收太阳能辐射，将集热器内的水加热，DDC 采集太阳能集热器出口处温度 TE1，达到预先设定的温度之后，DDC 启动太阳能上水泵，将补水箱内温度低的水输送到太阳能集热器，同时集热器内的热水由于冷水的送入而被排放到热水箱；当太阳能集热器出口处温度 TE1 达到预先设定的下限时，DDC 停止太阳能上水泵，被送入集热器的冷水继续被太阳能集热器加热，达到温度值后再次被上水泵送上来的冷水顶入热水箱，如此反复将冷水加热并储存在热水箱中。当太阳能上水泵停止时，上水管道内的水通过单相节流阀排放回补水箱，以排空防冻。热水箱具有保温能力，将太阳能集热器加热后的热水储存起来，用户使用时，DDC 启动热水供应水泵抽取热水箱内的热水，通过定压罐将热水以一定的压力供给用户。供水泵一用一备，正常时使用一台，当 DDC 采集到定压罐内压力 PT1 达不到压力要求值时，DDC 启动另一台供水泵。由用户返回来的回水仍具有一定的温度，通过回水管道输送回热水箱。DDC 实时监测热水箱内的温度 TE2，当温度达不到用户供水温度时，启动辅助加热装置。当 DDC 采集到的辅助加热装置出口处温度 TE3 达到预先设定的温度值时，启动辅助能源上水泵，将辅助加热装置内的热水顶到热水箱中，热水箱中的温度 TE2 上升，达到 DDC 设定的温度值后，DDC 关闭辅助加热装置，并停止辅助能源上水泵。同样，当辅助能源上水泵停止时，上水管道内的水通过节流阀排放回补水箱，以排空防冻。DDC 实时监测热水箱和补水箱的水位，当热水箱达到下限 LE2 时，启动辅助加热装置及上水泵；达到上限 LE1 时辅助加热装置及上水泵停止；如果水位仍上升，超过蓄热水箱容积时，多余的热水通过溢流口流入到补水箱内。当补水箱达到下限 LE4 时，启动补水泵，达到上限 LE3 时补水泵停止；如果水位仍上升，超过补水箱容积时，多余的水通过溢流口流出。

（2）太阳能供暖监控系统

太阳能供暖监控系统主要包括太阳墙监控系统、太阳能热水辐射供暖监控系统和太阳能热泵供热供暖监控系统。

① 太阳墙供暖监控系统

图 7-17 为太阳墙供暖系统监控原理图。由图可见太阳墙供暖系统核心组件是太阳墙板，太阳墙板吸收太阳光辐射将太阳能转换成热能，此外，太阳墙板还具有除尘功能。太阳墙供暖系统工作原理是将室外新鲜空气经太阳墙系统加热后由送风机送入室内，置换室内污浊空气，起到供暖和换气的双重功效。当室外环境的温湿度达不到要求时，完全依靠太阳墙供暖系统已经无法满足调节室温的能力，这时需要系统联动传统热力系统供给风机盘管换热器热水，或者联动太阳能热水辐射供暖系统或太阳能热泵供热系统。

太阳墙供暖系统监控的内容：

a. 温湿度监测：监测室外温湿度和室内温湿度；

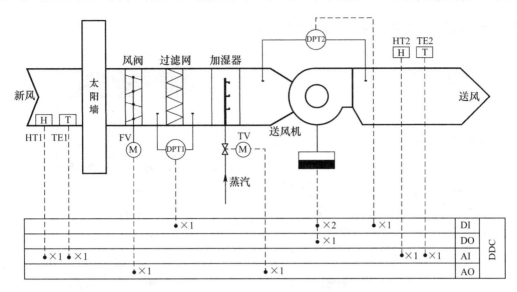

图 7-17　太阳墙供暖系统监控原理图

b. 压差监测：监测过滤网两侧的压差，在过滤网两侧安装压差开关，压差超出时报警，提醒管理人员清洗或更换。监测送风机两侧的压差，在送风机两侧安装压差开关，压差超出时报警，提醒管理人员清洗；

c. 送风机运行状态监视：通过监视强电控制柜中风机电源接触器的常开辅助触头的通断，监视送风机的运行状态；

d. 送风机故障状态监视：通过监视强电控制柜中风机过载热继电器的开或关，作为风机故障状态的信息，风机发生故障时报警；

e. 风阀控制：通过比较室内外温度参数的差值，确定风阀的开启幅度；

f. 加湿阀控制：通过比较室内外湿度参数的差值，确定加湿阀的开启幅度；

g. 风机启停控制：通过比较室内外温湿度参数的值，确定送风机的启动或停止。

太阳墙供暖系统监控原理：

DDC 通过室内温度传感器 TE2 实时采集室内空气温度，室内空气温度降低达不到用户要求时，DDC 将其与室外温度传感器 TE1 采集的室外温度进行比较，当室外温度高于用户环境温度要求值时，DDC 启动送风机将太阳墙加热后的空气送入室内完成热交换，提高室内温度值，直至满足温度需求。DDC 通过室内湿度传感器 HT2 监测室内空气湿度值，并与室外湿度传感器 HT1 测得的室外湿度值对比，DDC 自动调节加湿器电动阀门开度，完成调节室内湿度的目的。如果室外的温湿度达不到调节室内温湿度的目的时，DDC 联动空调热力系统或太阳能热水辐射供暖系统或太阳能热泵供热系统运行。

② 太阳能热水辐射供暖监控系统

太阳能热水辐射供暖系统的监控原理如图 7-18 所示。该系统主要由太阳能集热器、储热水箱、辅助热源、补水箱以及地板辐射系统等组成。热水箱将太阳能集热器生产的热水储存起来，由供暖循环泵输送到敷设于地板中的加热盘管中，通过加热盘管的辐射散热提高室内温度，实现供暖的需求。热水箱内装有换热器，辅助热源可以是锅炉或者是热电联产后输送过来的热水，若仅靠太阳能集热器无法满足热水供应要求时，通过辅助热源换热器与热水箱内的水交换热量，提高热水箱内热水的温度。

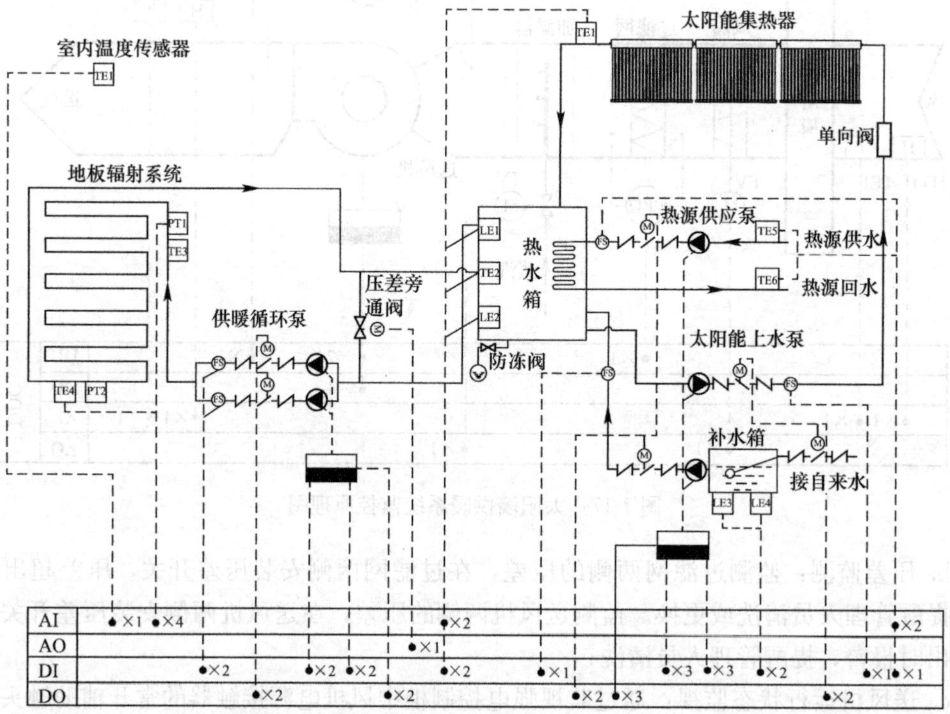

室内温度传感器　TE1

太阳能集热器　TE1

单向阀

地板辐射系统

压差旁通阀

供暖循环泵

防冻阀

热水箱　LE1　TE2

热源供应泵　热源供水　TE5

热源回水　TE6

太阳能上水泵

补水箱　接自来水　LE3　LE4

PT1　TE3　TE4　PT2

	AI	●×1 ●×4			●×2						●×2
AO				●×1								
DI		●×2	●×2 ●×2	●×2	●×1		●×3 ●×3 ●×2		●×1 ●×1	
DO		●×2	●×2	●×2 ●×3		●×2	

图 7-18　太阳能热水辐射供暖系统的监控原理图

太阳能热水辐射供暖系统监控的内容：

a. 温度监测：监测室内环境温度、太阳能集热器出口处水的温度、热水箱内热水的温度、加热盘管供回水温度、辅助热源供回水温度；

b. 液位监测：监测热水箱内液位的高低，在热水箱内安装两个液位开关，监测水箱内高低液位，液位超出时报警；监测补水箱内液位的高低，在补水箱内安装两个液位开关，监测水箱内高低液位，液位超出时报警；

c. 压力监测：监测加热盘管供回水管道中水的压力大小，在加热盘管供回水管道内安装压力变送器；

d. 水流监测：监测太阳能上水管道中的水流状态、辅助热源供水管道中的水流状态、加热盘管供水管道中的水流状态、补水管道中的水流状态；

e. 水泵运行状态监视：监视太阳能上水泵、辅助热源供水泵、补水水泵和供暖循环泵的运行状态；

f. 水泵故障状态监视：监视太阳能上水泵、辅助能源上水泵、补水水泵和用户供水泵的故障状态，水泵发生故障时进行报警；

g. 水泵启停控制：根据太阳能集热器出口处热水的温度值控制太阳能上水泵启停，水温升高到要求值时启动，降低到某一值时停止；根据热水箱内热水的温度值控制辅助热源供水泵启停，水温降低到某一值时启动，升高到要求值时停止；根据补水箱内液位的高低控制补水泵启停，液位降低到低位时启动，升高到高位时停止；根据加热盘管出入口处水温温差的大小控制供暖循环泵启停，温差小时说明供暖负荷较小，启动一台供水泵；供暖负荷较大时温差也较大，此时启动两台供水泵；

h. 阀门通断控制：太阳能上水阀门、补水阀门、热水供应阀门需要在相应的水泵启动后再打开，相应的水泵停止后再关断；

i. 阀门调节控制：根据辅助热源供回水的温差确定辅助热源供水阀门的开启幅度，温差大时说明热交换负荷较大，阀门开启幅度增大，温差小时热交换负荷小，阀门开启幅度减小；根据加热盘管中供回水管道的压力差来确定压差旁通阀门开启幅度，通过压差旁通阀平衡供回水管道的压力。

监控系统工作原理：太阳能上水泵的启停由 DDC 根据太阳能集热器出口处的水温 TE1 控制，当 TE1 达到预先设定的温度值时启动太阳能上水泵，将集热器内的热水送入热水箱，当 TE1 温度下降到某一温度值，DDC 停止太阳能上水泵运行，集热器内的温度低的水继续吸收太阳能辐射能量，当仅靠太阳能集热器无法满足热水箱内热水的温度时，DDC 打开热源供应泵，向热水箱内的换热器通以温度高的热水，通过热交换将热量传递给热水箱中的热水。热源供回水管道中安装有温度传感器 TE5 和 TE6，监测供回水的温度差，通过该温差反应热负荷的大小，从而确定热源供应泵阀门的开度。热水箱内的热水温度 TE2 达到供热要求值时，DDC 启动供暖循环泵，热水送入到地板下的加热盘管中，通过热辐射将热量辐射至供暖房间中，提高室内的温度 TE0，当 TE0 达到房间供暖温度时，停止供暖循环泵。DDC 测量热水供回水管道中的温度 TE3 和 TE4，并比较温度差，根据温度差值决定供暖循环泵的开启台数，若温度差值较小启用一台泵，当温度差值超过一定值时，启动备用泵，两台泵通过 DDC 累计运行时间，平时一用一备，轮流使用。压差旁通阀开度的大小由热水供回水管道中的压力变送器 PT1 和 PT2 的压差来确定，通过调节它的开度平衡供回水管道间的压力。热水箱内设有液位传感器，当液位低于下限 LE2 时，DDC 启动补水泵，将补水箱内的水送入热水箱；当液位达到上限 LE1 时，补水泵停止。补水箱也设有液位传感器，当液位低于下限 LE4 时，DDC 打开自来水阀门，自来水进入补水箱，当液位达到上限 LE3 时，关闭自来水阀门。

③ 太阳能热泵供热供暖监控系统

太阳能热泵供热系统监控原理图如图 7-19 所示。由图可见太阳能热泵供热系统主要由太阳能集热器、热水箱、电加热器、太阳能热水给水循环泵、太阳能热泵、热水循环泵、集水器和分水器等组成。太阳能热泵系统与建筑设备管理系统中的热力系统类似，只是热力系统的热源是锅炉，而太阳能热泵系统利用太阳能集热器在低温时收集太阳光辐射，将热量储备起来作为热泵的热源。

太阳能热泵系统监控的内容：

a. 温度监测：监测太阳能集热器出口处水的温度、热水箱内热水的温度、太阳能热水供回水温度、用户热水供回水温度；

b. 液位监测：监测热水箱内液位的高低，在热水箱内安装两个液位开关，监测水箱内高低液位，液位超出时报警；

c. 压力检测：监测太阳能热水供回水管道中水的压力、用户热水供回水管道中水的压力；

d. 水流监测：监测太阳能上水管道中的水流状态、太阳能热水循环泵供水管道中的水流状态、用户供水泵管道中的水流状态、补水管道中的水流状态、太阳能热水循环管道中的水流大小、用户供水循环管道中的水流大小；

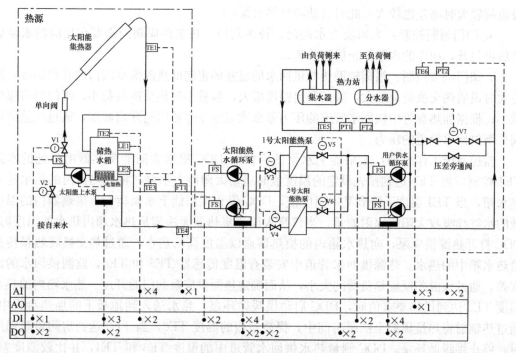

图 7-19　太阳能热泵供热系统监控原理图

e. 设备运行状态监视：监视太阳能上水泵、辅助热源供水泵、补水水泵和供暖循环泵的运行状态，监视辅助加热装置的运行状态；

f. 水泵故障状态监视：监视太阳能上水泵、太阳能热水循环泵和用户供水循环泵的故障状态，水泵发生故障时进行报警；

g. 水泵启停控制：根据太阳能集热器出口处热水的温度值控制太阳能上水泵启停，水温升高到要求值时启动，降低到某一值时停止；根据太阳能热水管道供回水温度差控制太阳能热水循环泵启停，温差较小时说明热泵负荷较小，只需开启一台泵，温差大时，热负荷大，这时就需要开启两台泵；

h. 用户供水循环泵启停控制：根据用户供水管道供回水温度差控制启停，温差较小时说明用户热水需求较小，只需开启一台泵；温差大时，热水需求也大，这时就需要开启两台泵；

i. 电加热器控制：电加热器的开关控制根据蓄热水箱内热水的温度值决定，当热水降到某一温度值时，无法满足供热的需求，这时开启电加热，辅助加热热水箱内的热水；

j. 阀门通断控制：太阳能上水阀门、太阳能热水循环阀门、用户供水阀门需要在相应的水泵启动后再打开，相应的水泵停止后再关断；补水阀门根据热水箱内的液位确定通断，当热水箱内热水液位达到下限时打开补水阀门进行补水，达到上限时关断；压差旁通阀的控制根据用户热水供回水管道的压力差来确定阀门开启幅度，通过压差旁通阀平衡用户热水供回水管道的压力。

太阳能热泵系统监控原理：

热水箱收集太阳能集热器生产的热水并储存，DDC 采集热水箱内热水温度 TE2，热水温度达不到要求时开启电加热器辅助加热。热水箱内的热水作为太阳能热泵的热源，通过太阳能热水循环泵输送到太阳能热泵中与用户回水交换热量。太阳能热水循环管道中设置温度传感器和流量传感器，监测热水供回水管道温度 TE3、TE4 的差值以及管道内热水的流量，DDC 根据该温差和流量确定太阳能热泵的负荷大小，从而确定太阳能热水循环泵的启停台数。由用户集水器返回的热水温度降低，通过用户供水循环泵送入太阳能热泵交换热量，温度升高，直接送到分水器，供用户使用。在用户供回水管道中安装温度传感器和流量传感器，测量供回水温差和流量，DDC 根据该数值分析用户热水需求负荷的大小，从而确定用户供水循环泵的启停台数。在用户供回水管道中设置压力变送器，测量供回水管道的压差，根据该压差 DDC 调节压差旁通阀的开度，平衡供回水管道压力。

太阳能热泵供暖系统与其他供暖系统如太阳墙、太阳能地板辐射供暖系统、锅炉供热、热电冷联产等系统联动，当太阳能热泵供暖系统满足不了供热的需求时，联动其他供热系统代替或者共同承担供热供暖任务。

（3）太阳能空调监控系统

图 7-20 是太阳能固体吸附式除湿空调机组的监控原理图，由图 7-20 可见太阳能固体吸附式除湿空调机组与建筑中传统的空调机组组成类似，所不同的是太阳能固体吸附式除湿空调机组用到了太阳能除湿转轮。除湿转轮承担新风系统湿负荷，新风进入除湿转轮进行除湿，去湿后的新风经表冷器进行等湿降温后送入空调房间。除湿转轮的空气加热器由太阳能集热器提供再生热量，送入空气加热器的热水可直接由太阳能热水系统或者热力系统提供。

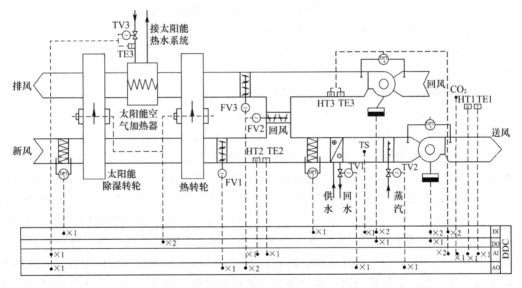

图 7-20　太阳能固体吸附式除湿空调机组的监控原理图

太阳能空调系统监控的内容：

a. 温湿度监测：监测室内环境的温湿度、新风以及回风的温湿度、太阳能空气加热器热水供水温度；

b. 压差监测：监测风机盘管入口处新风过滤网以及初效过滤网两侧的压差，在过滤网两侧的风道中安装压差开关，压差超出时报警，提醒管理人员清洗或更换；监测送风机、回风机两侧的压差，在送风机和回风机的两侧的风道中安装压差开关，压差超出时报警，提醒管理人员清洗；

c. 防冻监测：监测表冷/加热器送风方向风温，在表冷/加热器后安装防冻开关，当温度低于设定值时报警，提示管理人员采取防冻措施；

d. 二氧化碳浓度监测：监测空调房间内二氧化碳的浓度，在空调房间内安装 CO_2 浓度传感器；

e. 风机运行状态监测：监视送风机和回风机的运行状态；

f. 风机故障状态监测：监视送风机和回风机的故障状态，风机发生故障时报警；

g. 风机启停控制根据室内温湿度和二氧化碳浓度的大小控制送风机和回风机的启动和停止；

h. 太阳能除湿转轮启停控制：根据室内环境和室外环境的湿度值确定太阳能除湿转轮启动或停止；

i. 热转轮启停控制：通过回风温湿度传感器监测的回风的温湿度值确定热转轮的启动或停止；

阀门控制：根据对新风、送风和回风的温湿度值进行比较，确定新风阀、回风阀和排风阀的开度，调节新风、送风、回风和排风的比例。通过对比室内温度和室外温度的差值确定表冷器/加热器供水阀门的开度大小，连续调节进入表冷器/加热器冷水或热水的量，从而改变表冷器/加热器与送风空气的热交换量。通过对比室内湿度和风管内湿度的差值确定加湿阀门的开度大小，连续的调节进入加湿器蒸汽的量，从而改变加湿器与送风空气的湿交换量。根据热水供水的温度值确定太阳能空气加热器供水阀门的开度大小，改变提供给太阳能空气加热器热水的量，从而保证再生热空气的温度不变。太阳能上水阀门、辅助能源上水阀门、补水阀门、热水供应阀门需要在相应的水泵启动后再打开，相应的水泵停止后再关断。

太阳能固体吸附式除湿空调机组监控系统工作原理：

DDC 通过室内温湿度传感器和二氧化碳浓度传感器采集室内环境品质，当室内环境品质满足不了用户需求时，DDC 开启送风机，将处理后符合要求的空气送入房间。在其空气处理过程中，室外新风经初效过滤网过滤后再经太阳能除湿转轮除湿送入新风管道，DDC 通过调节新风阀门的开度调节进入送风管道风量的大小，除湿后的新风再次经过过滤网的过滤在表冷器中与冷水交换冷量，送风温度降低，温度降低后的送风再经过加湿器加湿后由送风机送入室内与室内空气交换热量，调节室内温度。回风机返回的空气仍有一定的冷量，其中一部分经回风阀和新风再次混合后被送入空调房间，另一部分被排出室外，排出室外的这部分空气的冷量被热转轮回收，经新风带回室内。排风中有一定量的水分，这些水分也被除湿转轮吸附。太阳能空气加热器将排风温度升高，作为除湿转轮的再生热空气，该再生热空气直接作用于除湿转轮，带走吸附剂上的水分并排出室外。太阳能空气加热器使用太阳能热水系统生产的热水作为加热器的热源，在供水管道中安装温度传感器，DDC 采集热水的温度，并连续的调节热水阀的开度，从而调节热水供应量，满足加热器负荷需求。若热水温度达不到要求时需联动太阳能热水系统提高产出的热水温度。

(4) 太阳能制冷监控系统

太阳能吸收式制冷系统中太阳能集热系统主要是由太阳能热水系统、热交换器、电加热器组成。该系统有三个循环管路：太阳能热水循环系统、热交换循环系统和热媒水循环系统。太阳能热水循环系统通过太阳能集热器和热水箱为整个系统提供热水；热交换循环系统通过热交换器将太阳能热水循环系统的热量传递给热媒水循环系统；热媒水循环系统通过热媒水的循环为太阳能吸收式制冷机内的发生器提供热量，维持制冷剂蒸发汽化所需的能量，保证太阳能吸收式制冷机的制冷运行工况。图 7-21 是太阳能制冷系统中集热系统的监控原理图。

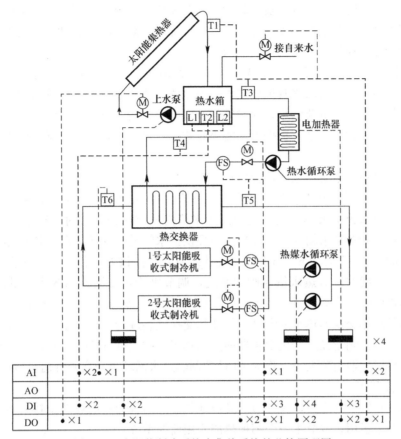

图 7-21　太阳能制冷系统中集热系统的监控原理图

由于太阳能制冷系统中冷水循环系统、冷却水循环系统以及辅助系统的监控同传统制冷系统相同，所以太阳能制冷系统的监控内容主要介绍太阳能集热系统监控的内容。

太阳能集热系统监控的内容：

a. 温度监测：监测太阳能集热器出口处水温、热水箱内热水的温度、热水循环供回水温度、热媒水循环供回水温度；

b. 液位监测：在热水箱内安装两个液位开关，监测热水箱内的高低液位，液位超出时报警；

c. 水流监测：监测太阳能上水管道中的水流状态、热水循环管道中的水流状态、热媒水循环管道中的水流状态；

d. 设备运行状态监视：监视太阳能上水泵、热水循环泵和热媒水循环泵的运行状态；监视电加热器的运行状态；

e. 水泵故障状态监视：监视太阳能上水泵、热水循环泵和热媒水循环泵的故障状态，水泵发生故障时报警；

f. 设备启停控制：根据太阳能集热器出口处热水的温度值控制太阳能上水泵启停，水温升高到要求值时启动，降低到某一值时停止；系统启动时热水循环泵需要一直运行，通过热水循环泵将热水箱内的热水输送至热交换器；根据热媒水供回水管道中的热媒水的温差值控制热媒水循环泵启停，温差较小时说明系统冷负荷较小，这时只需启动一台热媒水循环泵；温差较大时说明系统冷负荷较大，这时需要启动两台热媒水循环泵；根据热水箱内热水温度的高低控制电加热器启停，热水水温降低到某一值时启动，升高到要求值时停止，保证供给热交换器的热水温度的需求；

g. 阀门通断控制：太阳能上水阀门需要在太阳能上水泵启动后再打开，水泵停止后再关断；根据热水循环供回水管道中热水的温差值连续调节热水循环管道阀门开度，温差较小时说明热交换器热负荷较小，这时阀门开度减小，温差较大时说明热交换器热负荷较大，这时需要增大阀门开度。根据太阳能吸收式制冷机的开启台数控制热媒水循环管道阀门的开启或关断。

太阳能制冷系统中集热系统监控原理：

DDC 根据太阳能集热器出口处热水温度 TE1 控制太阳能上水泵的启停，集热器生产的热水储存在热水箱中供热交换器使用。热水箱内液位达到下限时进行报警，同时 DDC 开启自来水补水阀对热水箱补水。在热水循环供回水管道中安装有温度传感器，测量热交换器供回水的温度 TE3、TE4，DDC 比较其差值并根据该差值作为判别热交换器负荷大小的依据，并连续的调节热水供应阀的开度，调节供给热交换器的热水流量；DDC 采集热水箱内热水温度 TE2，当 TE2 满足不了供热需求或热交换器负荷过大时，DDC 开启电加热器提高供给热交换器热水的温度，保证热交换顺利进行。热媒水循环供回水管路中安装有温度传感器，测量经过冷机发生器前后的热媒水的温度 TE5、TE6，通过比较其温度差值反映冷机发生器负荷大小，作为 DDC 控制热媒水循环泵开启及开启台数的依据。

2. 地热能利用

地热能在建筑中的应用，包括对高品位地热能源的直接利用和地源热泵系统对低品位地热能源的开采运用。本节主要介绍地热能应用监控系统。

（1）地热能供暖监控系统

地热能供暖系统属于高品位地热能源应用，包括地热水开采系统、输送分配系统、中心泵站以及室内装置，以若干口地热井的热水为热源向建筑供暖，同时满足生活热水以及工业生产用热的要求。地热供暖系统的监控原理图如图 7-22 所示。对地热供暖系统的监测主要从开采、输送、分配方面进行，通过对地热管道中热水的温度、流量、压力数据的实时采集，由 DDC 向调峰站发送控制信息，来调整中心泵站或各子系统中水泵电机的启停，来调节整个供暖系统的供热温度和管网压力。

地热供暖系统监控的内容：

a. 温度监测：监测地热井出水口水温、换热器废水出口水温、换热器二次水出口水温、调峰站锅炉出入口水温、用户终端设备水温；

b. 压力监测：监测地热井出水口压力、换热器废水出口压力、换热器二次水出口压力、调峰站锅炉入口压力、中心泵站出水口压力、换热器二次水回水口压力；

c. 流量监测：监测地热井出水口水流量、换热器二次水出口水流量；

d. 水泵启停状态监视：监视强电控制柜中水泵电源继电器的常开触头的通断；

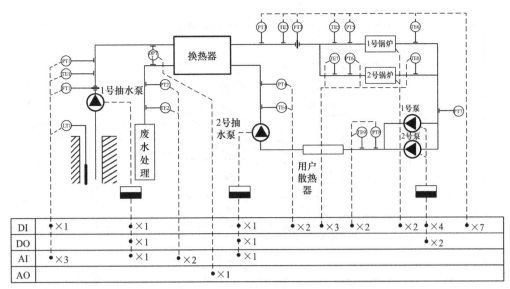

图 7-22　地热供暖系统的监控原理图

e. 调峰站中锅炉的耗煤量的监测；

f. 地热水井的液位监测；

g. 换热器结垢状况监测：利用出入口管道的压差进行监测判断，压差超出时报警，提醒管理人员疏通或更换；

h. 变频水泵启停和运转频率控制：通过地热井出口管道的流量监测参数与换热器中地热水出入口管道的压力参数控制变频水泵的启停或运转频率。

地热能供暖监控系统的工作原理：

DDC 根据地热井水位 LT1、出水口处热水温度 TE1、水管内压力 PT1、出水管道的水流量 FT1、废水出口处水温 TE2、水管内压力 PT2 以及换热器入出水管压差 PT9 控制 1 号抽水泵的运行频率，地热水中的热量通过热交换器传输给二次水（又称供热水）。DDC 也可以根据供热需求的改变，控制 1 号抽水泵的启停。在换热器二次水循环管网出入管道中安装有温度、压力传感器，监测供热一侧供回水的温度 TE3、TE4，水管内压力 PT3、PT4，DDC 比较其差值并由此作为判别热交换器负荷大小的依据，连续调节 2 号抽水泵的运行频率，调节供热回水管网中的水流量，并通过流量传感器监测二次水流量 FT2。在锅炉加热站入水口管道中安装温度、压力传感器，出水管道安装温度传感器，DDC 根据有供暖需求的建筑物内的气温信息以及入水口温度 TE5、TE7、水管内压力 PT5、PT6，给锅炉管理人员发送实时温度和锅炉进煤量信息，并记录煤计量，监测锅炉出水的温度 TE6、TE8。中心泵站出入水管道中安装压力传感器，采集管道水压信息 PT7、PT8，DDC 根据比较其压力差值，控制泵站中的 1 号和 2 号送水泵的启停，以保证用户供热终端管网水压。采集用户供热终端入口处的水温信息 TE9，作为 DDC 控制地热水循环中 1 号抽水泵的供热需求数据。

（2）地源热泵监控系统

地源热泵系统由水源热泵机组、土壤侧循环泵、循环泵、抽水水泵等组成。其监控原理图如图 7-23 所示，该系统是由地热井热泵和土壤源热泵相结合为建筑提供热源，系统通过 DDC 对循环泵、抽水泵、热力循环泵、供水泵和水源热泵机组进行监控或参数计量。

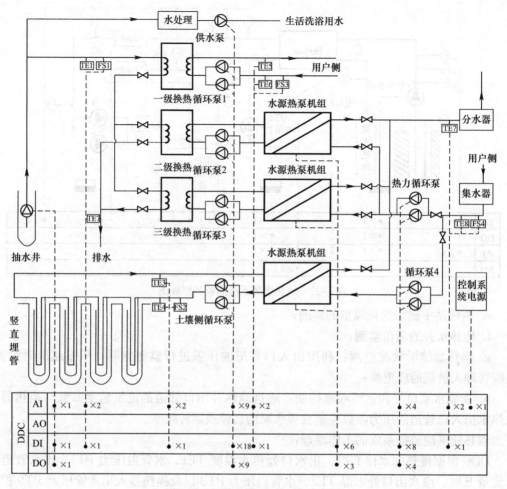

图 7-23 地源热泵系统监控原理图

地源热泵监控系统监控的内容：

a. 水泵运行状态监视（监视各个循环泵、抽水泵、供水泵和热力循环泵的运行状态，由水泵配电线路上有无电流来检测水泵的运行状态）；

b. 水源热泵机组的监控（监视水源热泵机组的运行状态，并对其进行控制）；

c. 故障监控（对所有的循环泵、抽水泵、热力循环泵、供水泵和水源热泵机组运行状态检测，出现故障时报警）。

d. 地源热泵监控系统实时计量的内容：

e. 温度实时计量（地热井供热水温度 TE1 和回水温度 TE2、土壤侧供水温度 TE3 和回水温度 TE4、用户侧供水温度 TE5 和回水温度 TE6、分水器供水温度 TE7 和集水器回水温度 TE8）；

f. 流量实时计量（地热井供热水流量 FS1、土壤侧供水流量 FS2、用户侧供水流量 FS3、集水器流量 FS4）。

g. 地源热泵监控系统对热能的计量：

h. 地热井供热水的热能的计量（对实时太阳能集热器供水温度 TE1、回水温度 TE2 循环水流量 FS1 的计算得出实时太阳能集热器产生的热能 Q16，通过 DDC 和上位机的通信，把实时数据传送给上位机并储存在上位机中）；

i. 土壤侧提供的热能的计量（对实时太阳能集热器供水温度 TE3、回水温度 TE4 循环水流量 FS2 的计算得出实时太阳能集热器产生的热能 Q17，通过 DDC 和上位机的通信，把实时数据传送给上位机并储存在上位机中）；

j. 地热水以及换热给用户侧提供的热能的计量（对实时太阳能集热器供水温度 TE5、回水温度 TE6 循环水流量 FS3 的计算得出实时太阳能集热器产生的热能 Q18，通过 DDC 和上位机的通信，把实时数据传送给上位机并储存在上位机中）；

k. 地热水二级换热和土壤侧共同给用户侧提供热能的计量（对实时太阳能集热器供水温度 TE7、回水温度 TE8 循环水流量 FS4 的计算得出实时太阳能集热器产生的热能 Q19，通过 DDC 和上位机的通信，把实时数据传送给上位机并储存在上位机中）。

l. 地源热泵监控系统对电量的计量：

m. 水源热泵机组消耗电量的计量：在供电回路上设置电表，把实时用电数据先送给 DDC，通过 DDC 和上位机的通信，把实时数据传送给上位机并储存在上位机中；

n. 变频泵消耗电量的计量：在循环泵、抽水泵、热力循环泵和供水泵伺服驱动器供电回路上设置电表，把实时数据先送给 DDC，通过 DDC 和上位机的通信，把实时数据传送给上位机并储存在上位机中；

o. 对控制系统消耗电量的计量：在控制系统电源设置电表，把实时数据先送给 DDC，通过 DDC 和上位机的通信，把实时数据传送给上位机并储存在上位机中。

地源热泵监控系统工作原理：地热水通过一级换热，为用户侧提供热源，换热后的地热尾水经二级换热后排回地下。二级换热的循环水和土壤侧循环水通过水源热泵机组热交换后给用户侧供热。根据用户侧供水温度 TE4 和回水温度 TE5 来控制抽水泵的流量大小，当 DDC 接收到 TE4、TE5 变送的信号后，通过预先编制的程序进行 PI（比例积分）运算，产生控制信号使抽水泵按一定规律开大或关小。根据集水器水温 TE7 和分水器水温 TE6 来控制二级板式换热器侧的水源热泵机组的启停，TE7 和 TE6 温差到设定值下限或 TE6 到设定值上限，只运行一台水源热泵机组，TE7 和 TE6 温差到设定值上限或 TE6 到设定值下限，运行两台水源热泵机组；当 DDC 接收到 TE6、TE7 变送的信号后，通过预先编制的程序进行 PI（比例积分）运算，产生控制信号使热力循环泵按一定规律开大或关小；当 TE7 温度没有满足要求时启动土壤侧循环系统。

（3）地源热泵空调监控系统

地源热泵空调系统由冷热源系统和用户终端空气处理系统以及阀门、管道、监测仪表等组成。其中冷热源系统包含地下埋管换热器、地源侧循环泵、水源热泵机组、用户侧循环水泵、分水器、集水器、冷却水泵、冷却塔、定压罐、补水泵、软化水箱、软化水装置等。用户终端空气处理系统包含空调机组、新风机组、风机盘管等形式。地源热泵空调系统冷热源监控系统和用户终端空气处理系统的监控原理分别如图 7-24 和图 7-25 所示。

① 地源热泵空调监控系统监测的内容

a. 地埋管换热器的进水管的水温、压力，出水管的水温、压力、流量，侧水管上电动蝶阀的开关状态：进水管的水温、压力采用管水式温度传感器、水管式液压传感器进行监测；出水管的水温、压力、流量采用管水式温度传感器、水管式液压传感器、电磁流量计进行监测；侧水管电动蝶阀的开关状态采用电动蝶阀开关输出点进行监测；

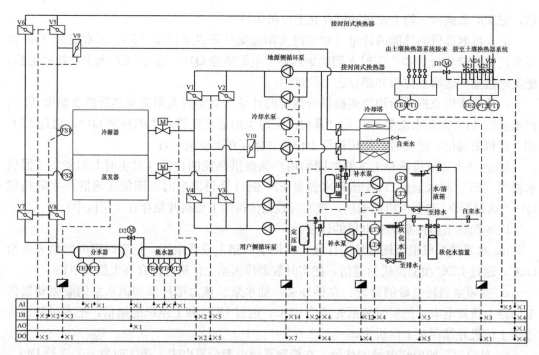

图 7-24　地源热泵空调系统冷热源监控系统的监控原理图

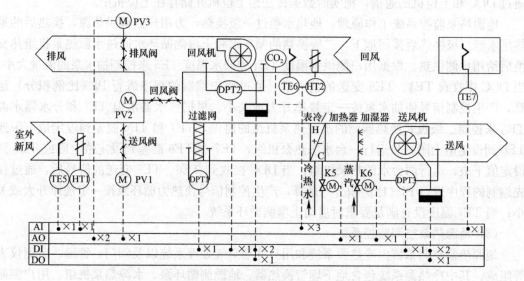

图 7-25　地源热泵空调系统用户终端空气处理监控系统原理图

　　b. 地源侧循环水泵的运行状态、故障状态、手/自动状态：运行状态、故障状态、手/自动状态采用地源侧循环水泵配电箱接触器辅助触点、热继电器触点、手/自动开关输出点进行监测；

　　c. 土壤耦合热泵机组的运行状态、故障状态、手/自动状态，地埋水侧电动蝶阀的开关状态：运行状态、故障状态、手/自动状态采用土壤耦合热泵机组控制柜主接触器辅助触点、手/自动开关输出点进行监测；

　　d. 用户侧循环水泵的运行状态、故障状态、手/自动状态：运行状态、故障状态、

手/自动状态采用用户侧循环水泵配电箱接触器辅助触点、热继电器触点、手/自动开关输出点进行监测;

e. 冷却水泵的运行状态、故障状态、手/自动状态:运行状态、故障状态、手/自动状态采用冷却水泵配电箱接触器辅助触点、热继电器触点、手/自动开关输出点进行监测;

f. 冷却塔风机的运行状态、故障状态、手/自动状态,冷却水液位:冷却塔风机的运行状态、故障状态、手/自动状态,冷却水液位采用冷却塔风机配电箱接触器辅助触点、热继电器触点、手/自动开关输出点、液位开关进行监测;

g. 补水泵的运行状态、故障状态、手/自动状态:运行状态、故障状态、手/自动状态采用补水泵配电箱接触器辅助触点、热继电器触点、手/自动开关输出点进行监测;

h. 冷热水供/回水温度、压力,冷热水回水流量、软化水箱液位、定压罐压力:冷热水供/回水温度、压力,冷热水回水流量、软化水箱液位、定压罐压力采用管水式温度传感器、水管式液压传感器、电磁流量计、液位开关、电接点压力表进行监测;

i. 电动蝶阀的开关状态:系统中所有电动蝶阀开关状态采用电动蝶阀开关输出点进行监测;

j. 用户空调机组中的室外/新风温湿度、送/回风温湿度、空气质量、过滤网两侧差压、送/回风机运行状态、故障状态,防冻开关状态:室外/新风温湿度、送/回风温湿度、空气质量、过滤网两侧差压、送/回风机运行状态、故障状态,防冻开关状态采用室外/风管式温、湿度传感器、风管式空气温、湿度传感器、二氧化碳传感器、压差开关、防冻开关输出点进行监测。

② 地源热泵空调监控系统控制的内容

a. 地源热泵空调系统启停控制:冬季供暖模式下系统的开启顺序、冬季供暖模式的停机顺序、夏季制冷模式下系统的开启顺序、夏季制冷模式的停机顺序、夏季夜间蓄冷模式系统开启顺序、夏季夜间蓄冷模式系统停机顺序;

b. 热泵机组台数的控制:空调系统一般都是按照最大负荷需求设计热泵机组台数,但系统满负荷运行时间很有限,这就为系统在满足要求情况下,选择合适的负荷实现节能运行提供了条件,热泵机组的台数控制就是为了达到这个目的。热泵机组台数控制有两种基本形式:一种是冷水/供暖热水回水温度控制法,一种是冷/热负荷控制法。回水温度控制法基于热泵机组输出的冷水和供暖热水温度是一定的(一般为7℃和50℃),所以回水温度的高低,基本反映了系统冷热负荷的大小,故可以根据回水温度来控制热泵机组运行台数,达到节能目的。冷/热负荷控制法根据用户侧供回水干管水流温差和回水干管上的流量计算冷热负荷 $Q = CG(t_2 - t_1)$,公式中 Q 为冷热负荷(kw),C 为冷水/供暖热水比热 [J/(kg·℃)],G 为实需冷水量/热水量(kg/s),t_1、t_2 为供回水温度(℃),依此来控制热泵机组的运行台数;

c. 压差旁通阀控制:当热泵空调系统是定水量系统时,需要对压差旁通阀进行控制。定水量系统是指流过热泵机组蒸发器和冷凝器的水流量是恒定的,而负荷侧水流量是变化的。所以需要在地源侧和用户侧供回水干管间设置旁通阀,当负荷水流量变化时,调节旁通阀开度,使得流过热泵机组的水流量是恒定的。定水量系统由于流过热泵机组的水流量不变,循环水泵一直满载运行,不能因为部分负荷而减少,耗电量较大,造成浪费;

d. 循环水泵变频控制:当热泵空调系统是变水量系统时,需要根据用户终端负荷变化对地源侧和用户侧循环水泵进行变频控制。变水量系统需要选择可变流量热泵机组，使得热泵机组蒸发器侧流量和冷凝器侧流量随着终端符合变化而改变，从而最大限度降低循环水泵能耗。热泵机组流量许可变化范围和流量许可变化率是衡量热泵机组的性能指标。机组流量变化范围越大，越有利于机组加减机控制，节能效果越加明显。推荐热泵机组流量变化范围为 $30\% \sim 130\%$，流量下限小于 50% 额定流量为妥，允许流量变化率每分钟 $30\% \sim 50\%$。土壤耦合热泵空调系统循环水泵的变频控制一般采用定温差变流量的控制方法，即在保证地源侧和用户侧循环水供回水温差一定的情况下（一般为 $5℃$），调节水泵供电频率，控制水泵转速，进而改变流量以满足用户需求，达到节能的目的。水泵电机转速与供电频率之间的关系为 $n = 60f(1-s)/p$，n 为电机转速，f 为供电频率，s 为转差率，p 为磁极对数。在磁极对数 p 确定，转差率 s 变化不大的情况下，电机转速 n 与供电频率 f 成正比关系。同时由流体力学原理可知，水泵的转速、流量、扬程、轴功率有以下的关系 $n/n_0 = M/M_0$，$n_2/n_{02} = H/H_0$，$n_3/n_{03} = P/P_0$，n 为水泵转速，n_0 为初转速，M 为流量，M_0 为初流量，H 为扬程，H_0 为初扬程，P 为轴功率，P_0 为初轴功率。控制系统将循环水流量信号传输至变频器，由变频器调节水泵转速，这样具有很强的节能效果。例如，当循环水流量变为原来的一半时，水泵转速减半，水泵电机轴功率仅为原来的 $1/8$；

e. 设备的切换控制：设备切换控制包括故障切换控制和交替运行控制。

f. 故障切换控制是指设备发生故障时，通过及时采集和处理设备故障信息，停止故障设备，启用备用设备，保障整个系统继续正常运行，同时发出报警信号提醒检修及维护；

g. 交替运行控制是指平衡备用设备与运行设备之间的运行时间，避免备用设备过分闲置和运行设备的过劳运行，延长设备使用寿命，保证设备可靠运行。控制系统记录每个设备运行时间，在每次开机时选择运行时间最短的设备投入运行。

h. 热泵机组、循环水泵故障切换控制的实现是通过水流开关或者热泵机组控制柜接触器触点检测热泵机组故障状态，热泵机组发生故障时，自动报警并停止热泵机组运行，启用备用热泵机组。通过水流开关或者水泵配电柜热继电器辅助触点检测水泵故障状态，水泵出现故障时，自动报警并停止水泵运行，启用备用泵。

热泵机组、循环水泵的交替运行控制的实现是在系统运行时记录各个热泵机组、循环水泵的运行时间，在每次开机时选择运行时间最短的设备投入运行。

地埋管侧管路切换控制的实现方法是在夏季制冷工作模式下，开启一台热泵机组时对应开启一半的地下换热器管路，当监测到换热器进水温度达到 $30℃$ 时，通过地埋管侧管路电动蝶阀将换热器切换到另一半管路循环。冬季工作模式下，开启一台热泵机组时对应开启一半地下换热器循环管路，当监测到换热器进水温度达到 $4℃$，开启辅助的供热设备供热。

i. 软化水箱、水溶液箱的控制：通过检测水箱的液位，控制电动蝶阀开关，实现水箱的补水；

j. 补水泵的控制：补水泵的主要作用是为地源侧循环管网和用户侧循环管网补充循环水量。控制系统通过采集管道上电接点压力表的接点压值来实现补水泵的启停控制。电接点压力表设置在管道上，可以直接显示循环管网的运行压力，当系统运行压力达到下限设置值时，控制系统开启补水泵向循环管网补水；当系统压力达到上限设置值时，控制系统关闭补水泵。在管网补水泵停止工作后，系统压力靠囊式定压罐来补偿，当管网系统压力下降时，罐体内的水在气体压力下自动补入系统；当囊式定压罐内的水减少到一定程度，靠补水泵来实现增压，罐内的气体再次被压缩。如此往复的工作，实现对管网系统的稳压；

k. 用户终端空气处理系统控制：启动控制、停机控制、温度控制、湿度控制、空气质量控制、过滤网、送风机、回风机压差报警等；

③ 地源热泵空调监控系统的工作原理

系统开机时 DDC 依据不同的工作模式和暖通工艺要求，开启相应的阀门、水泵和热泵机组并监测其相关状态和参数，用于故障报警以及控制设备切换。系统停机时，DDC 依据不同的工作模式和暖通工艺要求，关闭相应的阀门、水泵和热泵机组。

DDC 通过采集地埋管换热器进水管水温 TE_1、出水管的水温 TE_2、出水管的流量 FT_1 来进行热量累计，累计系统在供暖模式下从土壤获取的热量以及在制冷模式下向土壤中蓄存的热量，采取相应措施维持二者相对平衡，从而保持地下土壤温度场的基本稳定，保证地埋管换热器的换热效率和热泵机组节能运行。

夏季制冷工作模式下，系统如果开启一台热泵机组则对应开启一半的地下换热器管路。DDC 采集地埋管换热器的进水管温度 TE_2，当 TE_2 的值达到 30℃时，控制地埋管侧水管上电动蝶阀使换热器切换到另一半管路循环。冬季供暖模式下，DDC 采集地埋管换热器的进水管温度 TE_2，当 TE_2 的值达到 4℃时，系统停止运行。

DDC 采集地埋管换热器进水管水压 PT_1 和出水管的压力 PT_2，通过压差来实时调节旁通阀 D_1 的开度，保证地源侧循环管网的压力平衡。DDC 采集用户侧分水器的进水压力和集水器出水压力 PT_4，通过压差实时调节旁通阀 D_2 的开度，保证用户侧循环管网的压力平衡。

DDC 采集用户侧分水器进水温度 TE_3、集水器的出水温度 TE_4、集水器的出水流量 FT_2，通过温差和流量计算用户侧的冷热负荷，控制开启热泵机组的运行台数。

DDC 采集地源侧循环管路和用户侧循环管路上电接点压力表的压力值，压力值到下限设定值时，启动补水泵向循环管路补水，当压力值达到上限设定值时，关停补水泵。

DDC 采集水溶液箱的液位值，当水溶液箱的液位达到下限设定值 LT_2 时，控制开启自来水管路的电动蝶阀加水。当液位达到液位上限设定值 LT_1 时，关闭自来水管路的电动蝶阀。

DDC 采集软化水箱的液位数据，当软化水箱的液位值达到下限设定值 LT_4 时，控制开启自来水管路的电动蝶阀加水。当液位达到液位上限设定值 LT_3 时，关闭自来水管路的电动蝶阀。

在用户终端空气处理系统启动过程中，DDC 监视所有风机和阀门的状态，系统启动时，DDC 按照新风阀、回风阀、排风阀开启—送风机—回风机—冷热水调节阀—加湿阀的顺序开启设备；停机过程中，DDC 监视所有风机和阀门的状态，系统停机时，DDC 按照加湿阀—冷热水阀—回风机—送风机—新风阀、回风阀、排风阀的顺序关闭设备。DDC 监测回风温湿度 $TE6$、$HT2$，计算它们与回风温湿度设定值的偏差，按照 PID 调节表冷/加热器进水管电动阀门 $D3$ 的开度，以及加湿器电动阀门 $D4$ 的开度，实现室内温度控制；DDC 监测回风 CO_2 浓度，将它与回风 CO_2 浓度设定值进行比较，如果超过设定值，则控制开启新风机和回风机，保证 CO_2 浓度在设定值以内；DDC 监测过滤网、风机两侧压差，将它与压差设定值进行比较，如果超过设定值时，开启压差开关报警。

3. 新能源应用系统的集成管理

为了对新能源系统进行统一管理、信息共享、能耗分析、节能评估，需要把新能源应用系统集成到智能建筑集成系统中来。首先，要把新能源应用系统集成在建筑设备管理系统中，实现对新能源应用系统的统一管理；然后再把新能源应用系统通过建筑设备管理系统集成在智能建筑集成系统中，实现对新能源的信息共享、能耗分析、节能评估的等综合功能。

7.2.3 中水及雨水回用系统的监控与管理

随着社会的发展以及经济的高速增长，水资源的消耗也在急速增加，实现水资源的循环利用可以促进社会可持续发展。中水回用和雨水回用系统可以进一步节约建筑物中的生活用水，提供水资源的利用效率。

1. 中水回用及其监控

"中水"是相对于上水（给水）、下水（排水）而言的。因其水质指标低于城市给水中饮用水的标准，但又高于允许排入地面水体的污水排放标准，即水质介于生活饮用水水质和允许排放污水水质标准之间，故称"中水"。我们现在所说的中水主要是指水质达到城市杂用水水质标准或景观环境用水水质标准的再生水。市政中水是指利用城市污水处理厂集中收集并深度处理，达到杂用水或景观用水水质标准的水。中水回用是指将小区居民生活污（废）水（沐浴、盥洗、洗衣、厨房、卫生间的污水）集中处理，达到规定的标准后，回用于小区绿化浇灌、车辆冲洗、道路喷洒、卫生间冲洗等。

（1）中水水源及回用

建筑物中的生活污水、废水或其他可以收集到的水资源都可以作为中水水源。一般用于中水水源的有沐浴排水、盥洗排水、空调循环冷却系统排水、游泳池排水、洗衣排水、厨房排水、屋面雨水、锅炉房废水等。含有病菌或病毒以及其他有毒物质的排水严禁作为中水水源。中水原水按水质优劣顺序，通常分为优质杂排水、杂排水、综合排水（生活污水）。在一般的中水设施中，都是使用污染程度较轻的排水，也称优质杂排水，其中包括沐浴、盥洗、空调循环冷却系统、游泳池、洗衣等的排水。

中水回用根据用途不同分为两种处理标准，一种是回用水的水质达到饮用水的标准而直接回用到日常生活中，即实现水资源的直接循环利用；另一种是回用水的水质达到非饮用水的标准，这种回用水可以用来浇灌花草、冲洗车辆、冲洗厕所、消防灭火、景观用水，还可以作为工业普通用水使用。

回用水要符合多种技术指标，其中有害物质的衡量指标有大肠菌群数、细菌总数、余氯数、悬浮物量、生化需氧量、化学需氧量等，外观上的衡量指标有浊度、色度、臭气、表面活化剂、油脂等；保护设备、管道的指标有 pH 值、硬度、蒸发残留物、溶解性物质等。

（2）中水回用系统

中水处理系统主要包括污水的收集系统、污水处理系统、输配水系统和监测系统等。污水处理系统是污水回用的关键，中水能否回用主要取决于水质是否达到相应的回用水水质标准。用于建筑和住宅小区的中水回用系统一般有三种形式：独立型中水回用系统、区域型中水回用系统、联网型中水回用系统。

　　独立型中水回用系统是指单个或几个建筑物所形成的中水回用系统，常用于大型公共建筑、办公楼、宾馆、饭店、公寓和住宅，它以将厨房用水、沐浴洗涤用水等生活污水作为原水，而将厕所排水单独直接排入城市管网的下水道或化粪池。独立型中水回用系统的组成如图 7-26 所示。

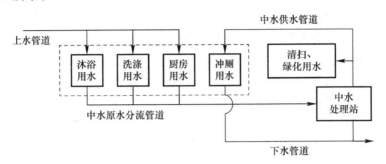

图 7-26　独立型中水回用系统组成

　　区域型中水回用系统一般用于建筑群组成的园区里，比如住宅小区、高等院校、科技园区等。该系统的中水原水由沐浴、洗涤、厨房等多组杂排水构成，这些排水流入中水原水分流管道，冲厕排水单独直接排入城市管网的下水道或化粪池。区域型中水回用系统的组成如图 7-27 所示。

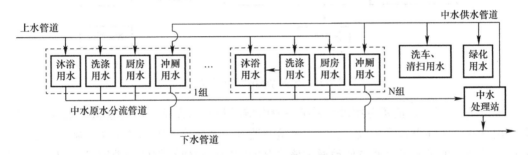

图 7-27　区域型中水回用系统组成

　　联网型中水回用系统是指城市中各住宅小区直接把原水分流管道接到市政下水管道，而市政下水管道通往污水处理厂，经污水处理厂处理后的出水达到中水回用的水质标准，再供给各住宅小区使用。联网型中水回用系统的组成如图 7-28 所示。

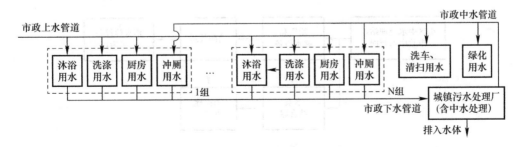

图 7-28　联网型中水回用系统组成

　　中水回用系统由中水原水系统、中水处理系统和中水供水系统三部分构成。中水原水系统是收集、输送中水原水到水处理系统的管道系统和附属构筑物；中水处理系统是把中水原水处理成为符合回用水水质标准的设备和装置；中水供水系统是收集、输送处理后的中水到中水用水设备的管道系统及附属构筑物。

中水原水系统一般由建筑内部原水集流管道、小区原水集流管道、建筑内部通气管道（将原水集流管道中的有毒有害气体排出室外，增大集流管道的过水能力）、清通设备（疏通污废水集流管道）、计量设备等组成。根据实际需要，有的原水系统还设有原水提升泵和有压集流管道（用于对汇集的原水进行加压提升）。

中水处理系统是中水回用系统中的重要设备，其处理方法和处理工艺直接影响着输出中水的水质。随着水处理技术水平的提高，中水处理技术、方法和工艺获得了很大的进步，国内外出现了许多新技术、新方法和新工艺。

中水供水系统通常分为生活杂用供水系统和消防专用供水系统两类。中水供水系统将符合水质标准的中水从住宅小区的中水处理站或市政中水供水管网输送到城市中需要的用水点，同时满足各个用水点对水质、水量、水压的多种要求。生活杂用供水系统一般由建筑物内部和住宅小区的供水管道、阀门、计量仪表、增压和储水设备等部分组成，如图 7-29 所示。系统主要为公共建筑、住宅小区景观喷泉、冲洗车辆、喷洒道路、冲洗厕所提供用水。

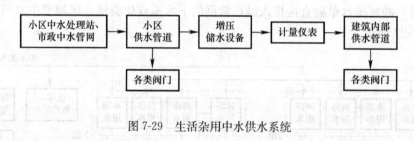

图 7-29　生活杂用中水供水系统

如图 7-30 所示，消防专用供水系统一般由增压和储水设备、消防管道、水泵结合器、管道附件和消火栓设备等组成，其中水泵接合器是为高层建筑配套的消防设施，当发生火灾时，消防车的水泵可迅速方便地通过该接合器的接口与建筑物内的消防设备相连接，并送水加压，从而使室内的消防设备得到充足的压力水源，用以扑灭不同楼层的火灾，有效地解决了建筑物发生火灾后，消防车灭火困难或因室内的消防设备得不到充足的压力水源无法灭火的情况。系统将符合水质标准的中水从住宅小区的中水处理站或市政中水供水管网输送到城市中大型公共建筑或住宅小区中的消火栓系统，供消防使用。

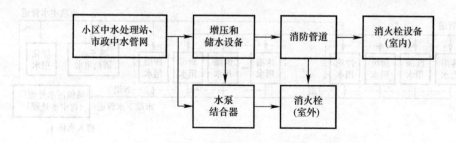

图 7-30　消防专用中水供水系统组成

（3）中水处理

中水的处理可以分为三个阶段，即前处理阶段、中心处理阶段和后处理阶段。前处理阶段的作用是截留中水原水中的悬浮物以及其他杂质。尺寸比较大的悬浮物可以用格栅来截留，尺寸细小一点的悬浮物用格筛截留，利用沉淀池、气浮池、隔油池可以分离不同密度的悬浮颗粒和油脂。中心处理阶段的作用是去除中水原水中呈胶体和溶解状态的有机物质，同时进一步截留悬浮物。后处理阶段的作用是进一步去除中水原水中的有机物、无机物及细菌、病毒等，使出水水质符合回用水的标准。

中水处理的方法一般有物理化学处理法、生物处理法、物化生化结合处理法和生物化学法等。物理化学处理法适用于污水水质变化较大的情况，一般采用砂滤、混凝沉淀、活性炭吸附等方法，是去除污水中污染物的常用方法；生物处理法适用于有机物含量较高的污水，一般采用活性污泥法、接触氧化法、生物滤池等生物处理方法。这些生物处理方法或是单独使用，或是几种组合使用，如接触氧化法和生物滤池组合，生物滤池和活性炭吸附组合等；物化生化结合处理法采用膜生物反应器技术（MembraneBio-Reactor，MBR），该技术是将生物降解作用与膜的高效分离技术结合而成的一种新型高效的污水处理技术。其原理是在一定压力下，采用具有一定孔径的分离膜，将溶液中的大分子物质、胶体、细菌和微生物截留下来，从而达到浓缩与分离的目的，处理精度可达到 $0.1\mu m$。

（4）中水回用系统及其监控

本节以独立型的中水回用系统为例，介绍建筑中的中水处理工艺流程及其监控。图 7-31 为建筑中应用较多的中水回用工艺流程图。

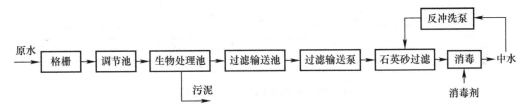

图 7-31　中水回用的工艺流程图

由图 7-31 可见，中水回用系统的原水首先进入自动细格栅滤网，过滤掉其中尺寸比较大的悬浮物，调节池对水量的多少进行调节，使出水量达到均匀。出水由潜水输送泵输送至生物处理池，在生物处理池中经过混凝沉淀、活性炭吸附等方法处理后，将其中的淤泥排入污水管道，清水进入过滤输送池对水进行进一步的处理后，由过滤输送泵输送至砂滤器，砂滤器中的过滤介质可以去除其中剩余的各种悬浮物、微生物及细微颗粒，最终达到净化水质的效果。最后，砂滤器的出水进入中水储水池，供各用水点使用。

中水回用监控系统对设备的运行状态进行监视，自动检测、显示各种设备的运行参数，实现设备的自动化运转，使设备始终处在最佳运行状态，达到节约能源的目的。中水回用系统的监控原理如图 7-32 所示。

在图 7-32 中，在自动细格栅滤网后安装压差传感器 DPT（Differential Pressure Transducer），用于检测滤网有无水流通过，实现对滤网运行状态（堵塞与否）的监测；在调节池中设 2 个水位传感器 LS（Level Sensor），分别检测高、低水位。通过对水位高低的监测实现对潜水输送泵的控制，从而使调节池中的水位保持在适合高度；在生物处理池中一定高度处设密度传感器 DT（Density Transducer），监测池中的淤泥厚度，通过对淤泥厚度的监测实现对清洗泵的控制；在过滤输送池中设 2 个水位传感器 LS，通过对高低水位的监测实现对潜水输送泵的控制，使过滤输送池中的水位保持在适合高度；在氧化消毒池中设有2个水位传感器LS，用于监测消毒池中的高水位和低水位；在砂滤器中的过滤层设压差传感器DPT，用于监测砂滤层的堵塞情况；在中水储水池中设有高低水位传感器，监测储水池中的水位情况；在各输水管道中设有水流量传感器FS（Flow Sensor），监测水泵的水流状态。

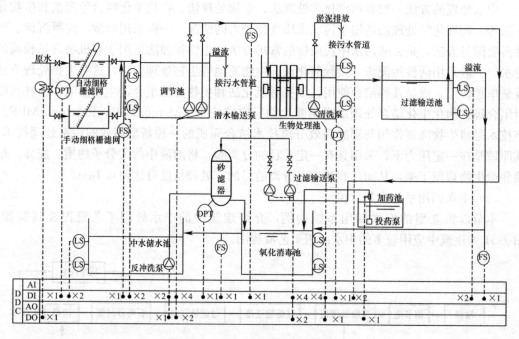

图7-32 中水回用系统监控原理图

中水回用监控系统监控的内容及实现方法：

① 自动与手动细栅格滤网的自动切换

正常情况下，中水水源（原水）进入自动细栅格滤网，然后进入调节池，当压差开关测得自动格栅网压差大于设定值时，则报警器发出报警信号，同时信号送至DDC，系统发出指令将手动细栅格滤网入口处的电动阀门打开，原水由手动细栅格滤网进入调节池。此时，可以派维修人员清洗或更换自动细格栅，操作之前关闭自动细格栅两旁的手动阀门。此外，安装在调节池前的水流开关，可实时将水流信号送至DDC，若检测无水流信号时，发出报警，工作人员可就地检查两个细栅格滤网是否同时发生故障。

② 调节池的监控

调节池中的两个水位传感器，分别监测调节池的高低水位，并将高水位和低水位的信号送至DDC，系统根据水位的高低来控制潜水输送泵的启停。当系统收到水位低的信号时停止潜水输送泵的运行，当收到水位高的信号后启动潜水输送泵，两个潜水输送泵一用一备。调节池的顶部接有溢流管道，可将溢流的水经管道流到污水管道，以防止水位过高而潜水输送泵不能及时将调节池中的水抽走而造成池中水四溢现象。

③ 生物处理池的监控

通过密度传感器DT测出池中淤泥密度的大小，如果密度值大于设定值，发出报警信号并送至DDC，系统发出指令启动清洗泵将淤泥排放至建筑外排污管道，密度值小于设定的正常值后停止清洗泵。此外，还监测处理池的高低水位，并发出高、低水位报警。

④ 过滤输送池的监控

通过水位传感器监测高低水位，当系统收到水位低的信号时停止过滤输送泵的运行，收到水位高的信号时启动过滤输送泵。此外，在输送池的顶部接有溢流管，当水位过高时将池中水直接溢流至氧化消毒池。在溢流管上安装有水流开关，可以实时监测是否有水流。两个输送泵一用一备，在泵出口处加装逆止阀门，可以防止砂滤器中的水倒灌至泵中，引起泵倒转。

⑤ 加药消毒自动调节

利用二氧化氯发生器经变频计量泵进行加药消毒，加药点设在清水出水管上，调节方法是根据原水流量的测量，由全自动型二氧化氯发生器按比值控制，计算出所需投加的药量，发出 AO 信号改变二氧化氯发生器中的计量泵的频率，改变加药量，达到消毒目的。

⑥ 消毒池的监测

消毒池也是通过水位传感器监测水位的高低，过高或过低都会发出报警信号。系统可控制投药泵对氧化消毒池进行加药工作。

⑦ 反冲洗泵的控制

砂滤器通过过滤层截留一些杂质，使过滤效果变差；同时也使过滤层前、后的压差增大，当过滤层损失超过一定值时，需要对过滤层进行反冲洗。反冲洗是利用反冲洗泵从中水池中抽水，从砂滤器底部进水、从上部排水，将截留物排出。因此，在过滤层上、下设置压力变送器，通过压力变送器对过滤层进行实时测量，当压力增大到设定值时发出报警信号，同时启动反冲洗泵，冲洗过滤层。当压差恢复到正常值时停止反冲洗泵的运行。

⑧ 储水池的监控

监测储水池的高低水位，并发出报警。

另外，对所有的水泵不仅要监测其启停状态，还须监测运行状态及故障状态，保证所有水泵能正常运行。

2. 雨水回用及其监控

面对严重的城市缺水问题，世界各国都普遍开展了雨水收集和利用的研究。城市可以利用收集到的雨水进行浇灌绿地、喷洒道路，补充景观用水，最重要的是补充地下水源，提高地下水水位，防止地下水水位下降引发的次生灾害。雨水回用，可以缓解目前水资源紧缺的局面，是一种开源节流的有效途径。

（1）雨水处理方式

雨水回用包括雨水的收集、储存、处理、回用。一般的雨水处理方式可分为雨水渗透处理、雨水沉淀处理、雨水过滤处理和雨水生物处理。根据实际情况，各种处理方式可互相组合使用。

雨水的渗透处理主要是指雨水在土壤或人工渗透设施中通过物理、生物和化学的反应过程进行渗透，溶解在其中的污染物被土壤截留、储存或降解。当雨水通过自然水力循环进入土壤中时，其所携带的污染负荷已经降低到水体可接受的程度。通常情况，住宅小区采用的是分散式渗透处理技术，包括渗透地面、渗透管沟、绿色屋顶、渗透池、渗透井等。根据实际情况，各种渗透技术可以组合使用，以提高渗透效率。

雨水沉淀处理的构筑物和设备主要有雨水澄清池、池塘、雨水停留池、沉砂池、沉淀器和浮渣分离器，雨水经过沉淀处理可以将其中的固体物和悬浮物去除。根据实际出水的水质情况，雨水沉淀构筑物可以增加过滤、混凝、消毒等处理单元。例如，铺有油毡屋面收集到的雨水，就需要投加混凝剂才能明显去除其中的有机物和悬浮物。

雨水过滤处理用于去除雨水中比较轻的悬浮物和可沉淀物质，同时通过滤料上生长的微生物以及雨水通过时间延长也可发生的生化反应和吸附作用，从而使溶解于雨水中的部分污染物得到去除。常见的雨水过滤处理方法有粗滤池、带多孔混凝土滤板的滤池、CDS（Continuous Deflection Separation）单元结构等，带多孔混凝土滤板的滤池和粗滤池适合对水质较好的雨水进行处理，CDS雨水净化设备利用旋流筛网的原理截留固体废弃物，不仅能去除大于滤网孔径的颗粒，而且滤网不易堵塞，处理效率高。

雨水生物处理主要包括以微生物为处理功能核心的生物处理技术、以植物和微生物为主要处理功能体的湿地处理技术、土壤处理技术和河湖等自然净化能力的处理、具有复合生态系统的生态塘处理技术等。其中人工湿地是利用自然生态系统中物理、化学和生物共同作用来实现对雨污水的净化，能很好的与景观设计相结合。这种湿地系统是在一定长宽比及底面有坡度的洼地中，由土壤和填料（如卵石等）混合组成填料床，受污染水可以在床体的填料缝隙中曲折地流动，或在床体表面流动。在床体表面种植具有处理性能好、成活率高的水生植物（如芦苇等），形成一个独特的动植物生态环境，对污染水进行处理。

（2）雨水回用系统

雨水回用系统由雨落管、初期弃流装置、储水池、混凝池、提升泵、压力滤池、中水池等部分组成。雨水回用流程如图7-33所示。

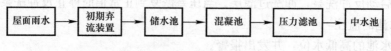

图7-33　雨水回用系统流程图

由于从屋面收集到的雨水初期都比较脏，雨水先经过雨落管流入初期弃流装置，通过该装置就可以把初期较脏的雨水排入到住宅小区的污水管道，然后再流入城市污水管网，由污水处理厂进行处理后再排放。有了初期弃流装置，就可以防止初期雨水中污染物、重金属等对环境的破坏；储水池可以收集屋面雨水，具有调节、沉淀的功能。储水池中设有雨水溢流装置，可以把溢流的雨水排入到市政雨水管网中；在混凝池中雨水由混凝加药装置投加混凝剂后，经过提升泵输送至压力滤池，其中所形成的絮体被压力滤池直接过滤掉；经过压力滤池的处理后，其出水水质可达到生活杂用水的标准，然后再经过消毒，就可以作为中水使用。屋顶绿化的雨水利用系统，屋顶绿化是通过植物的茎叶对雨水的截流作用，种植基质的吸水把大量的降水储存起来。在各类建筑物、构筑物等的顶部、天台、露台上均可进行绿化、种植草木花卉所形成的景观，并使之具有园林艺术的感染力。屋顶绿化也被称为屋顶花园，它是随着城市密度的增大和建筑的多层化，人类对环境景观的进一步需求而得以发展，屋顶花园的设计和建设形成城市的空中绿化系统，对城市生活的质量及生态环境的改善是无法估量的。

为了净化空气，提高空气质量，现在的建筑小区注重绿化，绿化面积也比较大，而这些绿地花树需要很多的水分，只靠雨季的雨水是不能满足要求的。雨季的雨水虽然多，但大部分都流失了，在旱季，又需要人工浇水，因而收集雨水，经过一定的处理，达到回用的要求是非常有必要的，图 7-34 是小区雨水收集综合利用流程图。

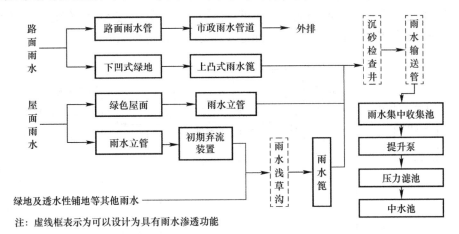

图 7-34　建筑小区雨水收集综合利用流程图

从图 7-34 可知，雨水首先经过分散处理后收集，污染物的浓度大大降低，水质变好，然后将分散处理后的雨水集中收集处理后即可利用。

（3）雨水回用系统的监控

雨水回用系统的监控可以实现系统中各设备的实时监视和自动化管理，使设备始终处在最佳运行状态，并实时记录设备的运行状态，最终达到节约能源和经济效益的最大化目的。

由图 7-33 可知雨水回用系统的工作原理为屋面雨水先经过弃流装置，实现雨水的初步处理后，进入储水池，经过沉淀等处理后，较脏的雨水流入污水管道，而出水由提升泵输送至混凝池，混凝剂泵向混凝池中投加混凝剂，对雨水做进一步的处理，其出水再由提升泵输送至压力滤池，去除其中混凝所形成的絮体，然后再进入消毒池进行消毒处理，达到中水水质的标准，最后由提升泵输送至中水池作为中水使用。

雨水回用系统监控点的设置：

a. 在各输水管道中设有水流量传感器 FS，监测管道的水流状态。

b. 在储水池中设有 2 个水位传感器 LS，高水位传感器和低水位传感器。通过对水位高低的监测实现对提升泵的控制。

c. 在混凝池中设有 2 个水位传感器 LS，高水位传感器和低水位传感器，监测混凝池中的水位状态。

d. 在压力滤池中设有 2 个水位传感器 LS，高水位传感器和低水位传感器，监测压力滤池中的水位状态。

e. 在消毒池中设有 2 个水位传感器 LS，高水位传感器和低水位传感器，监测消毒池中的水位状态。

f. 雨水回用系统的监控如图 7-35 所示。

雨水回用系统的监控内容及实现方法：

a. 储水池的监控。储水池中的两个水位传感器，分别监测储水池的高低水位，并将高水位和低水位的信号送至 DDC，系统根据水位的高低来控制提升泵的启停。当系统接收到低水位的信号时停止提升泵的运行，当接收到高水位的信号时启动提升泵，两个提升泵一用一备。储水池的顶部接有溢流管道，可将溢流的水经管道流入污水管道，以防止水位过高而提升泵不能及时将储水池中的水抽走造成池中水四溢现象的发生。

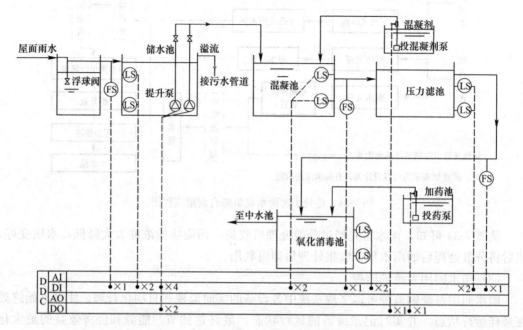

图 7-35　雨水回用系统监控图

b. 提升泵的监控。提升泵一用一备，根据储水池水位的高低来控制提升泵的启停。当储水池处于低水位状态时，停止提升泵的运行；当储水池处于高水位状态时，启动提升泵。当运行中的提升泵出现故障时，则系统报警并自动切换备用泵运行。

c. 投混凝剂泵的控制。当压力滤池中有水流状态时，即输送压力滤池的管道中水流量传感器 FS 有信号输入 DDC，则系统启动投混凝剂泵进行混凝工作；当 DDC 没有接收到水流量传感器输入信号时，则系统停止投混凝剂泵工作。

d. 投药泵的控制。当消毒池中有水流状态时，即输送消毒池的管道中水流量传感器有信号输入 DDC，则系统启动投药泵进行消毒工作；当 DDC 没有接收到水流量传感器输入信号时，则系统停止投消毒剂泵工作。

3. 水环境系统集成管理

随着现代通信、计算机网络技术、控制技术的飞速发展，智能建筑日益大型化、复杂化，其中的智能化子系统的数量越来越多，各智能化子系统变得日益复杂，信息交换日益增多，各子系统之间的相互关联越来越多，控制对象也越来越多而且分散。为了解决这些分散而独立的系统，系统集成的概念应运而生。系统集成技术就是将这些相互独立、采用不同网络平台、采用不同协议的子系统集成在同一个平台上，实现这些子系统的资源共享，提高智能建筑服务和管理效率，为人们提供了更加安全和舒适的工作和生活环境。

作为智能建筑中的智能化子系统，中水及雨水回用监控系统应纳入建筑设备管理系统，最终也应集成到同一个集成平台中，使它们之间能够进行互相通信与信息资源共享，通过统一的操作平台实现对水环境系统的统一管理和控制，这是智能建筑中水环境系统发展的一个必然趋势。

对中水及雨水回用系统的集成即是要采用一个统一的集成平台将其集成到建筑设备管理系统中，实现对它们的全面管理，并与智能建筑内其他系统实现信息的共享，并根据实际需要进行系统间的联动，具体实现的功能如下：

（1）实现对所有水环境智能化系统（包括给水排水、中水及雨水回用等）的统一管理

通过系统集成，将每个水环境智能化子系统的信息进行实时采集，可以实现在同一的应用平台和操作界面下对这些水环境系统的管理，节省管理人员，提高管理效率。

（2）建立开放的数据结构，共享数据资源

利用多种技术实现各子系统的接入与集成，并转换各子系统的数据格式，建立统一的数据库平台，实现数据共享。

（3）实现子系统间的联动

集成平台实现了各水环境子系统信息资源的共享，并以此为基础，对各子系统进行集中管理和综合调度，实现水环境各子系统之间及与其他子系统间的相互联动。

（4）通过信息整合应用，提供更高层次的信息服务

将水环境各子系统集成起来，不仅能将它们所有相关的数据进行整合，而且能够实现更高层次的信息应用。

7.2.4 废弃物管理及处置系统的监控与管理

随着经济的高速发展和城市人口的不断增长，全世界每年排放的固体废弃物约为80～100亿t。而我国是世界上垃圾包袱最重的国家，人均每年垃圾产量440公斤。已有2/3的大中城市被垃圾包围，有1/4的城市不得不把解决垃圾危机的途径延伸到乡村，这就造成了城市垃圾的二次污染，导致城乡结合带区域生态环境恶化。而与之相反的是我国的废弃物回收率低于世界上发达国家水平。在我国人均自然资源偏低的情况下，进一步开展废弃物的管理与处置具有十分重要的意义。

1. 废弃物的管理

废弃物又称放错地方的资源。废弃物管理的目的就是要减少废弃物，实现资源的再回收利用，达到绿色环保的要求。废弃物的管理首先要对废弃物进行合理的分类，根据生活垃圾的成分构成、产生量，再结合本地垃圾的资源利用和处理方式来进行分类。在我国，不同城市相继出台垃圾分类政策，其中生活垃圾一般分为可回收垃圾、厨余垃圾、有害垃圾和其他垃圾四大类。

可回收垃圾包括废纸、塑料、玻璃、金属和布料五大类。废纸主要包括报纸、期刊、图书、各种包装纸、办公用纸、广告纸、纸盒等；塑料主要包括各种塑料袋、塑料包装物、一次性塑料餐盒和餐具、牙刷、杯子、矿泉水瓶、牙膏皮等；玻璃主要包括各种玻璃瓶、碎玻璃片、镜子、灯泡、暖瓶等；金属物主要包括易拉罐、罐头盒等；布料主要包括废弃衣服、桌布、洗脸巾、书包、鞋等。

厨余垃圾包括剩菜剩饭、骨头、菜根菜叶、果皮等食品类废物。

有害垃圾包括废电池、废日光灯管、废水银温度计、过期药品等，这些垃圾需要特殊安全处理。

其他垃圾包括除上述几类垃圾之外的砖瓦陶瓷、渣土、卫生间废纸、纸巾等难以回收的废弃物。

垃圾分类收集可以减少垃圾处理量和处理设备，降低处理成本，减少土地资源的消耗，具有社会、经济、生态三方面的效益。

2.废弃物处理技术

目前废弃物处理技术主要有废弃物的粉碎和分选技术、堆肥处理技术、填埋处理技术、焚烧处理技术和干燥稳定技术，以及最新开发的甲烷化处理技术等。

粉碎和分选技术是废弃物的预加工处理，由于固体废弃物种类多样，大小形状各异，为了便于对其进行处置，首先，对于要填埋的废弃物按照一定方式压实，以减少固体废弃物的体积和运输数量；其次，通过人力或机械等外力作用对废弃物进行破碎处理，以方便下一步的分选处理；最后，根据废弃物的物理和化学性质，分离出有用的和有害的成分。

堆肥处理技术也是垃圾预处理技术，主要是利用微生物的新陈代谢作用降解其中的有机物，形成一种类似于腐殖质（已死的生物体在土壤中经微生物分解而形成的有机物质）的物质，可用于肥料或土壤改良剂，使有机物达到稳定状态，最后将垃圾中的金属物质分离出来，实现堆肥处理。

填埋技术是将垃圾埋入地下，通过微生物长期的分解作用，使之分解为无害的化合物。填埋技术分为简易填埋、卫生填埋、压缩填埋、破碎填埋四种方式。在工业发达国家，卫生填埋法应用得比较普遍，我国许多城市也采用填埋处理技术。填埋法是废弃物的最终处理法，残渣和焚烧后的垃圾灰最后也做填埋处理。

焚烧处理技术是一种高温热处理技术，以一定的过剩空气与被处理的有机废物在焚烧炉内进行氧化燃烧反应，有毒有害物质在高温下氧化、热解而被破坏，可使被焚烧的物质变为无害和最大限度地减容，同时还可利用焚烧产生的热量。焚烧法是目前世界各国普遍采用的废弃物处理技术，虽然利用了焚烧产生的热，但在焚烧过程却产生了有毒有害气体，所以要实现气体的无毒排放。

干燥稳定技术是对预破碎的生活垃圾进行为期7天的生物堆肥处理。在生物堆肥过程中，由于微生物的活动，生活垃圾的温度高达70℃，再加入过量空气，就可以使垃圾脱水。经过生物堆肥处理后，垃圾的含水率一般仅为10%～15%，此时的垃圾称为干燥稳定物，这种处理生活垃圾的技术为干燥稳定技术。目前，该项技术在德国运用较为成熟。

甲烷化处理技术是由法国的瓦拉格国际工程公司开发的一种对生活垃圾进行甲烷化处理的工艺，只需三个星期，便可以将垃圾变成堆肥和沼气。在细菌发酵的过程中产生的生物沼气在出口处收集并贮存起来，可以直接作为燃料或发电。据有关资料介绍，一套完整的甲烷化垃圾处理设备的费用只相当于同等处理能力的焚烧设备的一半。采用这种技术所得肥料可以改善贫瘠的土地。

3.废弃物处理系统的监控

（1）垃圾焚烧处理技术

焚烧处理技术是目前世界各国普遍采用的废弃物处理技术，日立造船—VONROLL垃圾焚烧技术是全世界应用最广泛的垃圾焚烧技术之一。

该垃圾焚烧系统的工作原理如下：

垃圾由喂料器送入焚烧炉中的炉排上进行燃烧，一次风经一次风预热器加热后由风机送入焚烧炉中对垃圾进行吹烘，使垃圾的水分迅速蒸发，着火燃烧，炉温逐步升高。二次风从二次风风道由风机输送至炉膛，对燃烧气体进行扰动和补充供氧量，达到充分燃烧的目的。炉壁空冷用风机输送空气至耐火砖，对耐火砖进行降温处理，防止炉膛内壁结焦，同时进入的冷空气得到了加热，作为燃烧气使用。燃烧空气从垃圾坑抽取，是为了将这些被污染而带有恶臭的空气进行高温处理，并维持垃圾坑的负压状态，避免带有恶臭的空气外泄污染周围的环境。

焚烧炉燃烧产生的高温烟气经烟道输送至余热锅炉入口，再经过预热器、过热器和省煤器，进入烟气处理环节。期间，高温烟气自身所携带的热量被吸收，可以用来加热燃烧空气，节约了能源的消耗。垃圾中的可燃烧成分燃烧殆尽后，不可燃的部分由炉渣滚筒送出落入炉排下输送机中，输送机再将炉渣输送至排渣机，给出渣机补充水分，就是要保持出渣机中的水位在一定高度，从而起到水封的作用，排出的湿炉渣进入到炉渣贮存坑中，成为稳定、无害的炉渣。燃烧排出的烟气经过预热器、过热器、省煤器后，自身携带的热量被吸收，可以用来加热燃烧空气，节约了能源的消耗。

该技术的主要功能如下：

a. 在燃烧过程中，燃烧炉排中间位置的一组剪切刀能有效地压碎、切断、破碎块状垃圾，改善空气流通，防止高水分、高灰分、低热值的垃圾在燃烧过程中结块。

b. 空气预热器能把一次风温度最高加热到 300℃，这样，即使垃圾含水率特别高，也能有效地保证垃圾的充分干燥和完全燃烧。

c. 二次风喷嘴在前后交错设置，多股高速气流交汇搅拌，产生强烈湍流，使还原性气体完全燃烧，能高效地抑制二噁英的生成。

d. 燃烧炉排上方燃烧旺盛部位设置的空冷壁，能有效抑制炉膛结焦，同时，空冷壁入口的冷空气得到加热，作为一次燃烧空气使用，提高了整体热利用率。

该技术采用的自动燃烧控制系统具有很高可靠性和稳定性，投运率非常高。

（2）垃圾焚烧处理系统的监控

垃圾焚烧技术监控原理图如图 7-36 所示。该系统在一次风预热器、二次风预热器后面安装有温度传感器，分别用以监测一次风、二次风的进风温度；在余热锅炉中设有温度和压力传感器，用以监测锅炉的运行情况；在焚烧炉中安装有温度和压力传感器，监测焚烧炉的燃烧情况，防止焚烧炉出现结焦、积灰等情况的发生；在进柴油和空气的管道处安装有电动阀门，可根据阀门开度控制燃料和空气的进入量；在预热器、过热器及省煤器后均设有温度和压力传感器，用以监测出口烟气的温度和排烟管道中的压力情况。

垃圾焚烧系统的监控内容及实现方法：

各风机和输送机的监控：一次风风机、二次风风机、炉壁空冷用风机、冷却空气引风机、炉排下输送机和排渣机的运行状态和故障的监测，风机的运行状态由风机前后的压差测量来反映，压差存在为运行状态，无压差为停止状态。DDC 直接控制风机和输送机的启停；

监测温度信号：包括排烟温度、焚烧炉温度、预热器、过热器及省煤器出口温度等；

监测压力信号：包括焚烧炉膛、预热器、过热器及省煤器的烟气压力等；

焚烧炉的控制：焚烧炉的温度和压力的控制可以通过改变进油量和进空气量来实现，还可以通过改变一次风和二次风的进风量来实现。

控制送柴油的阀门达到控制送油量，控制燃烧器用空气的阀门达到最佳风油比，使焚烧炉燃烧系统保持最佳状态，以节约能源。

自动保护与报警装置：比如各电机的安全保护控制和报警装置，当电机出现故障时，系统会发出报警，提醒工作人员前去维修。

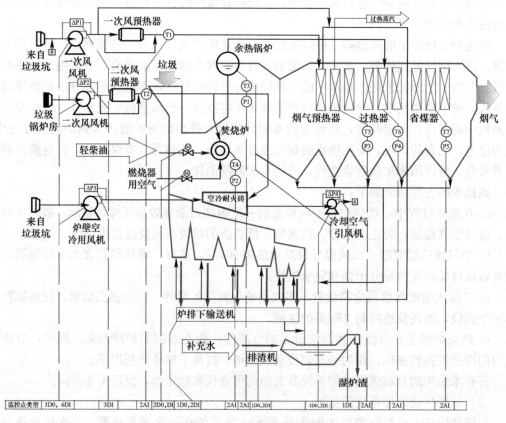

图7-36 垃圾焚烧系统监控图

7.3 新型建筑节能

7.3.1 行为因素节能

人的行为是复杂和动态的，具有多样性、计划性、目的性，并受人的意识的调节，受思维、情感、意志等心理活动的支配；同时也受人生观、道德观、世界观的影响，因此人的行为表现出差异性。如今将人的行为与建筑控制联系起来，希望通过对人行为的研究来对建筑的能耗进行更好的设计与控制，实现建筑节能。

在建筑系统中人的行为指人在建筑内对建筑系统的改变，包括照明灯具、插座设备、空调控制温度、可调节遮阳、开关窗等调节。可以看出，通过对人行为的模型预测控制（Model Predictive Control，MPC）来实现准确控制建筑系统，从而实现建筑节能。例如如果能够准确检测建筑内的人员信息，可以依此调节新风量，按需供给新风，降低风机能耗，实现节能。另外，如果能够完全预测建筑内人员的信息，可实现建筑节能潜力巨大，例如，人员信息对空调系统、供热系统、通风系统、照明等系统的能耗都有影响，且息息相关。设计工况通常是最不利工况，而部分负荷下通常与人员数量有关，这种人员信息为系统何时切换为部分运行工况提供了前馈信息，相比于反馈信息，其响应速度是较快的。例如，空调房间的被控参数通常为温度、湿度和空气新鲜度（新风量）。对于办公建筑，室内余湿量和新风量都与人员数量有关，而新风量与除湿量有关，因此，在获得人员数量的基础上优化新风量和新风处理方式，可同时满足新风量和室内除湿的要求。

目前，建筑中人行为节能主要有以下几类：供暖控制的行为节能、空调温度控制的行为节能、遮阳调节的行为节能、开窗行为节能、照明控制行为节能、热水器调节的行为节能、电脑使用的行为节能等等。倡导节能减排的今天，人们行为因素对于空调冷热负荷的影响存在一定的节能潜力。因此，这几类行为节能中，空调温度控制的行为节能已经成为当前研究的热点问题。在舒适度范围内，合理地设定冬夏季空调室温，可以减小空调能耗。而对温控器设定值进行学习（其原理如图 7-37 所示），可以获得设定值操作的人行为，这为指导空调运行提供了有价值的信息。

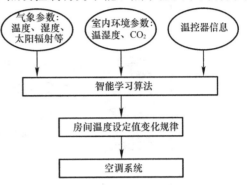

图 7-37　室内温控器再学习原理图

另外，恰当的开窗行为与策略可以有效地改善室内环境并对减少建筑能源的消耗有很大的作用。同时尤其对于自然通风建筑中，开窗行为与自然通风有着密切的关联，例如，窗户的开度与室内室外温差的具有线性关系，自然通风节能率与窗户开启也有关。因此，分析两者之间的关系对于建筑节能有着极大的作用。另外，对于空调房间，监测到用户开窗时需要自动关闭空调，以节省空调能耗。

7.3.2　需求侧响应

需求侧响应（Demand Response，DR）是指当电力批发市场价格升高或系统可靠性受威胁时，电力用户接收到供电方发出的诱导性减少负荷的直接补偿通知或者电力价格上升信号后，改变其固有的习惯用电模式，达到减少或者推移某时段的用电负荷而响应电力供应，从而保障电网稳定，并抑制电价上升的短期行为。对于建筑领域，需求响应的实施模式如图 7-38 所示。

需求响应的基本类型有激励型 DR 和价格型 DR。

激励型需求响应为用户提供用电优惠方案，以便在电网可靠性受到威胁时减少负载。此类别主要有典型的计划和基于市场的计划，典型的计划包括直接负载控制（与用户签订先前协议，有权在短时间内远程关闭特定用途的终端设备）和可中断费率控制（用户将其负载降低到预定的值，否则按商定的条款收取罚款）。基于市场的计划包括需求出价/回购计划、紧急需求响应、市场容量计划和辅助市场计划。

需求响应基于动态电价定价。此类别主要包括使用时间费率（TOU），临界峰值定价（CPP）和实时定价（RTP）。TOU 采用静态价格表。最简单的 TOU 程序包括两个时间段，例如高峰期和非高峰期。CPP 通常在意外事件期间使用，它可以在正常固定费率或 TOU 费率上进行补贴。RTP 最复杂，用户终端需要支付不同的价格，由于用户终端必须反馈用电信息，因此 RTP 需要实时进行双向沟通。

目前以商业建筑和居住建筑的电力需求响应应用和研究较多，相对于商业建筑和居住建筑，工业建筑负载通常具有下面三个特点：用电基数大，电力需求规律，需求集中且负载种类单一。商业建筑和居住建筑的需求响应更易受气候、人员、空调系统等因素的影响，因此，下面主要介绍这两类建筑的需求响应。

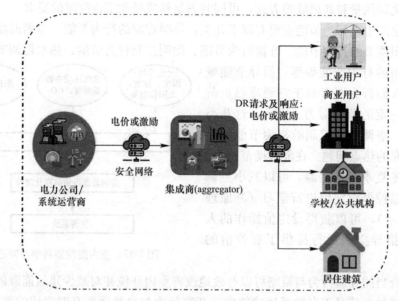

图 7-38　需求响应实施模式

1. 商业建筑的需求响应

商业建筑的需求响应的实现主要通过四个方面，一是提高建筑的热密封性，例如将智能窗接入到楼宇自动化系统中，通过智能窗对建筑密封性能、太阳辐射量等进行合理控制，降低建筑冷热负荷实现电网负载的减少。二是通过能量的存储，其中包括，常见的冰蓄冷、水蓄冷空调系统，通过在晚间电力负载的低谷段运行，实现能量的存储来完成"削峰填谷"策略。利用相变材料（PCM）或能够蓄热的围护结构在白天室外环境温度较高时存储热量在晚上室外环境温度较低时释放。利用建筑热质量相关原理或相变材料在夜间对建筑进行预冷，使白天建筑负荷的较大的时间段避开电网负载的高峰时段。三是通过提高设备的运行效率缩短运行时间，例如空调设备原先在电力负载高峰时段运行 2h，通过合理的空调设备选型、控制使空调系统在用电高峰期减少为 1.5h。四是通过需求端发电，例如电网负载高峰阶段使用现场发电系统（热力发电机）、光伏板发电系统等形成局部的微电网，分担电力峰值时电网的负载压力。

2. 居民建筑的需求响应

居民建筑的 DR 的实现大多是通过智能仪表，用智能仪表对用户端的数据进行采集、存储和整理分析，以及对供电侧的市场电价信息收集分析，进一步协调供电侧和用电侧的关系，实现对电力负载的动态控制和管理。居民建筑用户端的数据主要是房间中各种用电设备（如照明、空调、电热水器等），通过智能仪表整理分析不同用户用电行为习惯（主要的用电设备的运行时间段、使用频率、用电量），预测下一日的用户电力需求和电力负载情况，然后通过制定匹配的控制策略实现需求响应。例如，用户将用电设备从电力负载的高峰时段调至低峰时段，或是协调诸如空调、热水器等设备的运行时间，避免同时使用等。

　　另外，电力需求侧响应的主要体现在三个方面，如图 7-39 所示。一是电力生成，包括现场发电、光伏发电，风力发电等，二是电力消费，包括照明系统、暖通空调系统和其他应用设备，三是能量存储，包括电池储能、热量储能和电动车储能。

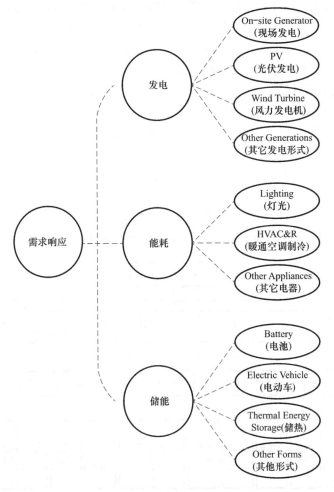

图 7-39　建筑需求响应涉及的方面

　　需求响应本身并不是一项直接建筑节能技术，但利用该技术可以在一定程度上尽可能多的利用可再生能源，降低化石能源的消耗，间接地实现建筑节能。现阶段需求侧响应主要集中在工业和商业建筑用电，居民侧的需求侧响应要求大规模的实施，才能具有可观的效果，否则也只能够"锦上添花"。

7.4　建筑能源管理系统

　　建筑智能化节能技术的实现离不开先进的建筑能源管理系统。通过建筑能源管理系统，获得建筑各类能耗历史和实时信息，详细了解建筑物各类负荷的能耗，可实现目标量化管理。

　　能耗分项计量是进行节能监测与管理的有效手段，通过能耗分项计量可以详细了解建筑物各类负荷的能耗，实现目标量化管理。另外，通过实时监测建筑的能耗情况，可以与同类建筑进行横向的比较，发现运行管理上的问题。完善的分项计量系统不仅能反映建筑的用能状况，还能提供进一步的技术服务，做节能分析和运行指导，通过建立数据共享的服务平台，开展基于分项计量的节能诊断，及时改变不合理的能耗状况，提出必要的节能改造方案，最终实现对建筑物用能的科学管理，提高电能的使用效率，降低成本。本节主要介绍运用建筑智能化技术实现建筑能耗计量，采用系统集成的手段，构建能耗计量和管理平台，通过建筑物能效综合管理，提高节能的效果。

7.4.1 能耗分项计量

建筑节能管理的基础是建筑能耗实时记录与准确计量，而能耗计量与管理的关键是分类、分项计量。分类能耗计量是指根据建筑消耗的能源种类划分进行采集和整理的能耗数据，如：电、燃气、水等。分项能耗计量是指根据建筑消耗的各类能源的用途划分进行采集和整理的能耗数据，如：空调用电、动力用电、照明用电等。

1. 建筑能耗的分类分项

按住房和城乡建设部编制的《国家机关办公建筑和大型公共建筑能耗监测系统分项能耗数据采集技术导则》，建筑能耗计量分类分项如图 7-40 所示。

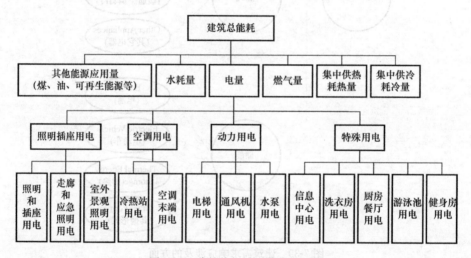

图 7-40　建筑能耗计量分类分项图

根据建筑用能类别，能耗分为电量、水耗量、燃气量（天然气量或煤气量）、集中供热耗热量、集中供冷耗冷量、其他能源应用量（如集中热水供应量、煤、油、可再生能源等）等六类。

在分类能耗中，电量分为照明插座用电、空调用电、动力用电和特殊用电 4 项分项。电量的 4 项分项是必分项，各分项可根据建筑用能系统的实际情况再细分为一级子项和二级子项，后者是选分项。其他分类能耗不分项。

（1）照明插座用电

照明插座用电是指建筑物主要功能区域的照明、插座等室内设备用电的总称。照明插座用电包括照明和插座用电、走廊和应急照明用电、室外景观照明用电，共 3 个子项。

照明和插座是指建筑物主要功能区域的照明灯具和从插座取电的室内设备，如计算机等办公设备。如果空调系统末端用电不可单独计量，空调系统末端用电可计算在照明和插座子项中，包括全空气机组、新风机组、空调区域的排风机组、风机盘管和分体式空调器等。

走廊和应急照明是指建筑物的公共区域灯具，如走廊等的公共照明设备。

室外景观照明是指建筑物外立面用于装饰用的灯具及用于室外园林景观照明的灯具。

（2）空调用电

空调用电是为建筑物提供空调、供暖服务的设备用电的统称。空调用电包括冷热站用电、空调末端用电，共2个子项。

冷热站是空调系统中制备、输配冷/热量的设备总称。常见的系统主要包括冷水机组、冷水泵（一次冷水泵、二次冷水泵、冷水加压泵等）、冷却泵、冷却塔风机等和冬季的供暖循环泵（供暖系统中输配热量的水泵；对于采用外部热源、通过板换供热的建筑仅包括板换二次泵；对于采用自备锅炉的建筑包括一、二次泵）。

空调末端是指可单独测量的所有空调系统末端，包括全空气机组、新风机组、空调区域的排风机组、风机盘管和分体式空调器等。

（3）动力用电

动力用电是集中提供各种动力服务的设备（不包括空调供暖系统设备）用电的统称。动力用电包括电梯用电、水泵用电和通风机用电，共3个子项。

电梯是指建筑物中所有电梯（包括货梯、客梯、消防梯、扶梯等）及其附属的机房专用空调等设备。

水泵是指除空调供暖系统和消防系统以外的所有水泵，包括自来水加压泵、生活热水泵、排污泵、中水泵等。

通风机是指除空调供暖系统和消防系统以外的所有风机，如车库通风机，厕所排风机等。

（4）特殊用电

特殊区域用电是指不属于建筑物常规功能的用电设备的耗电量，特殊用电的特点是能耗密度高、占总电耗比重大。特殊用电包括信息中心、洗衣房、厨房餐厅、游泳池、健身房或其他特殊用电。

2. 能耗数据采集与计量

能耗数据采集有人工采集和自动采集两种方式。通过人工采集方式采集的数据包括建筑基本情况数据和其他不能通过自动方式采集的能耗数据。建筑基本情况数据包括：建筑名称、建筑地址、建设年代、建筑层数、建筑功能、建筑总面积、空调面积、供暖面积、建筑空调系统形式、建筑供暖系统形式、建筑体形系数、建筑结构形式、建筑外墙材料形式、建筑外墙保温形式、建筑外窗类型、建筑玻璃类型、窗框材料类型、经济指标（电价、水价、气价、热价）等，以及其他不能通过自动方式采集的能耗数据：如建筑消耗的煤、液化石油、人工煤气、汽油、煤油、柴油等能耗量。通过自动采集方式采集的数据包括建筑分项能耗数据和分类能耗数据，该类数据由自动计量装置实时采集，通过自动传输方式实时传输至数据中转站或数据中心。

数据采集系统包括监测建筑中各种计量装置、数据采集器和数据采集通道。下面主要介绍计量装置和数据采集器。

（1）计量装置

计量装置是用来计量建筑内电、水、热能消耗的装置，主要有电能表、热量表、流量传感器、温度传感器等，因为电能表已在 7.1.3 节中详细介绍，所以本节主要介绍热量表、流量传感器和温度传感器。

a）热量表

热量表是用于测量及显示水流经热交换系统所释放或吸收热量的仪表。热量表测量的是能量值，测量对象限定在以水为载热体的供热或供冷系统。热量表由计算器、配对温度传感器、流量计三部分组成，其中积算器接收来自流量传感器和配对温度传感器的信号，进行热量计算，并存储和显示系统所交换的热量值；配对温度传感器是在同一个热量表上，分别用来测量热交换系统的入口和出口温度的一对计量特性一致或相近的温度传感器。

热量表在工作时需要将配对温度传感器分别安装在通过载热流体的上行管和下行管上，流量计安装在流体入口或回流管上，积算器同时采集流量计的流量信号和配对温度传感器温差信号，通过热量计算公式（见式 7-1）进行计算，从而得出热交换系统所释放的热量。热量表系统原理图如图 7-41 所示。

$$Q = \int k \Delta T \mathrm{d}v \tag{7-1}$$

式中，k 为热焓修正系数；Q 为热交换系统输出热量；v 为流经供热系统热水的流量；ΔT 为供回水温度差。

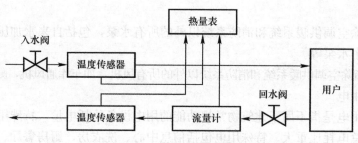

图 7-41　热量表系统原理图

b）流量传感器

流量是空调系统热量和给排水系统耗水量的重要参数。检测流量的方法很多，常用的有机械式、电磁式和超声波式。根据精度、测量范围和稳定性等要求，电磁式流量和超声波流量计越来越多地得到应用。下面以电磁流量传感器和超声波流量计为例，介绍测量流量的原理。

① 电磁流量传感器

电磁流量传感器以电磁感应定律为基础，其结构及工作原理如图 7-42 所示。

在管道上下安装励磁线圈产生磁场，流动的液体作为切割磁力线的导体，产生感应电动势，经过处理转换成标准信号用来测量管内液体流量。在磁极间设置一段不导磁的测量管，管内径为 D(cm)。被测流体以速度 V(cm/s) 流过管道，并与磁场垂直，其磁场强度为 B(高斯)，切

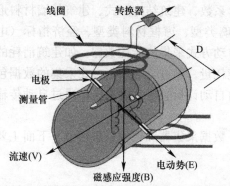

图 7-42　电磁流量变送器的结构及工作原理

割磁力线导体的长度就是两个电极间距离（管内径 D）。根据电磁感应原理，其感应电动势 E 为

$$E = BVD \times 10^{-8}(\text{V}) \tag{7-2}$$

由于体积流量 $Q(\text{cm}^3/\text{s})$ 与流速 V 有如下关系

$$Q = V\pi D^2/4 \tag{7-3}$$

所以

$$E = 4BQ/\pi D \times 10^{-8} \tag{7-4}$$

由此可知被测流量正比于感应电势 E。

电磁流量传感器与特制的电子线路配套，可将感应电势转换为标准电压信号或电流信号，成为电磁流量变送器。有的电磁流量变送器不仅提供 DDC 标准电压或电流信号，还有现场指示数字仪表，使用非常方便。

② 超声波流量计

超声流量计常用的测量方法为传播速度差法、多普勒法等。传播速度差法又包括直接时差法、相差法和频差法。其基本原理都是测量超声波脉冲顺水流和逆水流时速度之差来反映流体的流速，从而测出流量；多普勒的基本原理则是应用声波中的多普勒效应测得顺水流和逆水流的频差来反映流体的流速从而得出流量。

时差法：测量顺逆传播时传播速度不同引起的时差计算被测流体速度。

它采用两个声波发送器（SA 和 SB）和两个声波接收器（RA 和 RB）。同一声源的两组声波在 SA 与 RA 之间和 SB 与 RB 之间分别传送。它们沿着管道安装的位置与管道成 θ 角（一般 $\theta = 45°$）（图 7-43）。由于向下游传送的声波被流体加速，而向上游传送的声波被延迟，它们之间的时间差与流速成正比。也可以发送正弦信号测量两组声波之间的相移或发送频率信号测量频率差来实现流速的测量。

多普勒法测量原理：多普勒法测量原理，是依据声波中的多普勒效应，检测其多普勒频率差。超声波发生器为一固定声源，随流体以同速度运动的固体颗粒与声源有相对运动，该固体颗粒可把入射的超声波反射回接收器。入射波与反射声波之间的频率差就是由于流体中固体颗粒运动而产生的声波多普勒频移。由于这个频率差正比于流体流速，所以通过测量频率差就可以求得流速，进而可以得到流体流量，如图 7-44 所示。

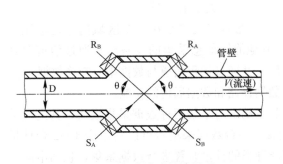

图 7-43　超声波流量计原理

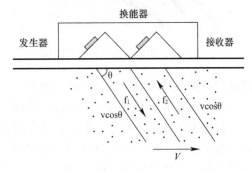

图 7-44　多普勒超声波流量计测流原理图

众所周知，工业流量测量普遍存在着大管径、大流量测量困难的问题，这是因为一般流量计随着测量管径的增大会带来制造和运输上的困难，造价提高、能损加大、安装不

便，但这些缺点超声波流量计均可避免。超声波流量计可管外安装、非接触测流，仪表造价基本上与被测管道口径大小无关，同时，多普勒法超声波流量计可测双相介质的流量，故可用于下水道及排污水等脏污流的测量。

另外，超声测量仪表的流量测量准确度几乎不受被测流体温度、压力、黏度、密度等参数的影响，又可制成非接触及便携式测量仪表，故可解决其他类型仪表所难以测量的强腐蚀性、非导电性、放射性及易燃易爆介质的流量测量问题。另外，鉴于非接触测量特点，再配以合理的电子线路，一台仪表可适应多种管径测量和多种流量测量，其适应能力也是其他仪表不可比拟的。由于超声波流量计具有上述优点，因此它越来越受到重视并且向产品系列化、通用化发展，现已制成不同声道的标准型、高温型、防爆型、湿式型仪表以适应不同介质，不同场合和不同管道条件的流量测量。

c）温度传感器

温度传感器的作用是利用物质各种物理性质随温度变化的规律把温度转换为电量。建筑内供热是能耗监测的一个重要对象，使用温度传感器与流量传感器通过热量计算公式可计算出热能消耗。热量表温度测量装置按测温方式可分为接触式和非接触式两大类。接触式测温装置比较简单、可靠，测量精度较高，但因测温元件与被测介质需要进行充分的热交换，需要一定的时间才能达到热平衡，所以存在测温的延迟现象，同时受耐高温材料的限制，不能应用于很高的温度测量。非接触式装置测温是通过热辐射原理来测量温度的，测温元件不需与被测介质接触，测温范围广，不受测温上限的限制，也不会破坏被测物体的温度场，反应速度一般也比较快，但受到物体的发射率、测量距离、烟尘和水气等外界因素的影响，其测量误差较大。在楼宇温度计量装置中，常用接触式的热电偶温度计或热电阻温度计，以便于实现自动采集。

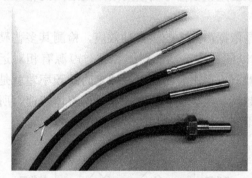

铂电阻温度传感器是利用金属铂在温度变化时自身电阻值也随之改变的特性来测量温度，显示仪表指示出铂电阻值所对应的温度值，当被测介质中存在温度梯度时，所测量的温度是感温元件所在范围内介质层中的平均温度。铂电阻温度传感器图例如图 7-45 所示。

图 7-45　铂电阻温度传感器图例

（2）数据采集器

数据采集器是在一个区域内进行电能或其他能耗信息采集的设备。它通过信道对其管辖的各类表计的信息进行采集、处理和存储，并通过远程信道与数据中心交换数据。

数据采集器具有数据采集、数据处理、数据存储和数据远传的功能。

数据采集器支持根据数据中心命令采集和主动定时采集两种数据采集模式，其定时采集周期可以从 1 秒到几小时甚至几天灵活配置。一台数据采集器可以对不少于 32 台计量装置设备进行数据采集，可以同时对不同用能种类的计量装置进行数据采集，包括电能表（含单相电能表、三相电能表、多功能电能表）、水表、燃气表、热（冷）量表等。

数据采集器支持对计量装置能耗数据的解析和计量装置能耗数据的处理，包括利用加法原则，从多个支路汇总某项能耗数据；利用减法原则，从总能耗中除去不相关支路数据得到某项能耗数据；利用乘法原则，通过典型支路计算某项能耗数据和根据远传数据包格式，在数据包中添加能耗类型、时间、楼栋编码等附加信息，进行数据打包。

数据采集器配备专用存储空间，其大小可根据需要进行扩展，支持对能耗数据长期存储。

数据采集器将采集到的能耗数据进行定时远传，一般规定分项能耗数据每 15min 上传 1 次，不分项的能耗数据每 1h 上传 1 次，在远传前数据采集器对数据包进行加密处理。如因传输网络故障等原因未能将数据定时远传，则待传输网络恢复正常后数据采集器利用存储的数据进行断点续传。数据采集器支持向多个数据中心（服务器）发送数据。

7.4.2 能耗监测分析

能耗监测分析是指通过对建筑安装分类和分项能耗计量装置，采用远程传输等手段及时采集能耗数据，对建筑内主要能耗系统（空调系统、照明系统、给排水系统等）的运行能耗实时监测和动态分析。

1. 能耗监测分析系统的结构

能耗监测分析系统的结构如图 7-46 所示。由图 7-46 可见各种设备的能耗参数将被计量仪表如各类传感器（压力、温度、燃气、流量传感器）和远传电表计量，计量装置和数据采集器之间采用符合各相关行业智能仪表标准的各种有线或无线物理接口。数据采集器定时采集与之连接末端设备的记录数据，并通过以太网或无线网络将采集的数据传递到数据中心，数据中心是建筑能耗监测分析系统的核心部分，处于系统的最上层，数据中心通

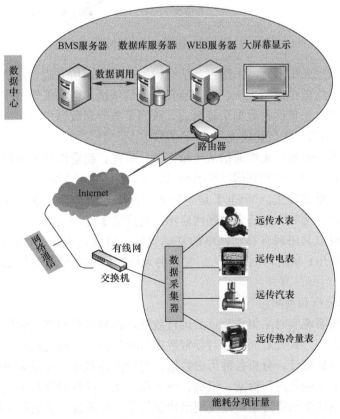

图 7-46 能耗监测分析系统框架结构图

过对采集的建筑能耗数据进行分析、处理、比较以及计算，统计并发布能耗情况。数据中心主机包括数据服务器和 Web 服务器，数据服务器集中储存和处理数据，Web 服务器负责处理浏览终端的申请和信息发布，支持 B/S 模式的信息访问，业主可通过 IE 浏览器方便查询建筑的各种能耗数据和节能情况。

2. 能耗监测分析系统的数据传输

能耗监测分析系统的数据传输是指能耗计量装置、数据采集器与数据中心之间的能耗数据传输。数据传输系统结构如图 7-47 所示。

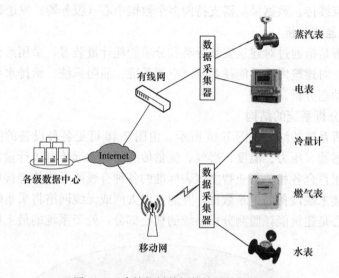

图 7-47　建筑能耗数据传输系统结构图

计量装置和数据采集器之间采用主—从结构的半双工通信方式，从机在主机的请求命令下应答，数据采集器是通信主机，计量装置是通信从机。数据采集器支持根据数据中心命令采集和主动定时采集两种数据采集模式，数据采集器和数据中心之间数据远传使用基于 IP 协议的数据网络，在传输层使用 TCP 协议。

随着通信技术的发展，无线通信从传输速率、带宽、稳定性及安全性等方面都得到了很大改善和提高，其中窄带物联网（Narrow Band Internet of Things，NB-IoT）已成为万物互联网络的一个重要分支。NB-IoT 是一种无线网络通信协议，基于蜂窝技术，针对物联网应用做了优化，使其更加适合物联网应用。它降低了终端的功耗，提高了信号的有效覆盖范围，并且可以共用现有移动网络的基础设施，目前已在商用推广中。图 7-47 中的移动网可用作 NB-IoT 基站，也就和人们常用的无线蜂窝移动网络共用部分硬件和其他基础设施。

3. 能耗监测分析和预测

能耗监测分析系统实时采集监测点的运行数据，在数据中心将实时监测各环节的能耗数据变化通过图表等方式直观展现，对异常数据及时报警，并通过曲线图、趋势图等对能源使用情况进行分析统计，分析各种历史数据，统计能耗状况，提供多种关联数据比较分析，从系统层面上对能耗进行诊断、识别、预测和优化，有针对性地制定节能方案，优化能耗模式，为提供科学的管理策略以及制定建筑的节能标准提供更加科学的依据。

目前建筑能耗预测已成为建筑高效运行的基础，主要分为三类：适用于系统规划的长期预测，适用于系统维护的中期预测和适用于运行控制的短期（快速）预测。控制系统利用快速能耗预测信息可实现按需供冷热，使能耗供需达到平衡。

7.4.3　能源管理

能源管理是在能耗监测系统和建筑设备管理系统（BMS）的基础之上，通过建筑智能化集成系统管理平台按照不同时段、不同维度对能耗、能效数据进行统计分析，诊断影响能效的因素，发掘节能潜力，根据诊断结果优化设备运行，实现不同控制系统间的联动，合理分配用能，实现能源精细管理，提升建筑节能管理水平。

建筑智能化集成系统分为子系统层、信息汇集层、集成管理控制层和应用层四个层次。子系统层包括建筑设备管理系统、信息设施系统以及信息化应用系统，其中建筑设备管理系统（BMS）是对建筑设备监控系统和公共安全系统等实施综合管理的系统，而建筑设备监控系统主要实现对建筑内的供配电、照明、给水排水及空调系统的监测与控制。建筑设备管理系统的主要功能是对建筑机电设备进行集中监视和统筹科学管理，对相关的公共安全系统进行监视及联动控制，实现以最优控制为中心的设备控制自动化、以可靠、经济为中心的能源管理自动化、以安全状态监视和灾害控制为中心的防灾自动化和以运行状态监视和计算为中心的设备管理自动化的功能。因而要实现通过建筑智能化集成管理系统平台实现节能管理，在子系统层应将能耗监测系统集成到 BMS 中，或在 BMS 设计中增加能耗监测的内容。信息汇集层由各子系统与集成系统之间的接口组成，完成被集成信息在集成系统中的汇集。集成系统应具有对建筑中各类耗能设备的使用和管理信息的准确采集，完成传输、交换、存储、检索和显示等通信功能，并应具有按需要建立相关能耗信息实时数据库的能力，以为能耗的优化使用创造条件。集成管理控制层用来对汇集的信息进行基本的处理与加工、管理和存储，应能提供各种能耗和相关参数的动态曲线或综合报表。应用层是集成系统架构管理功能的地方，对搜集的子系统信息进行数据挖掘、事件决策与控制、相关的管理和联动控制。

建筑智能化集成系统能源管理的内容包括建筑物能耗数据指标体系的建立，能效指标的选定与确认；建筑能耗数据的实时、准确的自动采集、记录与存储策略，建立冷热源运行参数和状态、电力系统能耗管理数据和楼控系统的集成实时数据库，用于能耗的优化；实时分类分级建筑能耗数据，图表的动态观察，分析与记录，能实现不同计量单位的转换；根据建筑物、各区域、时段等需求，进行能耗时报、日报、月报、年报数据组织与图表的生成输出，同期能耗趋势图的生成和比较；建筑能耗历史数据的存储、查询、分析、统计和比较，具有向能源管理部门和使用部门定期发送报表的功能；建筑能耗与能效数据的经济分析与评估，确定最佳控制状态参数和运行策略，达到能源精细管理；根据建筑物内外环境（包括气象条件、供能质量、系统负荷、系统工况）的变化，在满足系统功能要求的前提下，实时自动调节各设备系统的工作参数，优化设备控制模式，提高设备能源转换效率，实现节能经济运行；能耗的预测，削峰填谷，控制负荷，通过同期能耗的比较发现存在的问题，并实施耗能设备的整改；建立完整的能源管理体系，并经过运营管理及时优化能源调度管理体系等。

当前建筑节能控制的焦点并非实现固定点温湿度的控制，而是如何确定一个合理的满足舒适区的温湿度设定区间。另外，提高建筑用能灵活性，使建筑本身作为电力用户侧，发挥其灵活性，也是未来建筑智能化节能技术发展的一个方向。利用人工智能技术，对大数据进行机器学习和数据发掘，充分利用物联网、人工智能、大数据、云等信息化技术可以大大拓展建筑节能的应用空间，这也是未来发挥建筑智能化技术的关键突破口。

本章小结

本章主要介绍利用建筑智能化技术实现节能，内容包括三个方面，一是利用建筑设备监控技术对建筑设备和绿色生态设施优化控制，提高设备运行效率和能源利用效率，支持可再生能源（太阳能、地热能等）的利用和节能管理；二是运用建筑智能化技术实现建筑能耗分项计量及能耗监测分析，为提供能源管理提供更加科学的依据；三是通过建筑智能化集成管理系统构建能源管理平台，实现能源管理精细化、科学化和智慧化。通过本章学习，应掌握建筑设备监控节能技术，熟悉绿色/生态建筑设施监控节能方法和能耗分项计量及能源管理的方法。

思 考 题

1. 建筑智能化技术节能体现在哪些方面？
2. 建筑设备监控节能的主要方法有哪些？
3. 绿色生态设施监控的意义是什么？
4. 能耗分项计量的方法和意义。
5. 能耗监测分析系统的组成及功能。
6. 利用建筑智能化集成系统实现能源管理的方法。
7. 什么是电力需求侧响应？
8. 建筑行为节能主要体现在哪些方面？
9. 人工智能如何在建筑智能化技术方面的应用？

主要参考文献

[1] 公共建筑节能设计标准 GB 50189—2015 ［S］. 北京：中国建筑工业出版社，2015.

[2] 《民用建筑供暖通风与空调调节设计规范》GB 50376—2012 ［S］. 北京：中国建筑工业出版社，2012.

[3] 绿色建筑评价标准 GB/T 50378—2019 ［S］. 北京：中国建筑工业出版社，2019.

[4] 民用建筑能耗数据采集标准 JGJ/T 154—2007 ［S］. 北京：中国建筑工业出版社，2007.

[5] 智能建筑设计标准 GB/T 50314—2015 ［S］. 北京：中国计划出版社，2015.

[6] 民用建筑太阳能热水系统应用技术规范 GB/50364—2018 ［S］. 北京：中国住房与城乡建设部，2018.

[7] 建筑照明设计标准 GB 50034—2013 ［S］. 北京：中国建筑工业出版社，2013.

[8] 《建筑照明防火规范》GB 50016—2014 ［S］. 中华人民共和国公安部，2018.

[9] 城市供热规划规范 GB/T 51074—2015 ［S］. 北京：中国建筑工业出版社，2015.

[10] 江亿. 中国建筑能耗现状及节能途径分析 ［J］. 新建筑，2008-2，4-7.

[11] 刘启波，秋志远，屈兆焕等. 西安高新区智汇谷 CBD 绿色建筑策划及可行性研究报 ［R］，2011. 10.

[12] 刘启波，周若祁. 绿色住区综合评价方法与设计准则 ［M］. 北京：中国建筑工业出版社，2006. 11.

[13] 夏云等. 生态与可持续建筑 ［M］. 北京：中国建筑工业出版社，2001. 6.

[14] 王志宏等. 积极推进建筑遮阳的实际应用 ［J］. 建筑，2010（10）.

[15] 王崇杰等. 生态学生公寓 ［M］. 北京：中国建筑工业出版社，2007. 06.

[16] 刘晓华，江亿，张涛. 温湿度独立控制空调系统 ［M］. 北京：中国建筑工业出版社，2013.

[17] 李德英. 建筑节能技术 ［M］. 北京：中国建筑工业出版社，2017.

[18] 张旭. 热泵技术 ［M］. 北京：化学工业出版社，2007.

[19] 赵军. 地源热泵技术与建筑节能应用 ［M］. 北京：中国建筑工业出版社，2007.

[20] 戎卫国. 建筑节能原理与技术 ［M］. 北京：中国建筑工业出版社，2010.

[21] 黄翔. 蒸发冷却空调理论与应用 ［M］. 北京：中国建筑工业出版社，2010.

[22] 付祥钊，肖益民. 建筑节能原理与技术 ［M］. 重庆：重庆大学出版社，2008.

[23] 卜一德. 地板供暖与分户热计量技术（第二版）［M］. 北京：中国建筑工业出版社，2007.

[24] 车德福，刘银河. 供热锅炉及其系统节能 ［M］. 北京：机械工业出版社，2008.

[25] 严俊杰. 冷热电联产技术 ［M］. 北京：化学工业出版社，2006.

[26] 清华大学建筑节能研究中心. 中国建筑节能年度发展研究报告 2008 ［M］. 北京：中国建筑工业出版社，2008.

[27] 清华大学建筑节能研究中心. 中国建筑节能年度发展研究报告 2011 ［M］. 北京：中国建筑工业出版社，2011.

[28] 吴治坚. 新能源和可再生能源的利用 ［M］. 北京：机械工业出版社，2006.

[29] 张国强，尚守平，徐峰. 可持续建筑技术 ［M］. 北京：中国建筑工业出版社，2007.

[30] 王荣光，沈天行. 可再生能源利用与建筑节能 ［M］. 北京：机械工业出版社，2004.

[31] 苏亚欣，毛玉如，赵敬德. 新能源与可再生能源概论 ［M］. 北京：化学工业出版社，2006.

[32] 汪集暘，马伟斌，龚宇烈. 地热利用技术 ［M］. 北京：化学工业出版社，2005.

[33] 王万达. 地热供暖设计技术要点 ［J］. 天津：天津大学出版社，2001.

[34] 戴永庆. 溴化锂吸收式制冷技术及应用 ［M］. 北京：机械工业出版社，2001.

[35] Ma W B, Deng S M. Theoretical analysis of low-temperature hot source driven two-stage LiBr/H_2O absorption refrigeration system [J]. Int. J. Refring. 1996.

[36] H. L. von 库伯，F. 斯泰姆莱. 热泵的理论与实践 [M]. 王子介译. 北京：中国建筑工业出版社，2004.

[37] 罗运俊，何梓年，王长贵. 太阳能利用技术 [M]. 北京：化学工业出版社，2005.

[38] 建筑节能智能化技术导则 [M]. 北京：中国建筑工业出版社，2008. 6.

[39] 付祥钊. 可再生能源在建筑中的应用 [M]. 北京：中国建筑工业出版社，2009. 6.

[40] 王娜. 智能建筑概论（第二版）[M]. 北京：中国建筑工业出版社，2017.

[41] 谢秉正. 绿色智能建筑工程技术 [M]. 南京：东南大学出版社，2007.

[42] 张子慧. 建筑设备管理系统 [M]. 北京：人民交通出版社，2009.

[43] 赵军，戴传山. 地源热泵技术与建筑节能应用 [M]. 北京：中国建筑工业出版社，2007.

[44] 汤红诚. 绿色能源在智能建筑中的应用 [J]. 建筑电气，2008. 6，11-13.

[45] 全国民用建筑工程设计技术措施节能专篇——暖通空调·动力 [M]. 北京：中国建筑工业出版社，2007.

[46] 龙惟定. 建筑节能与建筑能效管理 [M]. 北京：中国建筑工业出版社，2005.

[47] 宋静. 智能建筑中 VAV 系统末端控制（TRAV）实用程序研究 [硕士学位论文]. 北京工业大学，2004.

[48] 叶大法主编. 变风量空调系统设计 [M]. 北京：中国建筑工业出版社，2007.

[49] 王景刚等. 辅助冷却复合式地源热泵系统运行控制策略研究 [J]. 暖通空调，2007，37（12）：129-131.

[50] 黄翔. 蒸发冷却空调理论与应用 [M]. 北京：中国建筑工业出版社，2010.

[51] 刘宇宁等. 不同地区采用排风热回收装置的节能效果和经济性探讨 [J]. 暖通空调，2008，38（9）：15-18.

[52] 付祥钊，肖益民主编. 建筑节能原理与技术 [M]. 重庆大学出版社，2008.

[53] 清华大学建筑节能研究中心. 中国建筑节能年度发展研究报告（2019）[M]. 北京：中国建筑工业出版社，2019.

[54] 陈鸣. 分布式变频泵供热系统 [J]. 煤气与热力，2008，28（8）：12-14.

[55] 中国城镇供热协会. 中国供热蓝皮书 2019——城镇智慧供热 [M]. 北京：中国建筑工业出版社，2019.

[56] 陆耀庆. 实用供热空调设计手册 [M]. 北京：中国建筑工业出版社，2008.

[57] 黄慰忠. 节能控制技术在通风空调系统中的应用分析 [J]. 中国市政工程，2018，（1）：67-69.

[58] 李强，李湘宁，潘逸君等. 灯具设计的快速评价方案与仿真软件 [J]. 光学仪器，2016，（04）：325-330.

[59] Graeber, Nicole, Jackson, et al. Defining Accuracy：Energy Use Reporting through Lighting Control Systems [J]. Lighting Design＋Application，2015，V45（11）：68-71.

[60] 解辉. 办公室照明工程设计指南 [M]. 北京：人民邮电出版社，2011. 12.

[61] 李博，陈志华，刘红波等. ETFE 气枕式膜结构 [J]. 建筑钢结构进展，2016，（05）：1-9.

[62] 马卫星. 现代照明设计方法与应用 [M]. 北京：北京理工大学出版社，2014. 3.

[63] 江亿，姜子炎. 建筑设备自动化（第二版）[M]. 北京：中国建筑工业出版社，2017.

[64] 张涛，刘晓华，张海强，等. 温湿度独立控制空调系统设计方法 [J]. 暖通空调，2011，41（1）：1-8.

[65] Kim, Y. M.，J. H. Lee, S. M. Kim, and S. Kim. Effects of double skin envelopes on natural ventilation and heating loads in office buildings [J]. Energy and Buildings，2011，43（9）：2118-26.

[66] Joe, J.，W. Choi, H. Kwon, et al. Load characteristics and operation strategies of building integrated with multi-story double skin facade [J]. Energy and Buildings，2013，60：185-98.